卓越工程技术人才培养特色教材

大学物理实验

主　编　陈小兵　杜　微
副主编　董晓燕　周　岚　李雅丽

镇　江

图书在版编目(CIP)数据

大学物理实验/陈小兵,杜微主编. 一镇江：江苏大学出版社,2012.12(2015.12 重印)
ISBN 978-7-81130-416-9

Ⅰ. ①大… Ⅱ. ①陈… ②杜… Ⅲ. ①物理学—实验—高等学校—教材 Ⅳ. ①O4-33

中国版本图书馆 CIP 数据核字(2012)第 295806 号

大学物理实验

主　　编/陈小兵　杜　微
责任编辑/汪再非　张小琴　徐　婷
出版发行/江苏大学出版社
地　　址/江苏省镇江市梦溪园巷 30 号(邮编：212003)
电　　话/0511-84446464(传真)
网　　址/http://press.ujs.edu.cn
排　　版/镇江文苑制版印刷有限责任公司
印　　刷/句容市排印厂
经　　销/江苏省新华书店
开　　本/787 mm×1 092 mm　1/16
印　　张/14
字　　数/320 千字
版　　次/2013 年 1 月第 1 版　2015 年 12 月第 4 次印刷
书　　号/ISBN 978-7-81130-416-9
定　　价/31.00 元

如有印装质量问题请与本社营销部联系(电话:0511-84440882)

江苏省卓越工程技术人才培养特色教材建设

指导委员会

序

深化高等工程教育改革、提高工程技术人才培养质量，是增强自主创新能力、促进经济转型升级、全面提升地区竞争力的迫切要求。近年来，江苏高等工程教育飞速发展，全省46所普通本科院校中开设工学专业的学校有45所，工学专业在校生约占全省普通本科院校在校生总数的40%，为“十一五”末江苏成功跻身全国第一工业大省做出了积极贡献。

“十二五”时期是江苏加快经济转型升级、发展创新型经济、全面建设更高水平小康社会的关键阶段。教育部“卓越工程师教育培养计划”启动实施以来，江苏认真贯彻教育部文件精神，结合地方高等教育实际，着力优化高等工程教育体系，深化高等工程教学改革，努力培养造就一大批创新能力强、适应江苏社会经济发展需要的卓越工程技术后备人才。

教材建设是人才培养的基础工作和重要抓手。培养高素质的工程技术人才，需要遵循工程技术教育规律，建设一套理念先进、针对性强、富有特色的优秀教材。随着知识社会和信息时代的到来，知识综合、学科交叉趋势增强，教学的开放性与多样性更加突出，加之图书出版行业体制机制也发生了深刻变化，迫切需要教育行政部门、高等学校、行业企业、出版部门和社会各界通力合作，协同作战，在新一轮高等工程教育改革发展中抢占制高点。

2010年以来，江苏大学出版社积极开展市场分析和行业调研，先后多次组织全省相关高校专家、企业代表就应用型本科人才培养和教材建设工作进行深入研讨。经各方充分协商，拟定了“江苏省卓越工程技术人才培养特色教材”开发建设的实施意见，明确了教材开发总体思路，确立了编写原则：

一是注重定位准确，科学区分。教材应符合相应高等工程教育的办学定位和人才培养目标，恰当把握与研究型工程人才、设计型工程人才及技能型工程人才的区分度，增强教材的针对性。

二是注重理念先进，贴近业界。吸收先进的学术研究与技术成果，适应经济转型升级需求，适应社会用人单位管理、技术革新的需要，具有较强的领先性。

三是注重三位一体，能力为重。紧扣人才培养的知识、能力、素质要求，着力培养学生的工程职业道德和人文科学素养、创新意识和工程实践能力、国际视野和沟通协作能力。

四是注重应用为本，强化实践。充分体现用人单位对教学内容、教学实践设计、工艺流程的要求以及对人才综合素质的要求，着力解决以往教材中应用性缺失、实践环节薄弱、与用人单位要求脱节等问题，将学生创新教育、创业实践与社会需求充分衔接起来。

五是注重紧扣主线，整体优化。把培养学生工程技术能力作为主线，系统考虑、整体构建教材体系和特色，包括合理设置课件、习题库、实践课题以及在教学、实践环节中合理设置基础、拓展、复合应用之间的比例结构等。

该套教材组建了阵容强大的编写专家及审稿专家队伍，汇集了国家教学指导委员会委员、学科带头人、教学一线名师、人力资源专家、大型企业高级工程师等。编写和审稿队伍主要由长期从事教育教学改革实践工作的资深教师、对工程技术人才培养研究颇有建树的教育管理专家组成。在编写、审定教材时，他们紧扣指导思想和编写原则，深入探讨、科学创新、严谨细致、字斟句酌，倾注了大量的心血，为教材质量提供了重要保障。

该套教材在课程设置上基本涵盖了卓越工程技术人才培养所涉及的有关专业的公共基础课、专业公共课、专业课、专业特色课等；在编写出版上采取突出重点、以点带面、有序推进的策略，成熟一本出版一本。希望大家在教材的编写和使用过程中，积极提出意见和建议，集思广益，不断改进，以期经过不懈努力，形成一套参与度与认可度高、覆盖面广、特色鲜明、有强大生命力的优秀教材。

江苏省教育厅副厅长 丁晓昌

2012 年 8 月

前言

卓越工程技术人才培养的目标是使学生成为能够应用基础科学理论知识与方法以及各种专门技能，将设计、规划、决策物化为工艺流程、物质产品、实施方案，并能在工程一线进行生产、维护等实际操作的高素质人才．由此可见，实验教学尤其是基础实验教学的改革非常迫切．为贯彻落实教育部卓越工程师教育培养计划的整体要求，江苏省教育厅专门成立了卓越工程技术人才培养特色教材编写委员会．本教材即是针对卓越工程技术人才培养的特点，结合高等工程教育的要求，为基础课程教学编写的一本大学物理实验教材．

为了体现高等工程教育基础课程对学生知识、能力和素质"三位一体"培养目标的支撑，编者针对学生知识基础和认知能力的实际情况，结合各高校实验条件，对原来实验内容进行筛选、改造、整合、更新，减少验证性实验的比例，增加有启发性并能激发学生创造思维的综合性、设计性实验，实验教学内容变化较大．

本教材分上篇、中篇和下篇．上篇介绍了物理实验课的目的和任务、物理实验课的基本程序、实验误差理论，以及用计算机处数据理的基本方法．在数据处理方面，强化误差理论的教学，要求采用国际通用的不确定度概念分析问题和处理数据，提高学生分析、处理数据的能力．中篇编排了 24 个实验项目，包括基础训练实验、基本实验和综合性提高实验等类型的实验项目，这些实验项目既考虑到不同高校仪器配置的差异，对不同型号同种仪器均作了介绍，也注意引进了一些与工程应用相关的实验项目，有些实验内容更为灵活，有些则引入计算机处理或采集数据．下篇为实验总结，这部分内容系统地将贯穿在各个物理实验中常用的实验方法、测量方法、测量仪器和测量条件的选择，实验中仪器的基本调整与操作技术，设计性实验的基本要求和实验过程等知识作了介绍和总结，使学生能够将每个实验中零散的知识连成知识网络，从而促进学生创新能力的培养和训练，达到培养和提高学生科学实验素质的目的．

本教材是编者长期实验教学的结晶，凝聚了很多教师和实验技术人员的智慧和辛勤劳动．本教材编写中，参考了一些有关物理实验的教材，在此向有关作者谨致谢意．同时也向给予支持的许多物理实验任课教师和实验技术人员表示衷心的感谢．

限于编者的能力与水平，教材中难免有许多不足甚至错误，恳请广大师生给予批评指正．

编　者

2012 年 11 月于扬州

目 录

上篇 物理实验预备知识

中篇 物理实验

下篇　物理实验总结与提高

上篇 物理实验预备知识

第一节　物理实验课的目的和任务

物理实验是高等院校学生进行科学实验基本训练的一门独立的必修基础实验课程，是学生进入大学后接受系统实验方法和实验技能训练的开端，是培养和提高科学实验素质，重点突出实验设计思想、方法培养和实验创新意识训练的重要基础.

物理学是一门实验科学，物理实验是物理学的基础.已经建立的物理定理，如果与新的实验事实发生了矛盾，就必须对原来的定理加以修正，只有这样，物理学才能获得新的发展.正是因为物理实验如此重要，且有它自身的特点和一套实验知识、实验方法，所以在高等院校开设物理理论课的同时，还开设了物理实验课，这两门课程既有密切的联系，也有明显的区别，它们反映了人们研究物理学的两个不同的侧面.因此物理实验教学和物理理论教学具有同等重要的地位.

本课程内容在中学物理及实验的基础上，按照循序渐进的原则，学习物理实验思想、原理及方法，得到科学实验素质的训练，从而初步掌握科学实验的主要过程与基本实验技巧和方法，尤其是实验创新思维能力的入门，为后续课程的学习和工作奠定良好的基础.

本课程的具体任务是：

(1) 通过对物理实验现象的观测、分析和对物理量的测量，学习物理实验思想、原理及方法，加深对物理实验设计创新思维的理解.

(2) 培养与提高学生的科学实验基本素质，其中包括：

① 能够通过阅读实验教材或资料(含网上资源)，基本掌握实验原理及方法，能为实验作准备.

② 能够借助实验材料和仪器说明书，并在老师指导下，正确使用常用仪器及辅助设备，完成各层次的实验内容，尤其要理解实验设计思想和实验方法.

③ 能够融合实验原理、思想、方法及相关的物理理论知识对实验现象进行初步的分析判断，逐步学会提出问题、分析问题和解决问题的方法.

④ 能够正确记录和处理实验数据、绘制曲线，分析实验结果，撰写合格的实验报告.

⑤ 能够完成符合规范要求的设计性内容实验.

⑥ 在教师指导下，能够查阅有关方面科技文献，用实验原理、方法进行基础的具有研究性或创意性内容的实验，并写出相应研究型实验的论文.

(3) 培养与提高学生的科学实验素养.要求学生具有理论联系实际和实事求是的科学作风，严肃认真的工作态度，主动研究的探索精神，遵守纪律、团结协作和爱护公共财产的优良品德.

第二节　物理实验课的基本程序

一、实验前的预习

为了在规定的时间内高质量地完成实验，学生在实验前必须认真预习. 预习时要求认真阅读实验教材和相关的参考资料(含网上资源)，弄清实验的目的、要求、原理、操作步骤以及要注意的问题，写出预习报告(预习报告是实验报告的一部分). 预习报告应包含以下内容：实验目的、实验原理、实验仪器、实验步骤、实验中的原始数据记录表格、实验注意事项、预习题及回答等，要有测量公式、电路图、光路图等，以备上课时使用.

二、实验的观测和记录

1. 进入实验室要遵守有关规章制度，爱护仪器设备，注意安全，动手前要先了解仪器的性能、规格、使用方法和操作规程，不要乱动仪器.

2. 安装和调整仪器要认真仔细，一丝不苟，还要注意满足测量公式所要求的实验条件，在整个实验过程中要手脑并用. 一方面，要多动脑筋，头脑中要有明确的物理图像，对实验原理有比较透彻的理解，对实验中出现的各种现象要仔细观察，想一想是否合乎物理规律，是否有道理. 在进行某些操作之前，先设想可能会出现的结果，然后再看实验结果是否与预期相符合. 如果不相符合，要分析原因，提出改进措施，绝不能拼凑数据.

3. 实验中要注意培养和锻炼自己的动手能力，实验操作要做到准确、熟练、快速. 例如，力学实验中的调水平、调铅垂，电学实验中的接电路，光学实验中的共轴调节，这些都是最基本的操作，应该熟练掌握. 动手能力还表现在能否及时发现并排除实验中可能遇到的某些故障. 要注意学习教师如何判断仪器故障，如何修复仪器(指可能当场修复的情况).

4. 要认真记录原始数据(就是在测量时直接从仪器上读出的数据)，边测量边记录，要记得准确、清楚、有次序.

5. 做完实验，要将实验数据交给教师检查，得到认可签字后，再将仪器归整复原，并做好清洁工作，填写好实验运行记录本，方可离开实验室. 对不合理的数据，需补做或重做实验. 教师对有抄袭嫌疑的数据，要责成学生重做实验.

三、实验报告的编制

实验报告是对实验的全面总结. 实验报告要求文理通顺、字迹端正、数据完整、图表规范、结果正确. 准确、完整、简明地表述实验报告中各部分内容，是实验课训练的重要方面之一. 实验报告可直接在预习报告的基础上完成，它包括实验名称、实验目的、实验仪器、实验原理(用自己的语言简明扼要地阐述实验原理，写出主要公式，画出装置原理图、电路图或光路图)、实验步骤(用自己的语言写出关键性的实验方法、测量方法及仪器的调整操作技巧)、注意事项、数据记录(以列表形式记录原始数据,注明单位)、数据处理(代入数据,写出完整的计算过程,进行误差分析并用标准形式表达实验结果.必要时用坐标纸按作图规则作图)、讨论等.

上述三个环节中,第二个环节虽然是主要的,但是对第一、第三个环节也绝不能忽视.只有三个环节都做好了,才算上好了物理实验课.

第三节　测量与误差

一、测量

在科学实验中,一切物理量都是通过测量得到的.所谓测量,就是用一定的工具或仪器,通过一定的方法,直接或间接地与被测对象进行比较.著名物理学家伽利略有一句名言:“凡是可能测量的,都要进行测量,并且要把目前无法度量的东西变成可以测量的.”物理测量的内容很多,大至日月星辰,小到原子、分子.现在人们能观察和测量到的范围,在空间上已小到 $10^{-15}\sim10^{-14}$ cm,大达百亿光年,大小相差在 10^{40} 倍以上;在时间上已短至 $10^{-24}\sim10^{-23}$ s 的瞬间,长达百亿年,两者相差也在 10^{40} 倍以上.在定量地验证理论方面,也需要进行大量的测量工作.因此可以说,测量是进行科学实验必不可少的、极其重要的一环.

测量分直接测量和间接测量.直接测量是指把待测物理量直接与认定为标准的物理量相比较,例如用直尺测量长度和用天平测量物体的质量.间接测量是指按一定的函数关系,由一个或多个直接测量量计算出另一个物理量,例如测物体密度时,先测出该物体的体积和质量,再用公式算出物体的密度.在物理实验中进行的测量,很多都属于间接测量.

一个测量数据不同于一个数值,它是由数值和单位两部分组成的.一个数值有了单位,才具有特定的物理意义,这时它才可以称为一个物理量.因此测量所得的值(数据)应包括数值(大小)和单位,两者缺一不可.

二、误差

从测量的要求来说,人们总希望测量的结果能很好地符合客观实际.但在实际测量过程中,由于测量仪器、测量方法、测量条件和测量人员水平以及种种因素的局限,不可能使测量结果与客观存在的真值完全相同,人们所测得的只能是某个物理量的近似值.也就是说,任何一种测量结果的测量值和真值之间总会或多或少地存在一定的差值,该差值称为测量值的测量误差,简称误差.误差的大小反映了测量的准确程度.测量误差的大小可以用绝对误差 δ 表示,因此,测量值 x 与真值 μ 之差称为绝对误差,即

$$\delta=x-\mu, \tag{1.3.1}$$

也可用相对误差 E_r 表示

$$E_r=\frac{\delta}{\mu}. \tag{1.3.2}$$

测量总是存在着一定的误差，但实验者应该根据要求和误差限度来制定或选择合理的测量方案和仪器．不能不切实际地要求实验仪器的精度越高越好，环境条件恒温或恒湿、越稳定越好，测量次数越多越好．一个优秀的实验工作者，应该能在一定的要求下，以最低的代价来取得最佳的实验结果．既要保证必要的实验精度，又能合理节省人力与物力．误差自始至终贯穿于整个测量过程，为此必须分析测量中可能产生各种误差的因素，尽可能消除这些影响，并对测量结果中未能消除的误差作出评价．

三、误差的分类

误差的产生有多方面的原因，按误差的来源和性质可分为系统误差和偶然误差两大类．

1．系统误差

在相同条件下，多次测量同一物理量时，测量值对真值的偏离（包括大小和方向）总是相同的，这类误差称为系统误差．系统误差的来源大致有以下几种：

（1）理论公式的近似性．例如，单摆的周期公式 $T=2\pi\sqrt{\frac{L}{g}}$ 成立的条件之一是摆角趋于零，而在实验中，摆角为零的条件是不现实的；

（2）仪器结构的不完善．例如，温度计的刻度不准确，天平的两臂不等长，示零仪表存在灵敏阈等；

（3）环境条件的改变．例如，在 20 ℃条件下校准的仪器拿到－20 ℃环境中使用；

（4）测量者生理、心理因素的影响．例如，记录某一信号时有滞后或超前的倾向；对准标志线读数时总有偏左或偏右、偏上或偏下等．

系统误差的特点是其具有恒定性，不能用增加测量次数的方法使它减小．在实验中发现和消除系统误差是很重要的，因为它常常是影响实验结果准确程度的主要因素．能否用恰当的方法发现和消除系统误差，是测量者实验水平高低的反映，但没有一种普遍适用的方法来消除这类误差，而是要对具体问题作具体的分析与处理，有时还要靠实验经验的积累．

2．偶然误差

偶然误差是指在相同条件下，多次测量同一物理量，其测量误差的绝对值和符号以不可预知的方式变化．这种误差是由实验中多种因素的微小变动引起的，例如实验装置和测量机构在各次调整操作上的变动，测量仪器指示数值的变动，以及观测者本人在判断和估计读数上的变动等等．这些因素的共同影响就是测量值围绕着测量的平均值发生涨落，这一变化量就是各次测量的偶然误差．偶然误差的出现，就某一测量值来说是没有规律的．其大小和方向都不能预知，但对一个量进行足够多次的测量后，则会发现它们的偶然误差是按一定规律分布的，常见的分布有正态分布、均匀分布、t 分布等．

经常发生的一种情况是：正方向误差和负方向误差出现的次数大体相等，数值较小的误差出现的次数较多,数值很大的误差在没有错误的情况下通常不出现.这一规律在测量次数越多时表现得越明显,它就是一种最典型的分布规律——正态分布.

3. 系统误差和偶然误差的关系

系统误差和偶然误差的区别不是绝对的,在一定的条件下,它们可以相互转化.比如砝码误差,对于制造厂家来说是偶然误差,而对于使用者来说,它又是系统误差.又如测量对象的不均匀性(如小球直径、金属丝的直径等),既可以当作系统误差,又可以当作偶然误差.有时系统误差和偶然误差混在一起,难以严格区分.例如,测量者使用仪器时的估读误差往往既包含系统误差,又包含偶然误差.这里的系统误差是指读数时总是有偏大或偏小的倾向,偶然误差是指每次读数时偏大或偏小的程度互不相同.

4. 疏失误差

另外,有一种误差被称为疏失误差,是由于观测者使用仪器的方法不正确、实验方法不合理、读错数据、记录错误等原因,使得测量结果被明显地歪曲而引起的误差,又称为粗大误差,它实际上是一种测量错误,这种数据应当剔除.只要观察者具有严肃认真的科学态度,一丝不苟的工作作风,疏失误差是完全可以避免的.

第四节　测量的不确定度和测量结果的表示

一、测量的不确定度

测量误差存在于一切测量中,由于测量误差的存在而对被测量值不能确定的程度即为测量的不确定度.它给出测量结果不能确定的误差范围.一个完整的测量结果不仅要标明其测量值大小,还要标出测量的不确定度,以表明该测量结果的可信赖程度.

目前世界上已普遍采用不确定度来表示测量结果的误差.我国从 1992 年 10 月开始实施的《测量误差和数据处理技术规范》中,也规定了适用不确定度评定测量结果的误差.

不确定度是对被测量值的真值所处的量值范围的评定,它反映了可能存在的误差分布范围,即随机误差分量与未定系统误差分量的联合分布范围,它是一个不为零的正值.通常不确定度按计算方法分为两类,即用统计方法对具有随机误差性质的测量值计算获得的 A 类分量 U_A,以及用非统计方法计算获得的 B 类分量 U_B.

二、偶然误差与不确定度的 A 类分量

1. 偶然误差的分布和标准偏差

偶然性是偶然误差的特点,但是,在测量次数相当多的情况下,偶然误差仍服从一定的统计规律.在物理实验中,多次独立测量得到的数据一般可近似看作正态分布.正态分布的特征可以用正态分布曲线形象地表示出来,如图 1.4.1 所示.

测量值的正态分布函数为

$$f(x)=\frac{1}{S\sqrt{2\pi}}\exp\left[-\frac{1}{2}\left(\frac{x-\mu}{S}\right)^2\right],\quad(1.4.1)$$

式中，μ 表示 x 出现概率最大的值，在消除系统误差后，μ 为真值；S 称为标准偏差，它反映了测量值的离散程度.

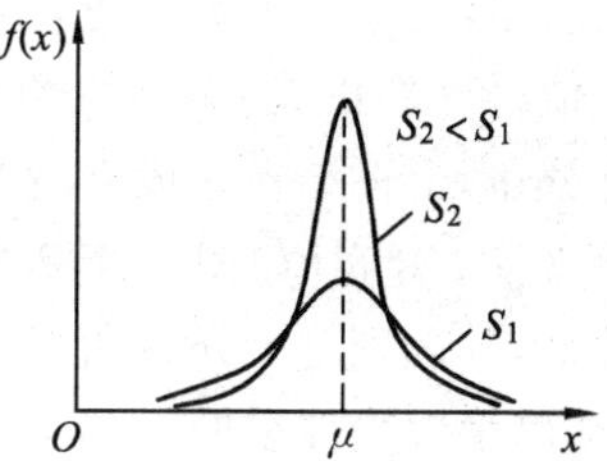

图 1.4.1　偶然误差正态分布曲线

尽管一个物理量的真值 μ 是客观存在的，但由于随机误差的存在，企图得到真值的愿望仍不现实，只能估算其值. 根据偶然误差的特点，可以证明如果对一个物理量测量了相当多次后，分布曲线趋于对称分布，其算术平均值就是接近真值 μ 的最佳值. 例如，对物理量 x 测量 n 次，每一次测量值为 x_i，则算术平均值 $\bar{x}$ 为

$$\bar{x}=\frac{\sum_{i=1}^{n}x_i}{n},\quad(1.4.2)$$

x 的标准偏差可用贝塞尔公式估算为

$$S=\sqrt{\frac{\sum_{i=1}^{n}(x_i-\bar{x})^2}{n-1}},\quad(1.4.3)$$

其意义为任一次测量的结果落在区间$[\bar{x}-S(\bar{x}),\bar{x}+S(\bar{x})]$上的概率为 0.683. 式(1.4.3)中 $v_i=x_i-\bar{x}$ 称为残差.

值得注意的是，如果测量值中有偏离平均值较大的数据，应当将其剔除.

2. 置信概率与多次测量平均值的标准偏差

定义 $p=\int_{x_1}^{x_2}f(x)\mathrm{d}x$ 表示变量在区间(x_1,x_2)内出现的概率，称为置信概率. x 出现在$(\mu-S,\mu+S)$之间的概率为

$$p=\int_{\mu-S}^{\mu+S}f(x)\mathrm{d}x=0.683.\quad(1.4.4)$$

说明：对任何一次测量，其测量值出现在区间$(\mu-S,\mu+S)$内的可能性为 0.683. 为了给出更高的置信水平，置信区间可扩展为 $(\mu-2S,\mu+2S)$ 和$(\mu-3S,\mu+3S)$，其置信概率分别为

$$p=\int_{\mu-2S}^{\mu+2S}f(x)\mathrm{d}x=0.954\text{ 和 }p=\int_{\mu-3S}^{\mu+3S}f(x)\mathrm{d}x=0.997.\quad(1.4.5)$$

由于算术平均值是测量结果的最佳值，也最接近真值，因此有必要讨论 $\bar{x}$ 对真值的离散程度. 误差理论可以证明平均值的标准差为

$$S(\bar{x})=\sqrt{\frac{\sum_{i=1}^{n}(\bar{x}-x_i)^2}{n(n-1)}}=\frac{S}{\sqrt{n}},\quad(1.4.6)$$

式(1.4.6)说明，平均值的标准差是 n 次测量中任意一次测量值标准差的$\frac{1}{\sqrt{n}}$，显然 $S(\bar{x})$小于S. $S(\bar{x})$的意义是：待测物理量处于 $\bar{x}\pm S(\bar{x})$区间内的概率为 0.683. 从式(1.4.6)中

可以看出，当 n 为无穷大时，$S(\bar{x})=0$，即测量次数无穷多时，平均值就是真值.

值得注意的是，测量次数足够多时，测量值才近似为正态分布，上述结果才成立. 在测量次数较少的情况下，测量值将呈 t 分布(如图 1.4.2 所示). t 分布曲线与正态分布类似，其区别是 t 分布曲线的上部较窄而且较矮，下部较宽. 测量次数较少时，t 分布偏离正态分布较多，当测量次数较多时(例如多于 10 次) t 分布趋于正态分布. 测量值呈 t 分布时，$\bar{x}\pm S(\bar{x})$ 的置信概率不是0.683. 在这种情况下，$x=\bar{x}\pm t_p S(\bar{x})=\bar{x}\pm \frac{t_p}{n}S$ 的置信概率是 p. 在物理实验中，建议置信概率采用 0.95，由此可导出置信参数

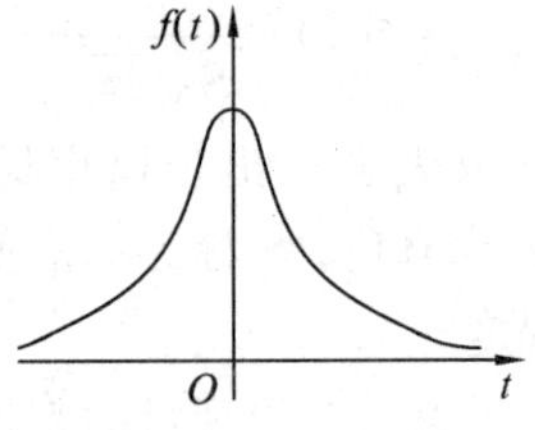

图 1.4.2　t 分布曲线

$$t_{0.95}=1.948+\frac{2.835}{n-1.735}, \tag{1.4.7}$$

$t_{0.95}$ 和 $\frac{t_{0.95}}{\sqrt{n}}$ 的值见表 1.4.1.

表 1.4.1　$t_{0.95}$ 和 $\frac{t_{0.95}}{\sqrt{n}}$ 的值

n	3	4	5	6	7	8	9	10	15	20	≥100
$t_{0.95}$	4.30	3.18	2.78	2.57	2.45	2.36	2.31	2.26	2.14	2.09	≤1.97
$\frac{t_{0.95}}{\sqrt{n}}$	2.48	1.59	1.20	1.05	0.926	0.834	0.770	0.715	0.553	0.467	≤0.139

3. 不确定度的 A 类分量

不确定度的 A 类分量为

$$U_A=t_p S(\bar{x})=\frac{t_p S}{\sqrt{n}}, \tag{1.4.8}$$

通常取置信概率为 0.95. 从表 1.4.1 中可以看出，当 $n=6$ 时，有 $\frac{t_{0.95}}{\sqrt{n}}\approx 1$，取 $U_A=S$，即在置信概率为 0.95 的前提下，A 类不确定度 U_A 可用测量值的标准偏差 S 估算.

三、不确定度的 B 类分量

不确定度的 B 类分量是用非统计方法计算的分量，如仪器误差等. 仪器误差是指在正确使用仪器的条件下测量值和被测量值的真值之间可能产生的误差，仪器误差不会超出某一范围，其最大值称为仪器的误差限 $\Delta_{仪}=\Delta_{ins}$，也称最大允差. 一般说来，在误差限内各种误差出现的概率相等，即误差概率均匀分布. 因此，在物理实验中不确定度的 B 类分量 U_B 可简化为用仪器标定的最大允差 $\Delta_{仪}=\Delta_{ins}$ 表示，即不确定度的 B 类分量为

$$U_B=\Delta_{ins}. \tag{1.4.9}$$

仪器的误差限一般在仪器的说明书中注明，表 1.4.2 中列出了一些常用实验仪器的最大允差 $\Delta_{仪}$.

表 1.4.2　常用实验仪器的最大允差 $\Delta_{仪}$

仪器名称	量程	最小分度值	最大允差
钢板尺	150 mm 500 mm 1 000 mm	1 mm 1 mm 1 mm	±0.10 mm ±0.15 mm ±0.20 mm
钢卷尺	1 m 2 m	1 mm 1 mm	±0.8 mm ±1.2 mm
游标卡尺	125 mm	0.02 mm 0.05 mm	±0.02 mm ±0.05 mm
螺旋测微器(千分尺)	0～25 mm	0.01 mm	±0.004 mm
读数显微镜			0.02 mm
三级天平 (分析天平)	200 g	0.1 mg	1.3 mg(接近满量程) 1.0 mg(1/2 量程附近) 0.7 mg(1/3 量程附近)
普通温度计 (水银或有机溶剂)	0～100 ℃	1 ℃	±1 ℃
精密温度计(水银)	0～100 ℃	0.1 ℃	±0.2 ℃
电表(0.5 级)			0.5%×量程
电表(0.1 级)			0.5%×量程
秒表(3 级)		0.1 s	±0.5 s
各类数字仪表			仪器最小读数

四、测量结果的表示

1. 测量结果的表示

若用不确定度表征测量结果的可靠程度，则测量结果可写成

$$x=\bar{x}\pm U,$$

$$E_r=\frac{U}{\bar{x}}\times 100\%, \tag{1.4.10}$$

式中，$\bar{x}$ 为多次测量的平均值；U 为合成不确定度；E_r 为相对不确定度. 合成不确定度 U 由 A 类不确定度 U_A 和 B 类不确定度 U_B 采用方和根合成方式得到，即

$$U=\sqrt{U_A^2+U_B^2}=\sqrt{\left(\frac{t_p}{\sqrt{n}}S\right)^2+\Delta_{ins}^2}. \tag{1.4.11}$$

若 A 类分量有 n 个，B 类分量有 m 个，那么合成不确定度为

$$U=\sqrt{\sum_{i=1}^{n}U_{A_i}^2+\sum_{i=1}^{m}U_{B_i}^2}.$$

2. 直接测量的不确定度计算过程

(1) 单次测量时，大体有 3 种情况：

① 仪器精度较低，偶然误差很小，多次测量读数相同，不必进行多次测量；

② 对测量的准确程度要求不高，只测一次就够了；

③ 因测量条件的限制，不可能多次重复测量.

单次测量的结果也应按式(1.4.10)表示. 这时 U 常用极限误差 Δ 表示. Δ 的取法一般有两种：一种是仪器标定的最大允差 $\Delta_{仪}$；另一种是根据不同仪器、测量对象、环境条件、仪器灵敏阈等估计一个极限误差. 两者中取数值较大的作为 Δ 值.

单次测量时取 $U \approx \Delta_{ins}$，并不说明只测一次时 U 小，而是因为这种估算比式(1.4.11)的估计方法更为粗略. 当 U_A 远小于 U_B 时，这种估算很有其合理性.

(2) 多次测量时，不确定度依下面的过程进行计算：

① 求测量数据的算术平均值：$\bar{x} = \dfrac{\sum\limits_{i=1}^{n} x_i}{n}$；

② 修正已知的系统误差，得到测量值(如螺旋测微器必须消除零误差)；

③ 用贝塞尔公式计算标准差：$S = \sqrt{\dfrac{\sum\limits_{i=1}^{n}(x_i - \bar{x})^2}{n-1}}$；

④ 标准差 S 乘以置信参数 $\dfrac{t_{0.95}}{\sqrt{n}}$ 获得 U_A，若测量次数 $n=6$，取 $\dfrac{t_{0.95}}{\sqrt{n}} \approx 1$，则 $U_A \approx S$；

⑤ 根据仪器标定的最大允差 $\Delta_{仪} = \Delta_{ins}$ 确定 $U_B = \Delta_{ins}$；

⑥ 由 U_A，U_B 合成不确定度：$U = \sqrt{U_A^2 + U_B^2}$；

⑦ 计算相对不确定度：$E_r = \dfrac{U}{\bar{x}} \times 100\%$；

⑧ 给出测量结果：$x = \bar{x} \pm U$，$E_r = \dfrac{U}{\bar{x}} \times 100\%$.

例 在室温 23 ℃下，用共振干涉法测量超声波在空气中传播时的波长 λ，数据见表 1.4.3. 试用不确定度表示测量结果.

表 1.4.3 超声波在空气中传播时的波长 λ

N	1	2	3	4	5	6
λ/cm	0.687 2	0.685 4	0.684 0	0.688 0	0.682 0	0.688 0

解 波长 λ 的平均值为

$$\bar{\lambda} = \frac{1}{6}\sum_{i=1}^{6}\lambda_i = 0.685\,8\ (\text{cm}),$$

任意一次波长测量值的标准差为

$$S(\lambda) = \sqrt{\frac{\sum\limits_{i=1}^{6}(\bar{\lambda} - \lambda_i)^2}{6-1}} = \sqrt{\frac{2.9 \times 10^3 \times 10^{-8}}{5}} \approx 0.002\,4\ (\text{cm}).$$

实验装置的最大允差为

$$\Delta_{仪} = 0.002\ \text{cm},$$

波长不确定度的 A 类分量为 $U_A = S(\lambda) = 0.002\,4\ (\text{cm})$，

B类分量为

$$U_B=\Delta_{ins}=0.002\ \text{cm}.$$

于是，波长的合成不确定度为

$$U_\lambda=\sqrt{U_A^2+U_B^2}=\sqrt{(0.0024)^2+(0.002)^2}\approx 0.0031\ (\text{cm}),$$

相对不确定度为

$$E_{r,\lambda}=\frac{U_\lambda}{\bar{\lambda}}\times 100\%=\frac{0.0031}{0.6858}\times 100\%=0.5\%,$$

测量结果表达式为

$$\lambda=(0.686\pm 0.004)\ \text{cm},$$
$$E_{r,\lambda}=0.5\%.$$

3. 间接测量不确定度的计算

间接测量量是由直接测量量根据一定的数学公式计算出来的.这样一来，直接测量量的不确定度就必然影响到间接测量量，这种影响的大小也可以由相应的数学公式计算出来.

设间接测量所用的数学公式可以用函数形式 $N=f(x,y,z,\cdots)$ 表示，式中的 N 是间接测量量；$x,y,z,\cdots$ 是直接测量量，且它们相互独立.设 $x,y,z,\cdots$ 的不确定度分别为 $U_x,U_y,U_z,\cdots$，它们必然影响间接测量量，使 N 值也有相应的不确定度.由于不确定度都是微小的量，相当于数学中的“增量”，因此间接测量的不确定度的计算公式与数学中的全微分公式类似，但也有以下不同之处：

(1) 要用不确定度替代微分；

(2) 要考虑到不确定度合成的统计性质，一般是用“方、和、根”的方式进行合成.于是，在大学物理实验中用以下两式来计算不确定度：

$$U_N=\sqrt{\left(\frac{\partial f}{\partial x}\right)^2U_x^2+\left(\frac{\partial f}{\partial y}\right)^2U_y^2+\left(\frac{\partial f}{\partial z}\right)^2U_z^2+\cdots},\tag{1.4.12}$$

$$E_{r,N}=\frac{U_N}{\bar{N}}=\sqrt{\left(\frac{\partial \ln f}{\partial x}\right)^2U_x^2+\left(\frac{\partial \ln f}{\partial y}\right)^2U_y^2+\left(\frac{\partial \ln f}{\partial z}\right)^2U_z^2+\cdots},\tag{1.4.13}$$

其中，式(1.4.12)适用于 N 是和差形式的函数，式(1.4.13)适用于 N 是积商形式的函数.

在间接测量中，用不确定度表示实验结果的计算过程如下：

(1) 先写出(或求出)各个直接测量量的不确定度；

(2) 依据 $N=f(x,y,z,\cdots)$ 的关系求出 $\frac{\partial f}{\partial x},\frac{\partial f}{\partial y},\cdots$ 或 $\frac{\partial \ln f}{\partial x},\frac{\partial \ln f}{\partial y},\cdots$；

(3) 利用公式

$$U_N=\sqrt{\left(\frac{\partial f}{\partial x}\right)^2U_x^2+\left(\frac{\partial f}{\partial y}\right)^2U_y^2+\left(\frac{\partial f}{\partial z}\right)^2U_z^2+\cdots}$$

和

$$E_{r,N}=\frac{U_N}{\bar{N}}=\sqrt{\left(\frac{\partial \ln f}{\partial x}\right)^2U_x^2+\left(\frac{\partial \ln f}{\partial y}\right)^2U_y^2+\left(\frac{\partial \ln f}{\partial z}\right)^2U_z^2+\cdots}$$

求出 U_N 和 $E_{r,N}$；

(4) 亦可用传递公式直接用各直接测量量的不确定度进行计算(见表1.4.4)；

表 1.4.4 常用函数的不确定度传递公式

函数形式	不确定度传递公式
$N=x+y$	$U_N=\sqrt{U_x^2+U_y^2}$
$N=x-y$	$U_N=\sqrt{U_x^2+U_y^2}$
$N=kx$	$U_N=kU_x,E_{r,N}=\dfrac{U_x}{\overline{x}}$
$N=\sqrt[k]{x}$	$E_{r,N}=\dfrac{1}{k}\cdot\dfrac{U_x}{x}$
$N=xy$	$E_{r,N}=\sqrt{E_{r,x}^2+E_{r,y}^2}$
$N=\dfrac{x}{y}$	$E_{r,N}=\sqrt{E_{r,x}^2+E_{r,y}^2}$
$N=\dfrac{x^k y^m}{z^n}$	$E_{r,N}=\sqrt{(kE_{r,x})^2+(mE_{r,y})^2+(nE_{r,z})^2}$
$N=\sin x$	$E_{r,N}=\lvert\cos x\rvert E_{r,x}$
$N=\ln x$	$E_{r,N}=E_{r,x}$

(5) 给出实验结果

$$\begin{cases}N=\overline{N}\pm U_N,\\ E_{r,N}=\dfrac{U_N}{\overline{N}}\times100\%,\end{cases}\quad \overline{N}=f(\overline{x},\overline{y},\overline{z},\cdots).$$

例 已知金属环的内径 $D_1=(2.880\pm0.004)$ cm,外径 $D_2=(3.600\pm0.004)$ cm,高度 $H=(2.575\pm0.004)$ cm,求金属环的体积,并用不确定度表示实验结果.

解 金属环的体积为

$$\overline{V}=\frac{\pi}{4}(D_2^2-D_1^2)H=\frac{\pi}{4}\times(3.600^2-2.880^2)\times2.575=9.436\ (\mathrm{cm}^3),$$

求偏导得

$$\frac{\partial\ln V}{\partial D_2}=\frac{2D_2}{D_2^2-D_1^2},\frac{\partial\ln V}{\partial D_1}=\frac{-2D_2}{D_2^2-D_1^2},\frac{\partial\ln V}{\partial H}=\frac{1}{H},$$

$$E_{rV}=\frac{U_V}{\overline{V}}=\sqrt{\left(\frac{2D_2U_{D_2}}{D_2^2-D_1^2}\right)^2+\left(\frac{-2D_1U_{D_1}}{D_2^2-D_1^2}\right)^2+\left(\frac{U_V}{H}\right)^2},$$

代入数据计算得

$$E_{r,V}=0.008=0.8\%,$$

$$U_V=\overline{V}E_{r,V}=9.436\times0.008\approx0.08\ (\mathrm{cm}^3).$$

实验结果为

$$\begin{cases}V=(9.44\pm0.08)\ \mathrm{cm}^3,\\ E_{r,V}=0.8\%.\end{cases}$$

4. 被测物理量有理论值的表示

如果被测物理量有理论值(或公认值)时,则常用百分误差来表示测量结果的优劣,即

$$E=\frac{\lvert\overline{x}-x_0\rvert}{x_0}\times100\%,\tag{1.4.14}$$

式中,x_0 为被测物理量的理论值(或公认值).

5. 测量结果的评价

由于不确定度能比较全面地反映测量误差，因此它成为评价实验结果的主要依据. 对测量结果的评价包括：

(1) 测量结果 N 与公认值 N_0 之差是否在测量误差范围内?

可粗略地依据 $\frac{|N-N_0|}{U_N}>3$ 是否成立进行判断. 如果不大于 3 则可认为 $|N-N_0|$ 在测量误差范围内，测量结果是可以接受的.

(2) 合成 U_N 的各项中是否有特别大的，原因是什么? 是否可能改进?

(3) 各 x_i 的 Ux_i 评定中，A 类评定的值是否明显大于 B 类评定的值? 如果是，就说明该项偶然误差过大，值得分析.

第五节 有效数字及其运算

任何物理量的测量都存在误差，因而表示该测量值的数值位数不能随意取，而应能正确反映测量精度；另一方面，数值计算都有一定的近似性，这就要求计算的准确性必须与测量的准确性相适应.

一、有效数字的概念

能够正确而有效地表示测量和实验结果的数字，称为有效数字. 有效数字由直接从测量仪器读出的最小分度以上的若干位准确数值与最小分度的下一位(有时是在同一位)估读(或称可疑)数值构成. 例如用毫米尺测量一个物体的长度，如图 1.5.1 所示，读出的长度为 3.14 cm，读数的前 2 位 3.1 直接由尺上读出，是准确的，称为可靠数字，末位数 0.04 是从尺上最小分度之间估计出来的，这个数字带有一定的误差，因而称之为可疑数字. 用普通毫米尺测量读出的 3.14 cm，只有 3 位有效数字，读到小数点后 2 位为止. 要想提高测量精度，可以换用其他精确度更高的仪器，比如用螺旋测微器测同一物体的长度，得到 3.144 2 cm 的结果，其中 3.144 是可靠数，而末位的“2”估读到小数点后第 4 位. 可见，有效数字位数的多少不仅与被测对象本身有关，还与所选用的测量仪器的精度有关. 通常情况下，仪器的精度越高，对于同一被测对象，所得结果的有效数字位数越多.

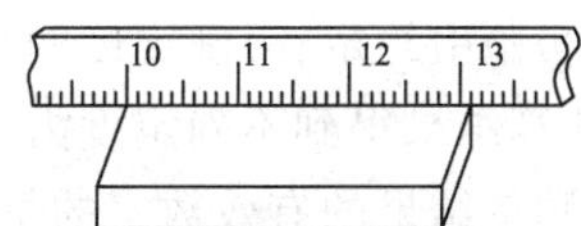

图 1.5.1 直接测量示意图

有效数字位数的多少，还与测量方法有关. 例如用秒表测量单摆的周期，其误差主要由启动和制动表时手的动作与目测协调的程度决定，一般误差为 0.2 s. 如只测一个周期，得到 $T=1.9$ s，若测连续的 100 个周期，且 $100T=191.2$ s，则周期的平均值 $\overline{T}=1.912$ s. 可见，采用不同的测量方法，结果的有效数字位数也随之变化.

有效数字的位数与小数点的位置无关. 如 1.23 与 123 都有 3 位有效数字. 可以用如下方法判别“0”是否是有效数字：从左往右数，以第一个不为零的数字为起点，它左边的

“0”不是有效数字，它右边的“0”是有效数字. 例如，0.012 3 有 3 位有效数字，0.012 30有 4 位有效数字. 作为有效数字的“0”，不可以省略不写. 例如，不能将 1.350 0 cm 写作 1.35 cm，因为它们的准确程度是不同的.

一般地，测量结果的有效数字位数愈多，其相对误差愈小，测量亦愈准确. 因而在进行误差分析时，可以用误差大小评价测量的质量，有时也可以根据有效数字的位数多少评价实验结果的优劣.

二、测量结果有效数字取舍原则

既然任何一个物理量的测量结果都包含误差，那么该物理量数值的尾数就不应该任意取舍. 在数学上常用的“四舍五入”规则是“见五就入”，导致从 0 到 9 的十个数字中，入的机会大于舍的机会，因而可能使经过舍入处理后所得数据之和大于未进行舍入处理的原始数据之和，从而引起误差. 为了使入与舍机会均等，现在通用的是“四舍六入五凑偶”法则，即对于保留数字末位后的第一个数，小于 5 则舍，大于 5 则入，等于 5 则把保留数的末位凑为偶数，如果 5 的前一位是奇数，则将 5 进上，使有误差末位为偶数，若 5 的前一位是偶数则将 5 舍去，但若 5 的后面仍有数字则应进上.

有效数字中最后一到两位数字是不确定的. 显然，有效数字是表示不确定度的一种粗略的方法，而不确定度则是有效数字中最后一到两位数字不确定程度的定量描述，它们都表示含有误差的测量结果.

由于不确定度本身只是一个估计值，一般情况下，不确定度的有效数字位数只取一到两位，当首位数字等于或大于 3 时，取一位；小于 3 时，则取两位. 在初学阶段，可以认为有效数字只有最后一位是不确定的. 相应地，不确定度也只取一位有效数字. 因此，在物理实验中约定：不确定度的有效数字位数只取一位，其后面的数字采用进位法修约. 例如，计算结果得到不确定度为 $0.241\,4\times10^{-3}$ m，则应取 $U=0.3\times10^{-3}$ m.

测量结果的有效数字的位数由不确定度来确定. 测量值取几位，取决于其不确定度所处的位置，即测量值的末位必须与不确定度的末位取齐，如 $L=(1.00\pm0.02)$ cm. 一次直接测量结果的有效数字，由仪器极限误差或估计的不确定度来确定. 多次直接测量算术平均值的有效数字，由计算得到平均值的不确定度来确定. 间接测量结果的有效数字，也是先算出结果的不确定度，再由不确定度的位数来确定.

三、数值书写规则

当数值很大或很小时，用科学计数法来表示. 例如，某年我国人口为十二亿七千万，极限误差为两千万，应写作 $(12.7\pm0.2)\times10^4$ 万，其中 12.7 ± 0.2 表明有效数字和不确定度，10^4 万表示单位. 又如，将 $(0.000\,823\pm0.000\,003)$ m 写作 $(8.23\pm0.03)\times10^{-4}$ m，看起来更简洁醒目.

四、有效数字的运算规则

在有效数字运算过程中，为了不因运算而引进“误差”或损失有效位数，影响测量结果的精度，统一规定有效数字的近似运算规则如下：

(1) 诸量相加（或相减）时，其和（或差）数在小数点后所应保留的位数与诸数中小数点后位数最少的一个相同.

注意:为了把可靠数字与可疑数字分开,在下面对有效数字运算规则介绍中,算式中数字下加横线者为可疑数字.

例 1　$12.3\underline{4}+2.357\underline{4}=14.6\underline{9}\underline{7}\underline{4}$,

结果为 14.70 或 1.470×10.

例 2　$26.2\underline{5}-3.925\underline{7}=22.3\underline{2}\underline{4}\underline{3}$,

结果为 22.32 或 2.232×10.

(2) 诸量相乘后保留的有效数字,必须与诸因子中有效数字最少的一个相同.

例 3　$3.52\underline{3}\times18.\underline{6}=65.\underline{5}$.

$$
\begin{array}{r}
3.52\underline{3} \\
\times\quad 18.\underline{6} \\
\hline
2\,\underline{1}\,\underline{1}\,\underline{3}\,\underline{8} \\
2\,8\,1\,8\,\underline{4} \\
3\,5\,2\,\underline{3} \\
\hline
6\,5.\underline{5}\,\underline{2}\,\underline{7}\,\underline{8}
\end{array}
$$

(3) 两个数相除,一般情况下商的有效数字的位数应与两个数中有效数字位数较少者位数相同.

例 4　$4.525\underline{4}\div5.4\underline{7}=0.82\underline{7}$.

$$
\begin{array}{r|l}
 & 0.82\underline{7}\,\underline{3} \\
\hline
5.4\underline{7} & 4.52\,5\underline{4} \\
 & 4\,37\,\underline{6} \\
\hline
 & 14\,\underline{9}\,\underline{4} \\
 & 10\,9\,\underline{4} \\
\hline
 & 4\,\underline{0}\,\underline{0}\,\underline{0} \\
 & 3\,\underline{8}\,\underline{2}\,\underline{9} \\
\hline
 & \underline{1}\,\underline{7}\,\underline{1}\,\underline{0} \\
 & 1\,\underline{6}\,\underline{4}\,\underline{1} \\
\hline
 & \underline{6}\,\underline{9}
\end{array}
$$

(4) 乘方、开方运算规则与乘、除法运算规则相同.

例 5　$(4.256)^2=18.11$,　$(54.39)^{\frac{1}{2}}=7.375$.

(5) 一般来说,函数运算的位数应根据误差分析来确定. 在物理实验中,为了简便和统一起见,对常用的对数函数、指数函数和三角函数可在其存疑位增加 1 和减少 1 来计算其值,根据数据的变化,确定它的有效数字的位数. 例如求 $\sin 20°13'$,可先求 $\sin 20°14'=0.345\ 844\ 1$,再求 $\sin 20°12'=0.345\ 298\ 2$,两个值在小数点后第 4 位开始变化,因此 $\sin 20°13'=0.345\ 6$(取 4 位有效数字).

(6) 在运算过程中,有可能遇到一种特定的数,叫做确切数. 例如,将半径化为直径时出现的倍数 2 不是由测量得来的. 还有实验测量次数总是正整数,没有可疑部分. 确切数不适用有效数字的运算规则,必须由其他测量值的有效数字的多少来决定运算结果的有效数字.

(7) 在运算过程中,还可能遇到一些常数,如 π, g 等,一般取这些常数比测量值的有效数字多一位. 例如,圆周长 $l=2\pi R$,当 $R=2.356$ mm 时,π 应取 3.141 6.

有效数字位数的多寡取决于测量仪器,而不是运算过程. 因此,选择计算工具时,应使其所给出的位数不少于应有的有效位数,否则将使测量结果精度降低. 相反,通过计算工具随意扩大测量结果的有效位数也是错误的,不能认为计算结果的位数越多越好.

学会正确地获取数据,记录、分析和处理数据,学会"在数据的海洋中航行",这对科学实验者来说是十分重要的.

第六节　数据处理的基本方法

实验测量过程中收集到的大量数据资料必须经过正确处理才能成为有用的结论,从而达到实验目的. 数据处理是指从获得数据起到得出结论止的整个加工过程,包括记录、整理、计算、作图、分析、归纳等处理工作,这是物理实验的一个重要组成部分.

一、列表法处理数据

在记录和处理数据时,将数据排列成表格形式,既有条不紊、简明醒目,又有助于表示出物理量之间的对应关系,同时也有助于检验和发现实验中的问题,以及从中找出规律性的联系,求出经验公式等.

列表记录、处理数据是一种良好的工作习惯,对初学者来说,设计出一个栏目清楚、行列分明的表格虽不是难事,但也不能一蹴而就,需要不断地训练,逐渐养成习惯.

数据在列表处理时,应该遵循下列原则:

(1) 各栏目(纵或横)均应标明名称及单位,若名称用自定的符号,则需加以说明.

(2) 列入表中的数据主要是原始测量数据,处理过程中的一些重要中间计算结果也应列入表中.

(3) 栏目的顺序应充分注意数据间的联系和计算的顺序,力求简明、齐全、条理.

(4) 若是函数测量关系的数据表,则应按自变量由小到大或由大到小的顺序排列.

以使用螺旋测微器测量钢球直径 D 为例,列表记录和处理数据见表 1.6.1.

表 1.6.1　测量钢球直径 D

测量次序	初读数/mm	末读数/mm	直径 D_i/mm	$\overline{D}$/mm	S/mm
1	0.005	8.009	8.004	8.004 2	0.000 89
2	0.005	8.007	8.002		
3	0.004	8.008	8.004		
4	0.005	8.011	8.006		
5	0.004	8.009	8.005		
6	0.005	8.009	8.004		

注:所用仪器为 0~25 mm 螺旋测微器,$\Delta_{仪}=\pm 0.004$ mm.

由表 1.6.1 中数据知

$$U_A = S(\overline{D}) = 0.000\ 89\ \text{mm},$$

又

$$U_B = \Delta_{仪} = 0.004\ \text{mm},$$

所以，合成不确定度为

$$U_D = \sqrt{U_A^2 + U_B^2} = 0.004\ 1\ \text{mm},$$

则

$$D = \overline{D} \pm U_D = (8.004 \pm 0.005)\ \text{mm}.$$

在计算 D 的平均值和 S 值的过程中有效数字多保留一位，但最终结果中 D 的平均值有效数字应与仪器的测量精度相一致，合成不确定度也只可取一位.

在列表处理时，一般中间过程往往多保留一位有效数字，以使运算过程中不至于失之过多，但最后仍应按有效数字的有关规则进行取舍.

二、作图法处理数据

1. 作图法的作用和优点

作图法是一种被广泛用来处理实验数据的方法，它能直观地揭示出物理量之间的规律，特别是在还没有完全掌握有些科学实验的规律和结果，或还没有找出适当函数表达式时，用作图法表示实验结果之间的函数关系更简单直观.

2. 作图规则

(1) 选用坐标纸. 根据作图参量的性质，选用毫米直角坐标纸、双对数坐标纸、单对数坐标纸或其他坐标纸等. 坐标纸的大小应根据测得数据的大小、有效数字多少以及结果的需要来定.

(2) 坐标轴的比例与标度. 一般以横轴代表自变量，纵轴代表因变量. 在坐标纸的左下方画两条粗细适当的线表示纵轴和横轴，在轴的末端标明它所代表的物理量及单位. 要适当选取横轴和纵轴的比例和坐标的起点，使曲线居中，并布满图纸的 70%～80%. 标度时应注意：

① 坐标的分度要根据实验数据的有效数字和对结果的要求来确定. 原则上，数据中的可靠数字在图中也应是可靠的，而最后一位的估读数在图中亦是估计的，即不能因作图而引入额外的误差.

② 标度的选择应使图线显示其特点，标度应划分得当，以不用计算就能直接读出图线上每一点的坐标为宜. 故通常用 1,2,5，而不选用 3,7,9 来表示刻度.

③ 横轴和纵轴的标度可以不同，或者两轴的交点不为零，以便调整图线的大小和位置.

④ 如果数据特别大或特别小，可以提取乘积因子，例如提出 10^3 或 10^{-2}，放在坐标轴物理量单位符号前面.

(3) 曲线的标点与连线. 用削尖的硬铅笔以小“＋”标在坐标纸上标出各个测量数据点的坐标，要使各测量数据对应的坐标准确地落在小“＋”的交点上. 当一张图上要画几条曲线时，每条曲线可采用不同的标记，如“×”、“◎”、“△”、“□”等以示区别. 连线时要用直尺或曲线板等作图工具，根据不同情况，把数据点连成直线或光滑曲线. 曲线并不一定要通过所有的点，而是要画一条代表性的光滑曲线，且曲线两旁偏差点有较均匀的分布. 在画曲线时，若发现个别偏离过大的数据点，应当舍去并进行分析或重新测量核对. 校准曲线要通过校准点，连成折线.

(4) 标写图名. 一般在图纸上部附近空白位置写出简洁完整的图名，下部标明班级、姓名和日期.

3. 由实验图线求解

利用已作好的图线，定量地求得待测量量或得出经验公式，称为图解法. 尤其当图线为直线时，采用此法更为方便.

直线图解一般是求出相应的斜率和截距，进而得出完整的线性方程，其步骤为：

(1) 选点——两点法. 求直线的斜率，通常采用两点法，即在直线的两端任取两点 $A(x_1,y_1)$，$B(x_2,y_2)$（一般不用实验点，而是在所画的直线上选取），并用与实验点不同的记号表示，在记号旁注明其坐标值. 这两点应尽量分开些（见图 1.6.1(a)），如果两点太靠近，计算斜率时会使结果的有效数字减少（见图 1.6.1(b)），但这两点的选取也不能超出实验数据范围，因为选这样的点无实验依据（见图 1.6.1(c)）.

(2) 求斜率. 因为直线方程为 $y=ax+b$，将两点坐标值代入，可得直线斜率

$$a=\frac{y_2-y_1}{x_2-x_1}. \tag{1.6.1}$$

(3)求截距. 若图纸坐标起点为零，则可将直线用虚线延长，得到与纵坐标轴的交点，即可求得截距. 若起点不为零，则可由计算得

$$b=\frac{x_2y_1-x_1y_2}{x_2-x_1}. \tag{1.6.2}$$

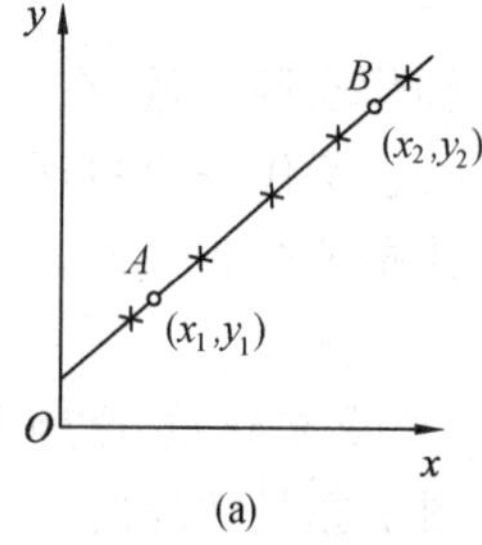

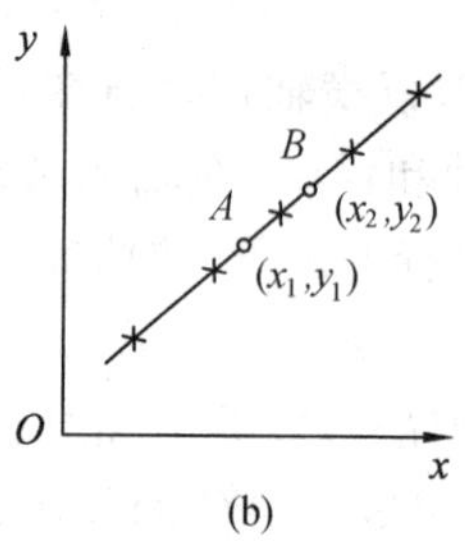

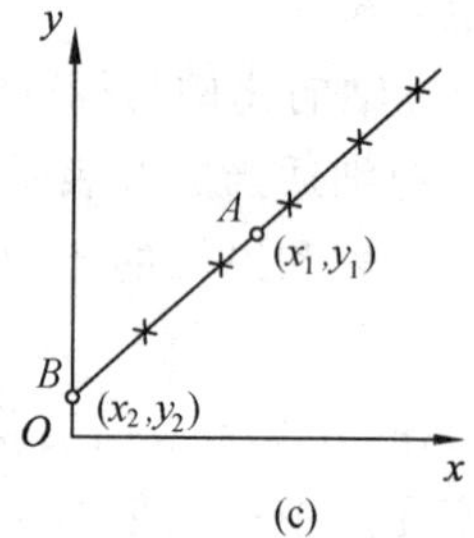

图 1.6.1　图解法的选点

下面以测量热敏电阻的阻值随温度变化的关系为例进行图示和图解. 根据半导体材料理论，热敏电阻的阻值 $R_T(\Omega)$ 与温度 $T(\mathrm{K})$ 的函数关系为

$$R_T=k\mathrm{e}^{\frac{c}{T}},$$

其中，k，c 为待定常数，k 的单位为 Ω，c 的单位为 K；T 为热力学温度. 为了能将该函数关系变换成直线形式，对上式两边取对数，得

$$\ln R_T=\ln k+\frac{c}{T},$$

令 $y=\ln R_T$，$W=\ln k$，$x=\frac{1}{T}$，则得直线方程 $y=W+cx$. 实验测量了热敏电阻在不同温度下的阻值后，以变量 x，y 作图. 若 y-x 图线为直线，就证明了 R_T 与 T 的理论关系式是正确的.

实验测量数据和变量变换值见表 1.6.2.

表 1.6.2　热敏电阻的测量数据

序　号	T_c/℃	T/K	R_T/Ω	$x=\frac{1}{T}/(10^{-3}\cdot K^{-1})$	$y=\ln R_T$
1	27.0	300.2	3 427	3.331	8.139
2	29.5	302.7	3 124	3.304	8.047
3	32.0	305.2	2 824	3.277	7.946
⋮	⋮	⋮	⋮	⋮	⋮
10	57.5	330.7	1193	3.024	7.084

图 1.6.2 所示为 R_T-T 关系曲线，换为直线如图 1.6.3 所示，从而得到的经验方程为

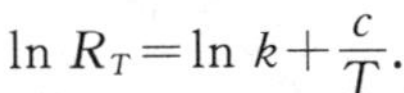

$$\ln R_T=\ln k+\frac{c}{T}.$$

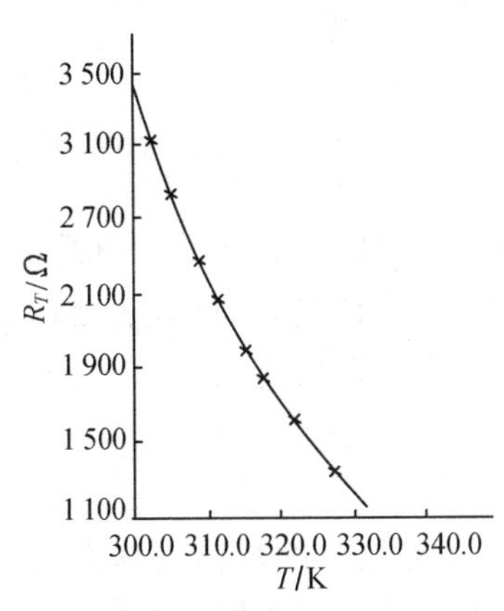

图 1.6.2　R_T-T 关系图

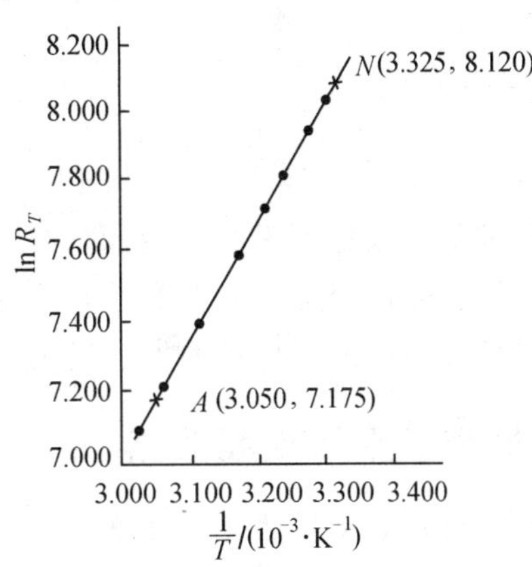

图 1.6.3　$\ln R_T$-$\frac{1}{T}$ 关系图

将点 $A(3.050, 7.175)$ 和点 $B(3.325, 8.120)$ 代入式(1.6.1)和式(1.6.2)中分别可得

$$c=\frac{8.120-7.175}{(3.325-3.050)\times 10^{-3}}=3.50\times 10^{3},$$

截距

$$\ln k=\frac{(3.325\times 7.175-3.050\times 8.120)\times 10^{-3}}{(3.325-3.050)\times 10^{-3}}=-3.306,$$

解得

$$k=0.036\ 7\ \Omega,$$

最后得该热敏电阻的阻值与温度的关系为

$$R_T=0.036\ 7\mathrm{e}^{\frac{3.50\times 10^{3}}{T}}.$$

三、逐差法

逐差法也是物理学中处理数据常用的一种方法. 由误差理论可知，算术平均值最接近真值，因此实验中应进行多次测量. 但在一些实验中，如果简单地取各次测量值的平均值，并不能达到较好的效果. 例如，测量弹簧的劲度系数，将弹簧挂在装有竖直标尺的支

架上，先记下弹簧端点在标尺上的读数 x_0，然后依次加上 1，2，…，7 kg 的力，则可读得 7 个标尺读数，分别为 $x_1, x_2, x_3, \cdots, x_7$. 其相应的弹簧长度变化量为

$$\Delta x_1 = x_1 - x_0, \Delta x_2 = x_2 - x_1, \cdots, \Delta x_7 = x_7 - x_6.$$

每 1 kg 力的伸长量为

$$\overline{\Delta x} = \frac{(x_1 - x_0) + (x_2 - x_1) + \cdots + (x_7 - x_6)}{7} = \frac{x_7 - x_0}{7},$$

这样中间数值全部抵消，未能起到平均的作用，只用了始、末两次测量值，与一次增加 7 kg 力的单次测量等价. 可见，这样处理数据不能达到多次测量的效果. 为保证多次测量的优越性，可将数据分为 x_0, x_1, x_2, x_3 和 x_4, x_5, x_6, x_7 两组，其相应差值为

$$\Delta x_1 = x_4 - x_0, \Delta x_2 = x_5 - x_1, \Delta x_3 = x_6 - x_2, \Delta x_4 = x_7 - x_3.$$

即每加 4 kg 力的伸长量为

$$\overline{\Delta x'} = \frac{\Delta x_1 + \Delta x_2 + \Delta x_3 + \Delta x_4}{4} = \frac{(x_7 + x_6 + x_5 + x_4) - (x_3 + x_2 + x_1 + x_0)}{4},$$

而每加 1 kg 力的伸长量为

$$\overline{\Delta x} = \frac{\Delta x_1 + \Delta x_2 + \Delta x_3 + \Delta x_4}{16} = \frac{(x_7 + x_6 + x_5 + x_4) - (x_3 + x_2 + x_1 + x_0)}{16}.$$

这种数据处理的方法称为逐差法，在此方法中，每一个测量数据在平均值内部都起了作用. 由此可见，逐差法保证了多次测量的优越性. 需要指出的是，用逐差法处理数据时，要注意与平均值相对应的物理量的大小变化(如加多少力的平均值).

四、最小二乘法处理数据

用图解法处理数据虽然有许多优点，但它只是一种粗略的数据处理方法，并没有建立在严格的数理统计理论基础上. 在作图纸上人工拟合直线(或曲线)时有一定的主观随意性，不同的人用同一组测量数据作图，可能得出不同的结果，因而人工拟合的直线往往不是最佳的.

由一组实验数据找出一条最佳的拟合直线(或曲线)，常用的方法是最小二乘法，所得的变量之间的相关函数关系称为回归方程. 这里只讨论用最小二乘法进行一元线性拟合，有关多元线性拟合与非线性拟合，可参阅相关专著.

最小二乘法原理是：若能找到一条最佳的拟合直线，那么这条拟合直线上的函数值与各相应点测量值之差的平方和在所有拟合直线中应是最小的.

假设所研究的两个变量 x 与 y 之间存在线性相关关系，测得了一组数据 $x_i, y_i (i=1, 2, \cdots, n)$，则回归方程的形式为

$$y = ax + b. \tag{1.6.3}$$

现在要解决的问题是，怎样根据这组数据确定式(1.6.3)中的系数 a 和 b.

这里讨论最简单的情况，即每个测量值是等精度的，且假定只有 y_i 有明显的随机测量误差(如果 x_i, y_i 均有误差，只要把相对来说误差较小的变量作为 x 即可).

由于存在误差，实验点不可能完全落在由式(1.6.3)拟合的直线上. 和某一个 x_i 相对应的 y_i 与直线在 y 方向上的残差为

$$\Delta y_i = y_i - y = y_i - ax_i - b, \tag{1.6.4}$$

如图 1.6.4 所示.按最小二乘法原理应使

$$\delta=\sum_{i=1}^{n}(y_i-y)^2=\sum_{i=1}^{n}(y_i-ax_i-b)^2 \tag{1.6.5}$$

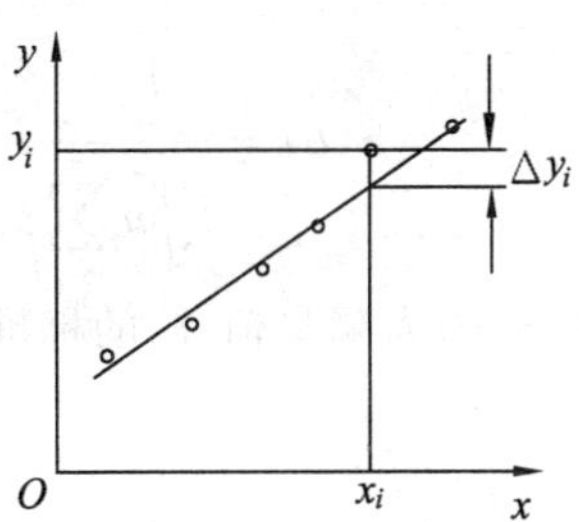

图 1.6.4　实验点与直线在 y 方向上的残差

为最小,而使其为最小的条件是

$$\frac{\partial\delta}{\partial a}=0,\quad \frac{\partial\delta}{\partial b}=0,\quad \frac{\partial^2\delta}{\partial a^2}>0,\quad \frac{\partial^2\delta}{\partial b^2}>0.$$

由一阶微商为零得

$$\begin{cases}\dfrac{\partial\delta}{\partial a}=-2\sum\limits_{i=1}^{n}(y_i-ax_i-b)x_i=0,\\ \dfrac{\partial\delta}{\partial b}=-2\sum\limits_{i=1}^{n}(y_i-ax_i-b)=0,\end{cases} \tag{1.6.6}$$

解方程组(1.6.6)(亦称正则方程组)得

$$a=\frac{n\sum\limits_{i=1}^{n}(x_iy_i)-\sum\limits_{i=1}^{n}x_i\sum\limits_{i=1}^{n}y_i}{n\sum\limits_{i=1}^{n}x_i^2-\left(\sum\limits_{i=1}^{n}x_i\right)^2}, \tag{1.6.7}$$

$$b=\frac{\sum\limits_{i=1}^{n}x_i^2\sum\limits_{i=1}^{n}y_i-\sum\limits_{i=1}^{n}x_i\sum\limits_{i=1}^{n}(x_iy_i)}{n\sum\limits_{i=1}^{n}x_i^2-\left(\sum\limits_{i=1}^{n}x_i\right)^2}. \tag{1.6.8}$$

若规定

$$\overline{x}=\frac{\sum\limits_{i=1}^{n}x_i}{n},\overline{y}=\frac{\sum\limits_{i=1}^{n}y_i}{n},\overline{x^2}=\frac{\sum\limits_{i=1}^{n}x_i^2}{n},\overline{xy}=\frac{\sum\limits_{i=1}^{n}x_iy_i}{n},$$

则

$$a=\frac{\overline{xy}-\overline{x}\,\overline{y}}{\overline{x^2}-\overline{x}^2}, \tag{1.6.9}$$

$$b=\overline{y}-a\overline{x}. \tag{1.6.10}$$

式(1.6.5)对 a,b 求二阶微商后,可知$\frac{\partial^2\delta}{\partial a^2}>0,\frac{\partial^2\delta}{\partial b^2}>0$,这样式(1.6.9)、式(1.6.10)给出了 a,b 对应于$\delta=\sum\limits_{i=1}^{n}(\Delta y_i)^2$ 的极小值,即用最小二乘法对实验点进行直线拟合所得的两个参量——斜率和截距.代入式(1.6.3)就得到了该直线的回归方程.

在前述假定只有 y_i 有明显随机偏差的条件下,a 和 b 的标准偏差可以用下列两式计算:

$$S(a)=\sqrt{\frac{n}{n\sum\limits_{i=1}^{n}x_i^2-\left(\sum\limits_{i=1}^{n}x_i\right)^2}}\cdot S(y)=\sqrt{\frac{1}{n(\overline{x^2}-\overline{x}^2)}}\cdot S(y), \tag{1.6.11}$$

$$S(b)=\sqrt{\frac{\sum_{i=1}^{n}x_i^2}{n\sum_{i=1}^{n}x_i^2-\left(\sum_{i=1}^{n}x_i\right)^2}}\cdot S(y)=\sqrt{\frac{\overline{x^2}}{n(\overline{x^2}-\overline{x}^2)}}\cdot S(y), \qquad (1.6.12)$$

其中，$S(y)$为测量值 y_i 的标准偏差，其形式为

$$S(y)=\sqrt{\frac{\sum_{i=1}^{n}\Delta y_i^2}{n-2}}=\sqrt{\frac{\sum_{i=1}^{n}(y_i-ax_i-b)^2}{n-2}}.$$

如果实验是在已知线性函数关系下进行的，那么用上述最小二乘法线性拟合，可得出最佳直线及其斜率 a 和截距 b，从而得到回归方程. 如果实验是要通过 x，y 的测量值来寻找经验公式，则还应判断由上述一元线性拟合所找出的线性回归方程是否恰当，这可用相关系数 γ 的大小来判别. γ 的定义式为

$$\gamma=\frac{\sum_{i=1}^{n}(x_i-\overline{x})(y_i-\overline{y})}{\sqrt{\sum_{i=1}^{n}(x_i-\overline{x})^2\cdot\sum_{i=1}^{n}(y_i-\overline{y})^2}}=\frac{\overline{xy}-\overline{x}\,\overline{y}}{\sqrt{(\overline{x^2}-\overline{x}^2)(\overline{y^2}-\overline{y}^2)}}, \qquad (1.6.13)$$

相关系数 γ 的数值大小表示了相关程度的好坏. γ 值总是在 0 与 ±1 之间，若 $\gamma=\pm1$，则变量 x，y 完全线性相关，拟合直线通过全部实验点；若 $|\gamma|<1$，则实验点之间的相关性不好，$|\gamma|$ 越小相关性越差；$\gamma=0$ 表示 x 与 y 完全不相关，必须用其他函数重新试探. $\gamma>0$ 时回归直线的斜率为正，称为正相关；$\gamma<0$ 时回归直线的斜率为负，称为负相关(见图 1.6.5).

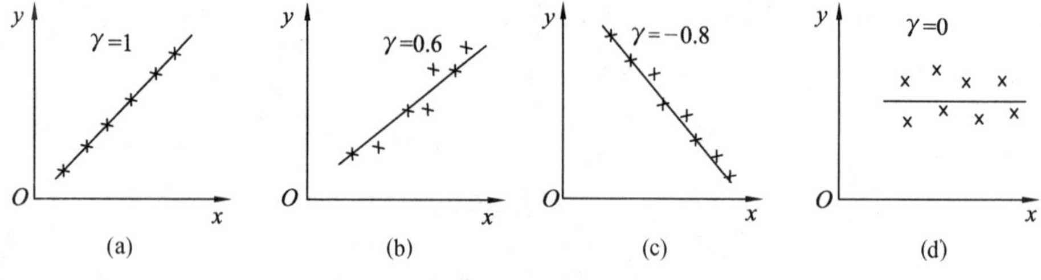

图 1.6.5 相关系数 γ

用最小二乘法作线性拟合时，并不是总能取得最佳的效果. 例如在测量时某一实验点偏离正常值太远，用人工拟合曲线时，通常可把这一明显不合理的实验点剔除，但用最小二乘法处理时，会将所有数据都包括在内，因此有可能反而增大处理误差.

第七节 用 Excel 软件处理数据

Excel 是一个功能较强的电子表格软件，可帮助处理、分析数据，并产生图表. Excel 软件操作便捷，容易掌握. 用 Excel 对实验数据进行处理非常方便. 下面简单介绍其处理实验数据的方法.

一、启动 Excel

单击"开始"按钮,选择"程序". 在"程序"菜单上单击 Microsoft Excel. 启动 Excel 成功后,Excel 的应用窗口界面便出现在屏幕上,如图 1.7.1 所示.

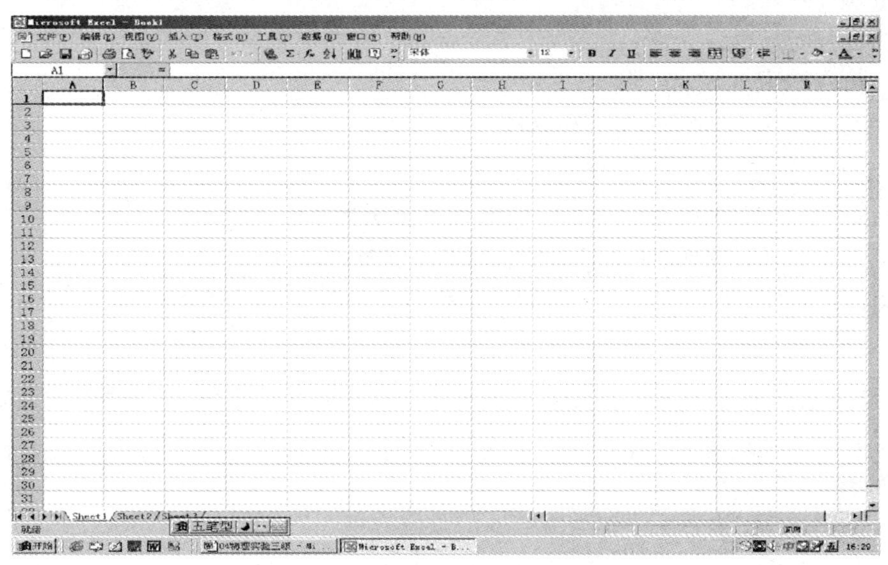

图 1.7.1 Excel 窗口界面

二、工作表/工作薄/单元格/区域

1. 工作表

启动 Excel 后,系统将打开一个空白的工作表. 工作表有 256 列,用字母命名;65 536 行,用数字命名.

2. 工作簿

一个 Excel 文件称为一个工作簿,一个新工作簿最初有 3 个工作表,标识为 Sheetl,Sheet2,Sheet3. 白色标签即为当前工作表,单击标签即可成为当前工作表.

3. 单元格

工作表行与列交叉的小方格是单元格. Excel 单元格的地址来自于它所在行和列的地址,如第 C 列和第 3 行的交叉处是单元格 C3,单元格地址称为单元格引用. 单击一个单元格就使它变为活动单元格,活动单元格是输入及编辑数据、公式的地方.

4. 表格区域

表格区域是指工作中的若干矩形块.

指定区域用左上角和右下角的单元格坐标来表示,中间用":"隔开. 如 A3:E6 为相对区域,$A$3:$E$6 为绝对区域,$A3:$E6 或 A$3:E$6 为混合区域.

三、工作表中内容的输入

1. 输入文本

文本可以是数字、空格和非数字字符的组合，如“1234”、“12ab”、“中国”等，单击需输入文本的单元格，输入后，按“←”、“→”、“↑”、“↓”键或回车键结束.

2. 输入数字

用 Excel 中数字只可以为下列字符：

0123456789＋－(　),/＄%.E±.

输入负数：在数字前冠以减号“－”，或将其置于括号(　)中.

输入分数：在分数前冠以“0 空格”或只冠以空格，如 0 1/2.

数字长度超过单元格宽度时，以科学记数的形式表示，如 7.89E＋08.

3. 输入公式

单击活动的单元格，输入等号“＝”表示输入的内容是一个公式，在等号后面输入公式的内容即可.

例如：

① “＝55＋B5”表示 55 与单元格 B5 的数值的和；

② “＝4＊B5”表示 4 与单元格 B5 的数值的积；

③ “＝B4＋B5”表示单元格 B4 与 B5 的数值的和；

④ “＝SUM(A1:A3)”表示区域 A1:A3 所有数值的和.

4. 输入函数

Excel 包含许多预定义的或称内置的公式，称为函数. 在常用工具栏中点击“fx”，打开对话框选择函数进行简单的计算或将函数组合后进行复杂的运算，还可以在单元格内直接输入函数进行计算. 在实验中，用 Excel 的函数功能进行数据处理非常方便，现介绍一部分函数以供参考.

(1) 求和函数 SUM

功能：返回参数表中所有参数的和.

如“＝SUM(B1,B2,B3)”或“＝SUM(B1:B3)”，求 B1,B2,B3 的和.

(2) 求平均函数 AVERAGE

功能：返回参数表中所有参数的平均值.

如“＝AVERAGE(B1:B3)”，求 B1,B2,B3 的平均值.

(3) 求最大值函数 MAX

功能：返回一组参数中的最大值.

如“＝MAX(B1:B3)”，求 B1,B2,B3 中的最大值.

(4) 求最小值函数 MIN

功能：返回一组参数中的最小值.

如“＝MIN(B1:B3)”，求 B1,B2,B3 中的最小值.

(5) 求标准偏差 STDEV

功能:估算基于给定样本的标准偏差 S.

如"=STDEV(B1:B5)",求 B1,B2,B3,B4,B5 的标准偏差 S.

(6) 计算函数 COUNT

功能:计算参数表中数字参数和包含数字的单元格的个数.

(7)分布函数 TINV

功能:返回给定自由度和双尾概率的 t 分布的区间点.

(8) 直线方程的斜率函数 SLOPE

功能:返回经过给定数据点的线性回归拟合线方程的斜率.

(9) 直线方程的截距函数 INTERCEPT

功能:返回线性回归拟合线方程的截距.

(10) 直线方程的预测值函数 FORECAST

功能:通过一条线性回归拟合线返回一个预测值.

(11) 取整函数 INT

功能:将数值向下取整为最接近的整数.

(12) 近似函数

ROUND　按指定的位数对数值四舍五入;

ROUNDDOWN　按指定的位数向下舍去数字;

ROUNDUP　按指定的位数向上舍入数字.

(13) 部分数值函数

SIN(正弦)、COS(余弦)、TAN(正切)、SQRT(平方根)、POWER(乘幂)、LN(自然对数)、LOG10(常用对数)、EXP(e 的乘幂)、DEGREES(弧度转角度)、RADIANS(角度转弧度)、PI(π 值)、MINVERSE 逆矩阵($\boldsymbol{K}\rightarrow\boldsymbol{K}^{-1}$)、MMULT(两矩阵的乘积).

函数的输入方法:

① 单击将要在其中输入公式的单元格;

② 单击工具栏中函数"fx";

③ 在弹出的"粘贴函数"对话框中选择需要的函数;

④ 单击"确定",在弹出的函数对话框中按要求输入内容;

⑤ 单击"确定",得到运算结果.

四、图表功能

Excel 的图表功能为实验数据处理的作图、拟合直线、拟合曲线、拟合方程和相关数平方的数值讨论带来了极大的方便.

其操作步骤如下:

① 先选定数据表中包含所需数据的所有单元格.

② 单击工具栏中"图表向导"按钮,进入"图表向导-4 步骤之 1"的对话框,选择希望得到的图表类型(如 XY 散点图),再单击"下一步"按其要求完成对话框内容的输入,最后单击"完成",便可得到图表.

③ 选中图表并单击"图表"主菜单,单击"添加趋势线"命令.

④ 单击“类型”标签，选择“线性”等类型中的一个.

⑤ 单击“选项”标签，可选中“显示公式”、“显示 R 平方值”复选框，单击“确定”，便可得到拟合直线或曲线、拟合方程和相关系数平方的数值.

Excel 功能非常强大，以上只介绍了其中很少一部分功能，可为实验数据处理提供方便.

练　习　题

1. 测读实验数据.

(1) 指出下列各量有几位有效数字，再将各量改取为三位有效数字，并写成标准式.

① 1.085 0 cm；　② 2 575.0 g；　③ 3.141 592 6 s；

④ 0.864 29 m；　⑤ 0.030 1 kg；　⑥ 979.436 cm · s^{-2}.

(2) 按照不确定度理论和有效数字运算规则，改正以下错误：

① 0.30 m 等于 30 cm 等于 300 mm.

② 有人说 0.123 0 有五位有效数字，有人说有三位有效数字，请改正并说明原因.

③ 某组测量结果表示为：

$d_1=(10.800\pm0.02)$ cm；　$d_2=(10.800\pm0.02)$ cm；

$d_3=(10.8\pm0.002)$ cm；　$d_4=(10.8\pm0.12)$ cm.

试正确表示每次测量结果，并计算各次测量值的相对不确定度.

2. 有效数字的运算.

(1) 完成下列测量值的有效数字运算：

① $\sin 20°6'$；　② $\lg 480.3$；　③ $e^{3.250}$.

(2) 某间接测量的函数关系为 $y=x_1+x_2$，其中 x_1，x_2 为实验值. 若

① $x_1=(1.1\pm0.1)$ cm，$x_2=(2.387\pm0.001)$ cm；

② $x_1=(37.13\pm0.02)$ mm，$x_2=(0.623\pm0.001)$ mm.

试计算 y 的测量结果.

(3) $Z=\alpha+\beta+2\gamma$，其中 $\alpha=(1.218\pm0.002)\ \Omega$，$\beta=(2.11\pm0.03)\ \Omega$，$\gamma=(2.13\pm0.02)\ \Omega$，试计算 Z 的实验结果.

(4) $U=IR$，测得 $I=(1.218\pm0.002)$A，$R=(1.00\pm0.03)\Omega$，试算出 U 的实验结果.

(5) 试利用有效数字运算法则，计算下列各式的结果(应写出第一步简化的情况).

① $\dfrac{76.000}{40.00-2.0}$；

② $\dfrac{50.00\times(18.30-16.3)}{(103-3.0)(1.00+0.001)}$；

③ $\dfrac{100.0\times(5.6+4.412)}{(78.00-77.0)\times10.000}+110.0$.

3. 实验结果表示.

(1) 用 2 m 的钢卷尺通过自准法测某凸透镜的焦距 f 值 8 次，数据记录如下：116.5 mm，

116.8 mm,116.5 mm,116.4 mm,116.6 mm,116.7 mm,116.2 mm,116.3 mm,试计算并表示出该凸透镜焦距的实验结果.

(2) 用精密三级天平称一物体的质量 m,共称 6 次,结果分别为 3.612 7 g,3.612 2 g,3.612 1 g,3.612 0 g,3.612 3 g 和 3.612 5 g,试正确表示实验结果.

(3) 有人用停表测量单摆周期,测一个周期为 1.9 s,连续测 10 个周期为 19.3 s,连续测 100 个周期为 192.8 s. 在分析周期的误差时,他认为用的是同一只停表,又都是单次测量,而一般停表的误差为 0.1 s,因此应把各次测得的周期的误差均取为 0.2 s. 你的意见如何?理由是什么?如果连续测 10 个周期数,分别为 19.3,19.2,19.4,19.5,19.3,19.1,19.2,19.5,19.4,19.5s,则该组数据的实验结果应为多少?

4. 用单摆法测重力加速度 g,得如下实测值:

摆长 L/cm	61.5	71.2	81.0	89.5	95.5
周期 T/s	1.571	1.696	1.806	1.902	1.965

请按作图规则作 L-T 图线和 L-T^2 图线,并求出 g 的值.

5. 对某实验样品(液体)的温度,重复测量 10 次,得如下数据:

t(℃)=20.42,20.43,20.40,20.43,20.42,20.43,20.39,19.20,20.40,20.43;

试计算平均值,并判断其中有无疏失误差存在.

6. 试指出下列实验结果表示中的错误,并写出正确的表达式:

(1) $a=8.524\ \text{m}\pm 50\ \text{cm}$;　　(2) $t=3.75\ \text{h}\pm 15\ \text{min}$;

(3) $g=(9.812\pm 14\times 10^{-2})\text{m/s}^2$;　　(4) $S=(25.400\pm 1/30)\text{mm}$.

7. 用伏安法测量电阻值,在不同的电压下得相应电流值如下表,试用毫米方格纸作伏安特性曲线,求它的电阻值,并与直接计算得出的电阻值的平均值作比较.

U/V	0.200	0.400	0.600	0.800	1.000	1.200	1.400	1.600
$I/(10^{-3}\text{A})$	5.2	10.4	15.5	23.5	25.6	30.5	35.5	40.2

中篇　物理实验

实验一　物体密度的测定

本实验通过对物体密度的测定，学习常用仪器的使用方法，培养学生正确使用仪器的习惯和素养，并且了解仪器误差限及其估算方法.

实验目的

1. 掌握钢尺、游标卡尺、螺旋测微器、读数显微镜、电子天平等仪器的调节和使用方法.

2. 学习根据不同的测量对象和测量要求，选择合适的测量工具.

3. 进一步理解误差、有效数字的基本概念及误差处理的方法，能正确表示测量结果.

预习题

1. 简述游标卡尺、螺旋测微器的测量原理及使用时的注意事项.

2. 为什么胶片长度可以只测量一次？

实验原理

根据密度的定义 $\rho=\dfrac{m}{V}$（其中，m 为物体的质量，V 为物体的体积）可知，具有规则形状的固体只要测量出外观尺寸，计算出该固体的体积，再用天平测出质量，即可求得该固体的密度.（如是液体，可将其注入规则的容器中，从而测量它的体积.）

实验仪器

钢尺，游标卡尺，螺旋测微器，读数显微镜，电子天平.

1. 钢尺

在实验室中进行一般的长度测量，使用的是温度系数小、受环境条件（湿度、压力等）影响小、由不锈钢或铁镍铬合金等材料制成的直尺，即钢尺. 钢尺有 15，30，100 cm 等多种规格，其最小分度值一般为 1 mm. 测量长度时常估读 1/10 分度（0.1 mm）或 1/5 分度（0.2 mm）.

由于钢尺有一定的厚度，为避免测量者从不同角度观测时造成读数的错误，应将钢尺的刻度线紧贴在待测物体上，方可读数.

在测量时，一般不用钢尺的端边作为测量起点，而选择某一刻度作为起点（如图 2.1.1 所示，以 10 cm 刻线为起点），以免由于边缘磨损而引起误差.

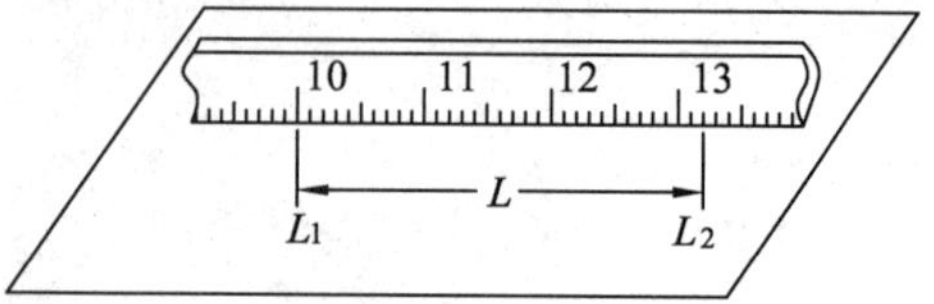

图 2.1.1　用钢尺进行测量的示意图

在测量垂直的或水平悬空的长度时，由

于钢尺自重而造成的钢尺弯曲变形会影响测量，因此要注意尽量使钢尺不发生形变，同时可适当将测量不确定度估计得大一些(如取 1/2 分度，即 0.5 mm)

2. 游标卡尺

游标卡尺是一种利用游标提高精度的长度测量仪器，其构造如图 2.1.2 所示.

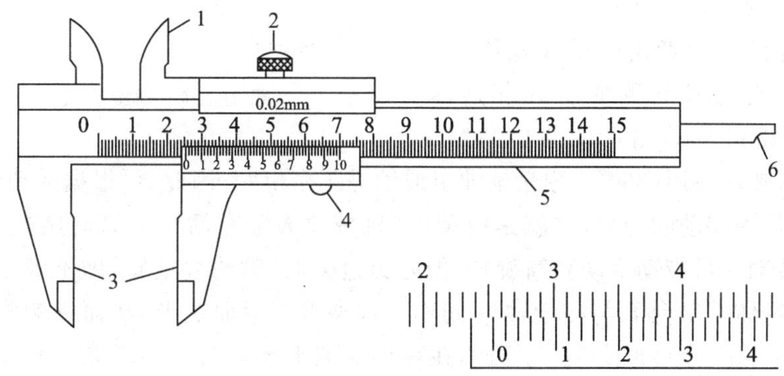

1—内量爪；2—紧固螺丝；3—外量爪；4—游标；5—主尺；6—深度尺

图 2.1.2　游标卡尺

在标准米尺(主尺，其最小分度为 1 mm)上附有一个可以沿主尺尺身滑动的游标(副尺). 游标上的刻度间距 x 比主尺上的刻度间距 y 略小，一般游标上的 n 个刻度间距等于主尺上$(n-1)$个刻度间距，即 $nx=(n-1)y$. 由此可知，游标上的刻度间距与主尺上刻度间距相差 $1/n$ mm，这就是游标的精度. 图 2.1.2 所示的游标卡尺的精度为 1/50，即主尺上49 mm 与游标上 50 格同长，如图 2.1.3所示. 这样，游标上 50 格比主尺上 50 格(50 mm)少一格(1 mm)，即游标上每格长度比主尺每格少 1/50＝0.02(mm)，所以该游标卡尺的精度为 0.02 mm.

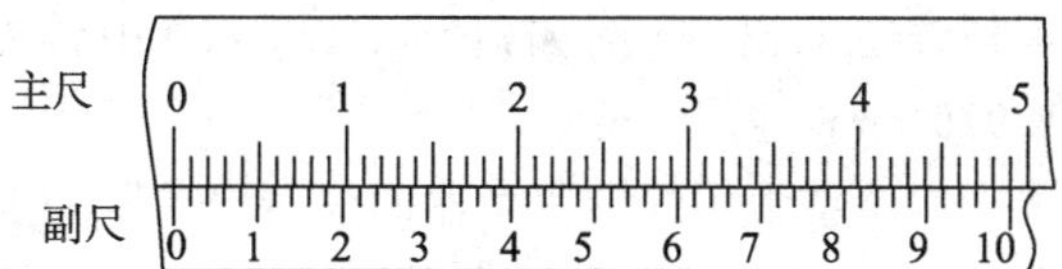

图 2.1.3　0.02 mm 游标卡尺的刻线原理

游标卡尺的读数分 3 步(以图 2.1.2 游标卡尺上的读数为例)：

首先从主尺上读得游标上“0”刻度线所在的整数分度值(25 mm)；然后到游标上找与主尺刻度线准确对齐的游标刻线(2.2 刻线，即第 2.2×5＝11 根刻线)，求得游标的值为 11×0.02＝0.22 mm；最后得到测量值 25＋0.22＝25.22 mm. 由于使用游标卡尺时没有估读，只是判断刻线对齐与否，因此其测量不确定度即为游标卡尺的精度值. 该例中Δ_{ins}＝0.02 mm.

使用游标卡尺时，一手拿待测物体，一手持主尺，将物体轻轻卡住，即可读数. 测量过程中，应注意保护量爪不被磨损，决不允许被量物体在量爪中挪动. 游标卡尺的外量爪用来测量厚度或外径，内量爪用来测量内径，深度尺用来测量槽或筒的深度，紧固螺丝用来固定读数.

3. 螺旋测微器

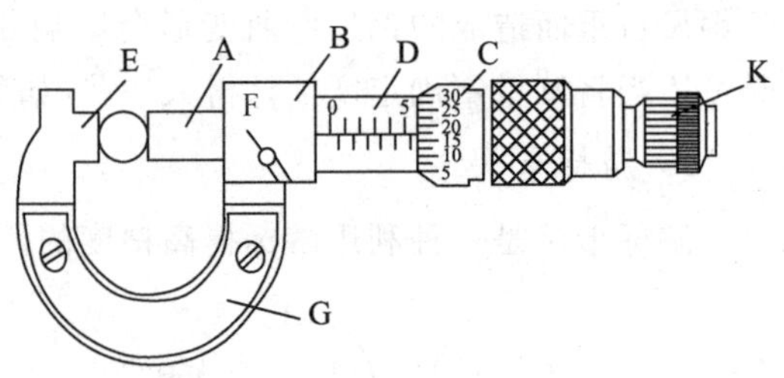

图 2.1.4 螺旋测微器

螺旋测微器又称千分尺，它是把测微螺杆的角位移转变为直线位移来测量微小长度的长度测量仪器，如图 2.1.4 所示，在固定的套管 D 上套有一个活动套筒 C(微分筒)，两者由高精度螺纹紧密咬合. 活动套筒 C 与测量轴 A 相连，转动活动套筒可带动测量轴伸出与缩进，活动套筒转动一周(360°)，测量轴伸出或缩进 1 个螺距. 因此，可根据活动套筒转动的角度求得测量轴移动的距离，这就是所谓的“机械放大”. 在活动套筒的尾端装有一个棘轮 K，棘轮转动时可带动活动套筒旋转，但阻力过大时，棘轮会空转，即不带套筒旋转. 这保证了待测物体在砧台 E 与测量轴 A 间不会被夹得太紧而变形，从而影响测量结果. 固定套筒与砧台以一个弓形支架 G 相连，在弓形支架上还装有一个锁紧手柄 F，把它向左扳动，可锁住测量轴.

图 2.1.4 所示的是螺距为 0.5 mm 的螺旋测微器，活动套筒 C 的周界被等分为 50 格，故活动套筒转动 1 格，测量轴相应地移动 $\frac{0.5}{50}=0.01$(mm)，再加上估读数，其测量精度可达到 0.001 mm. 固定套管 D 上刻有主尺，主尺上有一条横线(主尺准线)，横线上面刻有表示毫米数的刻线，横线下面刻有表示半毫米数的刻线. 读数时，先读固定套管上主尺的数值，再加上活动套筒上标尺的数值. 在判断主尺准线上某一刻线(毫米刻线或半刻线)是否出现时，要特别注意活动套筒上读数是否过 0，若过 0 则该刻线已出现，不过 0 则该刻线还未出现. 例如，图 2.1.5(a)中读数为 5.653 mm，图 2.1.5(b)中读数为 1.976 mm.

实验室常用螺旋测微器的仪器误差限一般为 0.004 mm. 使用螺旋测微器时应注意：① 在测量轴向砧台靠近快夹住待测物时，必须使用棘轮而不能直接转动活动套筒，听到“咯、咯”声时即表示待测物体已被夹住，棘轮在空转，这时应停止转动棘轮，进行读数，不要将被测物拉出，以免磨损砧台和测量轴. ② 应作零点校正. 在砧台和测量轴间无被测物时，旋转棘轮至听到“咯、咯”声为止，此时的读数为零点读数，以后的测量读数要减去此“零点读数”，才是真正的长度测量值. 例如，图 2.1.6(a)中零点读数为 0.000 mm；2.1.6(b)中的零点读数为0.053 mm；图 2.1.6(c)中的零点读数为−0.047 mm.

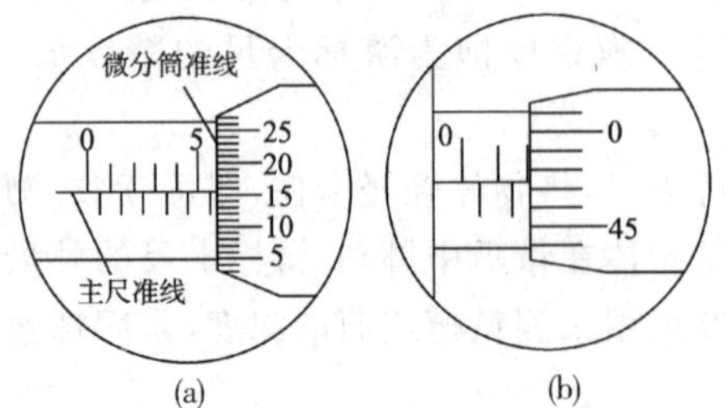

图 2.1.5 螺旋测微器的读数

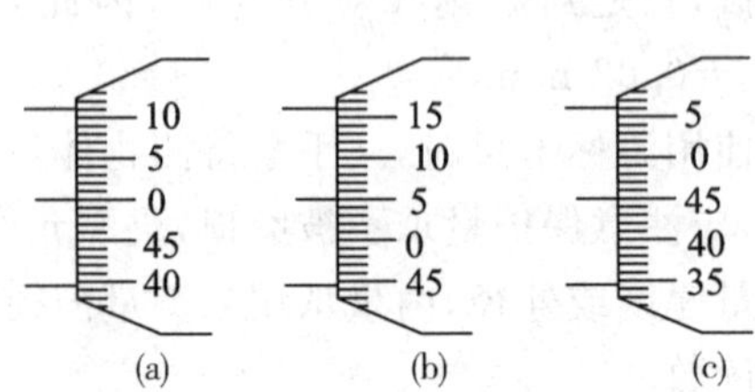

图 2.1.6 螺旋测微器的零点读数

4. 读数显微镜

读数显微镜是将螺旋测微器和显微镜组合起来精确测量微小长度的光学仪器，其结构如图 2.1.7 所示，主要由显微镜和读数装置组成.

在使用读数显微镜读数前，应先仔细调节显微镜，消除视差. 光学测量仪器的视差是被测物的像与进行度量的标尺（或标线）不处在同一平面造成的，因此当观察者的眼睛移动时，像与标尺之间会产生相对位移. 读数显微镜由物镜和目镜组成，它的标线（通常称为“十”字准线）位于物镜与目镜之间. 为消除视差，应先调节（旋转）目镜，使“十”字准线像清晰；再调节升降旋钮，使被测物的像清晰. 移动眼睛，如被测物的像与十字准线像没有相对位移，则表明它们已处于同一成像面.

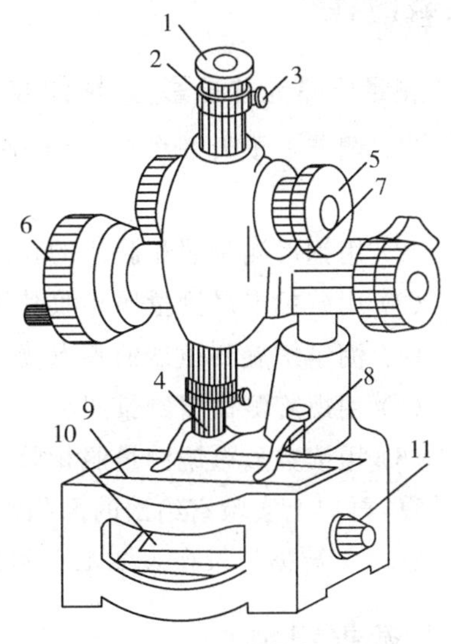

1—目镜；2—锁紧圈；3—锁紧螺钉；4—物镜；5—调焦手轮；6—测微鼓轮；7—标尺和读数准线；8—弹簧压片；9—载物台；10—反光镜；11—反光镜调节手轮

图 2.1.7　读数显微镜

读数显微镜的读数装置与螺旋测微器类似，也应用了螺旋测微器的原理. 它的主尺量程是 50 mm，最小分度是 1 mm. 鼓轮上有 100 个分度，鼓轮转动一周，整个显微镜水平移动 1 mm，即鼓轮上 1 个分度对应0.01 mm，其仪器误差限是0.02 mm. 由于任何螺旋测量装置的内螺纹与外螺纹之间必有间隙，故不同旋转方向所对应的读数必有差别，这种差别称为螺距误差. 因此，在用读数显微镜进行长度测量时应使“十”字准线沿同一个方向前进，与被测物两端对齐，中途不要倒退，从而消除螺距误差.

5. 电子天平

实验室常用的电子天平如图 2.1.8 所示. 在使用电子天平时，按下开关，先进行半小时左右的预热. 在测量前先要调节天平水平：调节天平立脚的高低，观察水平泡的位置，当水平泡位于中央时，天平即已调水平. 称量前应先清零.

使用电子天平称量时应注意：① 所称物体不得超过天平的最大称量值（实验室给出）；② 电子天平应在无风、防震的环境中使用；③ 不能用电子天平直接称量具有腐蚀性的物品；④ 防止任何液体渗漏进电子天平的内部.

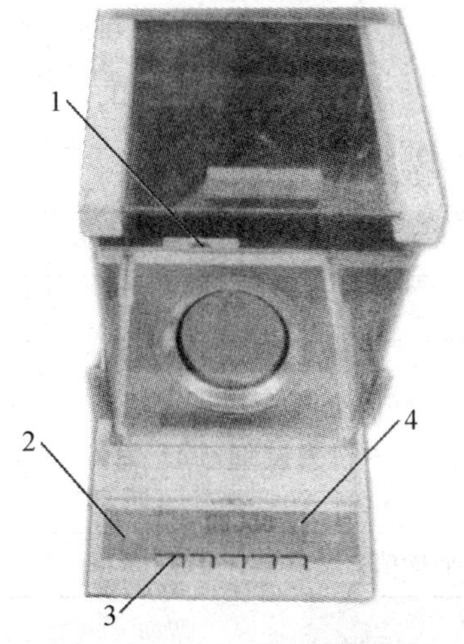

1—水平泡；2—清零按钮；3—开关按钮；4—液晶显示屏

图 2.1.8　电子天平

实验内容

测量已曝光并显影、定影的胶片(黑色)的密度

(1) 调节电子天平水平,待天平稳定后,即可测量照相胶片的质量 m.(注意天平的清零)

(2) 用钢尺测量照相胶片的长度 l.(注意记录初读数和末读数)

(3) 用游标卡尺测量照相胶片不同部位的宽度 h,测 6 次.

(4) 测量螺旋测微器的零点读数 d_0,测 6 次.

(5) 用螺旋测微器测量照相胶片不同部位的厚度 d,测 6 次.

(6) 用读数显微镜测量照相胶片齿孔的长 x 和宽 y,各测 6 次.(计算面积时按长方形计算,再加上实验室给出的面积修正量即可.注意消除视差和螺距误差.)

将以上数据记录在表 2.1.1 和表 2.1.2 中.

实验数据记录

表 2.1.1　仪器误差限(Δ_{ins})

	钢尺/cm	游标卡尺/cm	螺旋测微器/mm	读数显微镜/mm	电子天平/g
仪器误差限					

单次测量极限误差钢尺:Δ_l ________ cm;电子天平 Δ_m ________ g.

表 2.1.2　胶片密度的测量

	螺旋测微器的零点读数 d_0/mm	胶片厚度 d/mm	胶片宽度 h/cm	胶片齿孔的长度 x/mm			胶片齿孔的宽度 y/mm		
				x_1	x_2	$x=\lvert x_1-x_2\rvert$	y_1	y_2	$y=\lvert y_1-y_2\rvert$
1									
2									
3									
4									
5									
6									
平均值									

质量 $m=$________ g;长度 $l=$________ cm;胶片齿孔数 $a=$________;胶片齿孔面积修正量 $\Delta S=(\overline{\Delta S}\pm U_{\Delta S})=$________ mm^2.

数据处理与分析

写出计算过程.

$$\bar{\rho}=\frac{m}{[\bar{l}\cdot\bar{h}-a(\bar{x}\cdot\bar{y}-\overline{\Delta S})]\bar{d}}=$$

令 $\overline{B_1}=\bar{l}\cdot\bar{h}=$

$\overline{B_2}=\bar{x}\cdot\bar{y}=$

$\bar{B}=\overline{B_1}-a(\overline{B_2}-\overline{\Delta S})=$

$U_m=\Delta_m=$

$U_l=\Delta_l=$

$n=6$,查表得$\frac{t}{\sqrt{n}}=$

$$S(h)=\sqrt{\frac{\sum_{i=1}^{n}(h_i-\bar{h})^2}{n-1}}=$$

$$U_h=\sqrt{\left(\frac{t}{\sqrt{n}}S(h)\right)^2+\Delta_{\text{ins}}^2}=$$

$$\frac{U_{B_1}}{\bar{B}_1}=\sqrt{\left(\frac{U_l}{\bar{l}}\right)^2+\left(\frac{U_h}{\bar{h}}\right)^2}=$$

$$U_{B_1}=\bar{B}_1\cdot\frac{U_{B_1}}{\bar{B}_1}=$$

$$S(x)=\sqrt{\frac{\sum_{i=1}^{n}(x_i-\bar{x})^2}{n-1}}=$$

$$U_x=\sqrt{\left(\frac{t}{\sqrt{n}}S(x)\right)^2+\Delta_{\text{ins}}^2}=$$

$$S(y)=\sqrt{\frac{\sum_{i=1}^{n}(y_i-\bar{y})^2}{n-1}}=$$

$$U_y=\sqrt{\left(\frac{t}{\sqrt{n}}S(y)\right)^2+\Delta_{\text{ins}}^2}=$$

$$\frac{U_{B_2}}{\bar{B}_2}=\sqrt{\left(\frac{U_x}{\bar{x}}\right)^2+\left(\frac{U_y}{\bar{y}}\right)^2}=$$

$$U_{B_2}=\bar{B}_2\cdot\frac{U_{B_2}}{\bar{B}_2}=$$

$$U_B=\sqrt{U_{B_1}^2+a^2U_{B_2}^2+a^2U_{\Delta S}^2}=$$

$$S(d)=\sqrt{\frac{\sum_{i=1}^{n}(d_i-\bar{d})^2}{n-1}}=$$

$$U_d=\sqrt{\left(\frac{t}{\sqrt{n}}S(d)\right)^2+\Delta_{\text{ins}}^2}=$$

$$E_r=\frac{U_\rho}{\bar{\rho}}=\sqrt{\left(\frac{U_m}{\bar{m}}\right)^2+\left(\frac{U_d}{\bar{d}}\right)^2+\left(\frac{U_B}{\bar{B}}\right)^2}=$$

$$U_\rho=\bar{\rho}\cdot E_r=$$

实验结果为$\begin{cases}\rho=\bar{\rho}\pm U_\rho=\\E_r=\end{cases}$

思考题

1. 量角器的最小刻度是 30′. 为了提高此量角器的精度,在量角器上附加一个角游标,使游标 30 分度正好与量角器的 29 分度等弧长. 求该角游标的精度(即可读出的最小角度),并读出图 2.1.9 所示的角度.

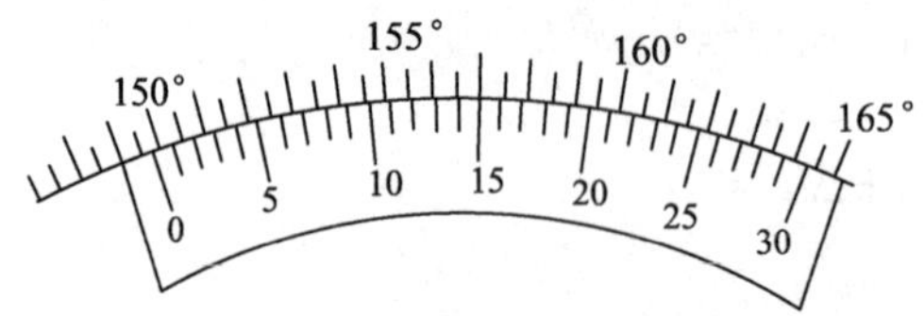

图 2.1.9 量角器刻度读数

2. 用螺旋测微器进行测量时要考虑螺距误差吗?
3. 设计一种修正齿孔面积的方案.

实验二　电阻的测量和伏安特性的研究

电阻是电磁学中的重要物理量，各种电子元件的电阻特性大致可分为线性电阻和非线性电阻两种. 为了全面了解电子元件的电阻特性，常需测量元件上电压与电流的函数关系——伏安特性曲线. 本实验通过对非线性电阻的伏安特性的测量掌握常用电学仪器的基本性能和使用方法，了解实验测量中先定性后定量的原则和不同大小电阻的测量方法.

实验目的

1. 学习电学常用仪器的基本性能和使用方法.
2. 理解限流和分压原理，并学会用滑线变阻器进行限流和分压.
3. 学习和训练看图接线的技能.
4. 测绘非线性电阻的伏安特性曲线.

预习题

1. 测量二极管伏安特性曲线时，为什么正向曲线的测量要用外接法，而反向曲线的测量要用内接法？

2. 将电源、电表、滑线变阻器接到电路中要注意什么？

实验原理

当一个元件两端加上直流电压，元件内有电流通过时，电压 U 与电流 I 之比称为该元件的电阻 R，即

$$R=\frac{U}{I}. \tag{2.2.1}$$

式(2.2.1)即为欧姆定律，电压 U 和电流 I 可分别用电压表和电流表测量.

用伏安法测量电阻的电路中，常有两种接法，图 2.2.1 所示为电流表内接法，图 2.2.2 所示为电流表外接法. 电压表和电流表都有一定的内阻(分别设为 R_V 和 R_A)，简化处理时可直接用电压表读数 U 除以电流表读数 I，得到被测电阻值 R，即 $R=\frac{U}{I}$，但这样会引入一定的系统误差.

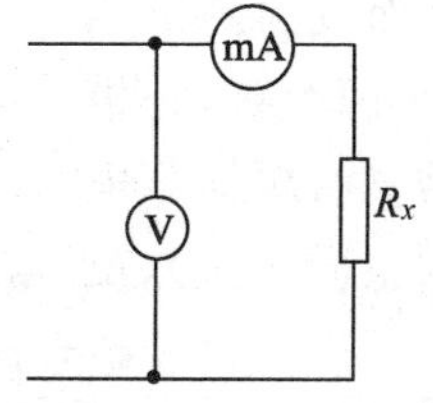

图 2.2.1　电流表内接法

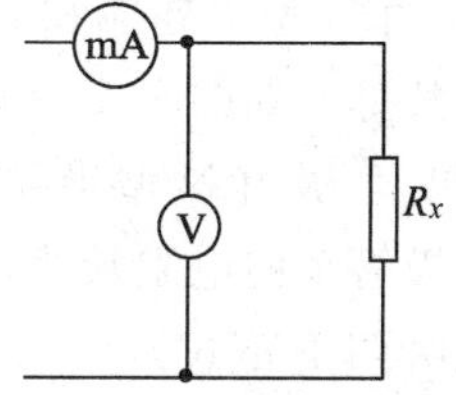

图 2.2.2　电流表外接法

1. 电流表内接法

电流表内接时，电压表读数U包含了电流表上的电压降U_A，即测得的阻值为

$$R=\frac{U}{I}=\frac{U_x+U_A}{I}=R_x+R_A=\left(1+\frac{R_A}{R_x}\right)R_x.$$

此方法测得的电阻比实际电阻R_x偏大. 由电流表引入的误差可由下式修正

$$R_x=R\left(1-\frac{R_A}{R}\right),\tag{2.2.2}$$

由式(2.2.2)知，当$R_x \gg R_A$时，$R_x \approx R$，即电阻阻值较大时，可采用电流表内接法测量.

2. 电流表外接法

在电流表外接时，电流表上的读数包含了从电压表上流过的电流I_V，即测得的电阻为

$$R=\frac{U}{I}=\frac{U_x}{I_x+I_V}=\frac{U_x}{I_x\left(1+\frac{I_V}{I_x}\right)},$$

用二项式展开，当$I_V \ll I_x$时，

$$R=R_x\left(1-\frac{R_x}{R_V}\right).\tag{2.2.3}$$

此方法测得的电阻比实际电阻R_x偏小. 由电压表引入的误差可用下式修正

$$R_x=R\left(1+\frac{R}{R_V}\right),\tag{2.2.4}$$

由式(2.2.4)知，当$R_x \ll R_V$时，$R_x \approx R$，即电阻阻值较小时，可采用电流表外接法测量.

3. 伏安曲线

若以元件两端的电压U为横坐标，流经元件的电流I为纵坐标，作出电流I随电压U变化的关系曲线，则该曲线称为元件的伏安特性曲线.

若元件两端的电压与通过它的电流成正比，则元件的伏安特性曲线为一条直线，这类元件称为线性元件. 一般金属导体的电阻是线性电阻，其阻值等于直线斜率的倒数$\left(R=\frac{U}{I}\right)$，如图 2.2.3 所示.

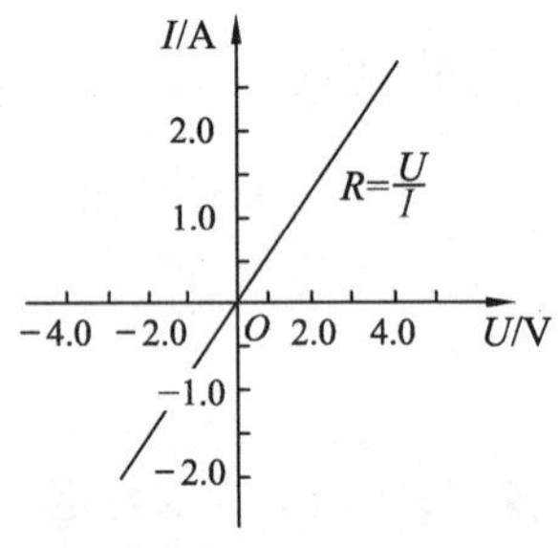

图 2.2.3　线性电阻伏安特性曲线

若元件两端的电压与通过它的电流的比值不是常数，这类元件称为非线性元件. 常用的晶体二极管就是一种非线性元件，其阻值与外加电压的大小、方向都有关.

晶体二极管是由N型半导体和P型半导体结合而成的P-N结所构成，示意图及其符号如图 2.2.4 所示. 它有正、负两个极，正极由P型半导体引出，负极由N型半导体引出，P-N结具有单向导电的特性，即晶体二极管正向电阻较小(电流沿P-N结正向流过)，反向电阻很大(电流沿N-P流过).

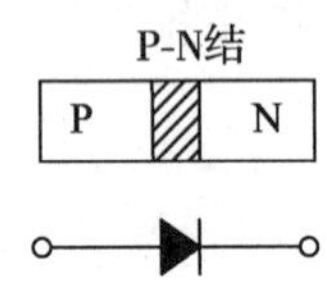

图 2.2.4　晶体二极管的P-N结和表示符号

若在二极管两端加正向电压(即P端接高电势，N端接低电

势),当电压大于正向导通电压(锗管为0.2~0.3 V,硅管为 0.6~0.8 V)时,电流随电压呈指数规律变化(如图2.2.5上部所示).注意:电流不能超过额定电流I_M(I_M是二极管的一个重要指标),否则二极管会有烧毁的可能.若在二极管的两端加反向电压(即 P 端接低电势,N 端接高电势),当电压在较大范围内变化时,电流变化很小也很微弱(如图 2.2.5 下部所示),当电压达到反向击穿电压U_B(U_B也是二极管的一个重要指标)后,反向电流随电压的增加而迅速增加,PN 结击穿.

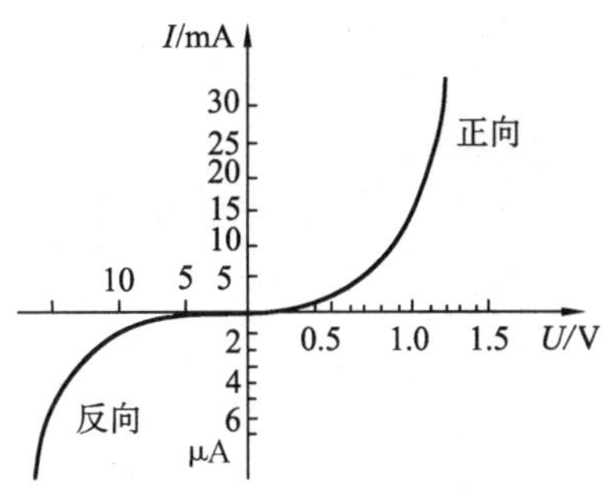

图 2.2.5 晶体二极管的伏安特性

实验仪器

电流表,电压表,滑线变阻器,电阻箱,直流稳压电源,开关等.

1. 电源

选用电源应先弄清所需要的电源是直流还是交流,需要的电压是多少,允许通过的电流是多少.如果错用电源,轻则损坏仪器,重则引起危险,实验时应十分注意.

(1) 交流电源.实验室常用的交流电源大多数是电厂送来的交流电,单相电压为220 V,三相电压为 380 V,频率为 50 Hz.如果要用低于或高于 220 V 的交流电源,则需要经过变压器降压或升压,交流电用符号"~"表示.

(2) 直流电源.实验室常用的直流电源有干电池、蓄电池和直流稳压电源.前两种电池把化学能转化为电能,后一种是将交流电进行变压、整流和稳压后得到直流电.电流从电源的正极流出,经过电路流回负极.目前实验室普遍采用晶体管稳压电源,这种电源稳定性高,内阻小,输出连续可调,使用方便.晶体管稳压电源的主要参数是最大输出电压和最大输出电流,如 WYJ-30 型直流稳压电源最大输出电压为 30 V,最大输出电流为 2 A.

在使用电源时,应注意:

① 保护人身安全,一般安全电压为 36 V,高于 36 V 时尽量用一只手操作.

② 不能使总电路中的总电流超过额定电流值,更不能使电源短路(即不能使外电阻接近零).

③ 直流电表的正、负极应与直流电源的正、负极对应连接(即正接正,负接负),否则会使电表损坏,而交流电没有正负极之分.

④ 在电路中必须连接电源开关,接线时和不进行测量时,应使电源开关断开且将输出旋钮逆时针调至零,线路接好经查无误后打开电源.做完实验,一定要先切断电源,然后再拆去其他部分.

2. 电表

(1) 电压表

电压表用来测量电路中任意两点之间的电压.根据量程,电压表可分为伏特表、毫伏表和微伏表,分别用"V","mV","μV"来表示.使用时应将它与待测元件两端并联.

(2) 电流表

电流表用来测量电流强度的大小. 根据量程,电流表可分为安培表、毫安表和微安表,分别用符号“A”,“mA”,“μA”来表示. 使用时应把它串联在电路中,并注意电流表的量程范围、正负极性和内阻大小.

电表的主要规格如下:

① 量程:指针偏转满刻度时的电压(流)值. 例如,电压表量程为 3 V 表示在电表两端加上 3 V 电压时,指针偏转满刻度.

② 内阻:电表两端间的电阻. 同一电表的量程不同,其内阻也不同,例如某种 3 V/6 V的伏特表,两个量程的内阻分别为 3 000 Ω 和 6 000 Ω. 但是,由于各量程的每伏欧姆数都是 1 000 Ω/V,因此电压表的内阻一般用 Ω/V 统一表示,量程的内阻可用下式计算:

$$\text{内阻}=\text{量程}\times\text{每伏欧姆数}.$$

在使用同一量程时,尽管所测的电压不同,但其内阻都一样.

一般电流表的内阻都在 0.1 Ω 以下,毫安表、微安表的内阻可达几十欧姆到上千欧姆.

③ 准确度等级:用电表的基本误差的百分数值表示电表的准确度等级. 电表的准确度等级分为七级:0.1,0.2,0.5,1.0,1.5,2.5,5.0 级. 例如,一个 0.5 级的电表其基本误差为±0.5%,由电表的准确度等级 K 及电表量程 A_m 可以求出电表的最大允许误差(即仪器误差限)$\Delta_{ins}=K\%\cdot A_m$,电表的标度尺上所有分度线的基本误差(示值误差限)都不超过 Δ_{ins}. 若用 0.5 级量程为 15 V 的电压表分别测定 3 V 和 15 V 的电压,测量的相对误差分别为 $0.5\%\times15\div3=2.5\%$ 和 $0.5\%\times15\div15=0.5\%$,可见被测量量越接近电表的量程,其相对误差就越小. 因此,选用电表时一般应使指针偏转在量程的 2/3 以上为宜.

使用电表时应注意以下几点:

① 选择电表. 根据待测电流(或电压)的大小,选择合适量程的电流表(或电压表). 如果选择的量程小于电路中的电流(或电压),会使电表损坏;如果选择的量程太大,指针偏转角度太小,读数就不准确. 使用时应事先估计待测量的大小,选择稍大的量程试测一下,再根据试测值选用合适的量程,一般要尽可能使电表的指针偏转在量程的 2/3 以上位置.

② 电流方向. 直流电表指针的偏转方向与所通过的电流方向有关,所以接线时必须注意电表上接线柱的“+”、“-”标记. 电流应从标有“+”的接线柱流入,从标有“-”的接线柱流出. 切不可把极性接错,以免损坏电表.

③ 视差问题. 读数时,必须使视线垂直于刻度表面. 精密电表的表面刻度尺下附有平面镜,当指针在镜中的像与指针重合时所对准的刻度,才是电表的准确读数.

④ 要正确放置电表,表盘上一般都标有放置方式,如“—”或“⊓”表示平放;“↑”或“⊥”表示立放;“∠”表示斜放,若不按要求放置将影响测量精度.

⑤ 使用前电表的指针应指零,若不指零,则需要调零.

3. 可变电阻

常用的可变电阻有滑线变阻器、旋转式电阻箱等,主要用来改变电路中的电流和电压,而电阻箱主要用于需要知道电阻值的电路中.

选用滑线变阻器和电阻箱时，要注意两点：一是电阻值的大小是否合适；二是允许通过的最大电流(或功率)是否满足要求. 这些参数都标在滑线变阻器和电阻箱上，选用时需要留心.

(1) 滑线变阻器

根据在线路中的不同接法，滑线变阻器可控制电路中的电压和电流，它在电路中的表示符号见图 2.2.6. 移动接触器可以改变 AC 及 BC 之间的电阻.

变阻器的规格有：

① 全电阻：AB 之间的电阻.

② 额定电流：变阻器允许通过的最大电流.

滑线变阻器主要有以下两种用法：

① 限流. 如图 2.2.7 所示，当滑动 C 时，整个电路的电阻改变了，因此，回路中的电流也改变了，所以该电路称为限流电路. 当 C 滑到 B 端时，变阻器全部的电阻串入回路，R_{AC} 最大，这时回路中电流最小；当 C 滑动至 A 端时，$R_{AC}=0$，回路中电流最大. 这种起限流作用的滑线变阻器常被称为限流器.

在接通电源前，一般应使 C 滑到 B 端，使 R_{AC} 最大，电流最小，确保安全，然后逐步调节限流器电阻，使电流增大至所需值.

② 分压. 如图 2.2.8 所示，接通电源后，$U_{AB}=U_{AC}+U_{CB}$. 加在电阻 R 上的输出电压 U_{CB} 可以看作 U_{AB} 的一部分，它随着滑动端 C 的位置改变而改变. 当 C 滑至 B 端时，$U_{CB}=0$，输出电压为零；当 C 滑至 A 端时，$U_{CB}=U_{AB}$，输出电压最大. 输出电压 U_{CB} 可以在零到电源的电动势间任意调节，该电路称为分压电路，其中起分压作用的滑线变阻器常被称为分压器.

在接通电源前，一般应使 C 滑到 B 端，使 R 两端电压最小，确保安全，然后逐步调节分压器电阻，使 R 两端电压增大至所需值.

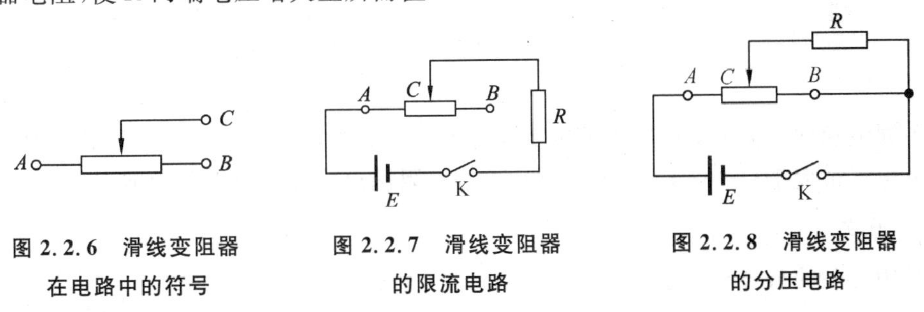

图 2.2.6　滑线变阻器在电路中的符号　　**图 2.2.7　滑线变阻器的限流电路**　　**图 2.2.8　滑线变阻器的分压电路**

(2) 电阻箱

旋转式电阻箱面板图如图 2.2.9 所示. 它的内部有一套由锰铜丝绕成的标准电阻，通过旋转电阻箱上的旋钮，可以得到不同的电阻值. 例如："×10 000"挡指 6，"×1 000"挡指 2，"×100"挡指 4，"×10"挡指 9，"×1"挡指 2，"×0.1"挡指 1，这时总电阻为：$6\times 10\,000+2\times 1\,000+4\times 100+9\times 10+2\times 1+1\times 0.1=62\,492.1(\Omega)$.

对于 ZX21 型电阻箱来说，4 个接线柱旁分别标有 0，0.9 Ω，9.9 Ω，99 999.9 Ω 等字样，0 与 0.9 Ω 两接线柱之间电阻值的调节范围为 0～0.9 Ω；0 与 9.9 Ω 两接线柱之间电阻值的调节范围为 0～9.9 Ω；0 与99 999.9 Ω 两接线柱之间电阻值的调节范围为 0～99 999.9 Ω. 在使用时，如果只需要在 0～0.9 Ω 或 0～9.9 Ω 范围内改变阻值，则可选用

0 与 0.9 Ω 或 0 与 9.9 Ω 接线柱. 这样可以避免电阻箱其余部分的接触电阻和导线电阻给低电阻带来的影响.

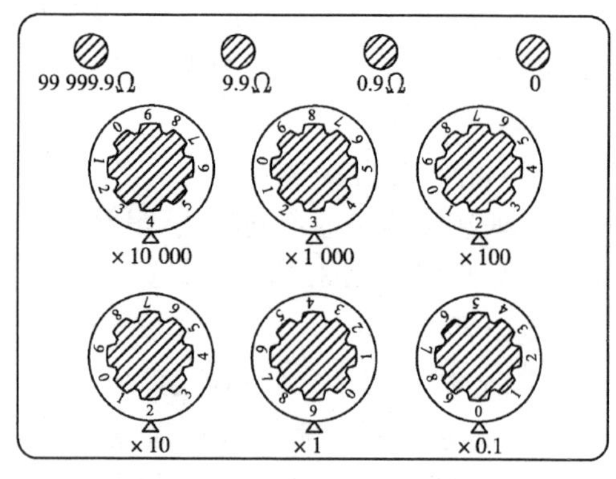

图 2.2.9　旋转式电阻箱面板图

电阻箱的规格有：

① 总电阻，即最大电阻. 常用电阻箱的总电阻为 99 999.9 Ω.

② 额定功率，指电阻箱中每个电阻的功率额定值. 一般电阻箱的额定功率为 0.25 W，由它可以计算额定电流. 例如，用 100 Ω 挡的电阻时，额定电流为

$$I=\sqrt{\frac{P}{R}}=\sqrt{\frac{0.25}{100}}=0.05\ (\text{A}).$$

电阻值愈大的挡，额定电流愈小. 过大的电流会使电阻变热，从而使电阻值不准确，甚至烧毁电阻.

③ 电阻箱的仪器误差. 一般电阻箱的不同挡有不同的准确度等级，其误差限为

$$\Delta_{仪}=\sum(\alpha_i\%\cdot R_i)+R',$$

式中，α_i 为电阻箱各示值盘的准确度等级；R_i 为各示值盘的示值；R' 为残余电阻(即电阻箱示值为零时的电阻).

例如："×10 000"挡 $\alpha_i=0.02$，"×1 000"挡 $\alpha_i=0.05$，"×100"挡 $\alpha_i=0.1$，"×10" 挡 $\alpha_i=0.1$，"×1" 挡 $\alpha_i=1$，"×0.1"挡 $\alpha_i=1$，残余电阻 $R'=1.125$ Ω. 若测得一电阻值 $R=4\ 523.6$ Ω，则其误差为

$$\begin{aligned}\Delta_{仪}&=0\times0.02\%+4\ 000\times0.05\%+500\times0.1\%\\&\quad+20\times0.1\%+3\times1\%+0.6\times1\%+1.125\\&=2+0.5+0.02+0.03+0.006+1.125\\&=3.681\ (\Omega).\end{aligned}$$

不同级别的电阻箱，规定允许的接触电阻标准也不同. 例如，0.1 级规定每个旋钮的接触电阻不得大于 0.002 Ω. 基本误差和接触电阻误差之和就是电阻箱的误差.

4. 开关

常用开关的符号与用途见表 2.2.1.

表 2.2.1　常用开关列表

名称	单刀单掷	单刀双掷	双刀双掷	换向开关
符号				
用途	接通或断开电路	改变电路的回路	改变电路的回路	改变回路中电流方向

实验内容

1. 必做内容

(1) 用外接法测二极管的正向特性(小电阻),按图2.2.10所示电路接线.图中 R 为二极管的限流电阻(阻值预置于200.0 Ω),电压表的量程取 750 mV,电流表的量程可先选择大一点,调节滑线变阻器 C 端,使电压从零缓慢地增加,观察电流表指针偏转情况,改变电流表的量程,使电压为700 mV左右时电流表指针达到满偏.根据电压、电流变化情况,适当选择测量点,记录电流表、电压表指针所指格数,填入表 2.2.2(这一实验过程称为先定性观察后定量测量).

(2) 将电表读数(格数)换算成相应的电流值和电压值(注意仪器误差限对测量结果的影响).以电压 U 为横坐标,电流 I 为纵坐标,按作图规则用坐标纸作出二极管的正向 I-U图线.

2. 选做内容

(1) 用内接法测二极管的反向特性(大电阻),按图2.2.11所示电路接线.电压表的量程取 3 V,电流表改用微安表,量程取 100 μA.电压从零缓慢地增加,观察电流随电压变化情况,适当选择测量点,记录电表读数,填入表 2.2.3.

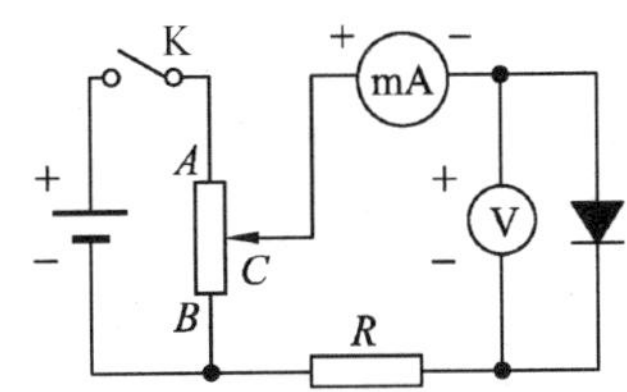

图 2.2.10　测晶体二极管正向伏安特性的电路图

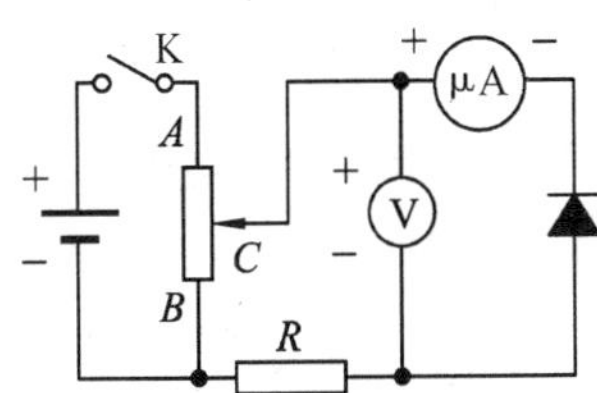

图 2.2.11　测晶体二极管反向伏安特性的电路图

(2) 将电表读数(格数)换算成相应的电流值和电压值(注意仪器误差限对测量结果的影响).以电压 U 为横坐标,电流 I 为纵坐标,按作图规则用坐标纸作出二极管的反向 I-U 图线,并与正向曲线进行比较.

实验数据记录

1. 非线性电阻正向特性

表 2.2.2　外接法测二极管的正向特性数据记录表

U(格)								
I(格)								

电压表:量程________mV,满偏________格,级别________级

电流表:量程________mA,满偏________格,级别________级

2. 非线性电阻反向特性

表 2.2.3 内接法测二极管的反向特性数据记录表

U(格)								
I(格)								

电压表:量程________ V,满偏________格,级别________级

电流表:量程________ μA,满偏________格,级别________级

数据处理与分析

1. 非线性电阻正向特性

仪器误差限:$\Delta_{U,\text{ins}}=U_\text{m}\cdot\alpha\%=$

$\Delta_{I,\text{ins}}=I_\text{m}\cdot\alpha\%=$

不确定度:$U_U=$

$U_I=$

U/mV								
I/mA								

2. 非线性电阻反向特性

仪器误差限:$\Delta_{U,\text{ins}}=U_\text{m}\cdot\alpha\%=$

$\Delta_{I,\text{ins}}=I_\text{m}\cdot\alpha\%=$

不确定度:$U_U=$

$U_I=$

U/V								
I/μA								

3. 作图

作出非线性电阻的正、反向伏安特性图(I-U). 正向特性曲线和反向特性曲线应作在同一张坐标纸上.

注意事项

1. 电表在使用前应把指针调至 0 刻度处,并注意摆放方式.

2. 内接法适用于测量比电流表内阻大得多的电阻,外接法适用于测量比电压表内阻小得多的电阻,两者不能搞混.

3. 电表的正负极和二极管的 P,N 极不能接反. 测量二极管正向伏安特性时,毫安表读数不得超过二极管允许通过的最大正向电流值(即 I_M,该值由实验室给出). 测量反向伏安特性时,电压表读数不得超过二极管允许通过的反向击穿电压(即 U_B,该值由实验室给出).

4. 接通电路前，先将电源输出电压调至最小，滑线变阻器的分压电阻调到最小值. 线路接好并检查后才能合上开关，接通电源.

思考题

1. 滑线变阻器主要有哪几种用途？如何使用？结合本次实验分别给予说明.

2. 在实验中，若电源电压为 6 V，被测电阻约为 50 Ω，电流表（毫安表）的量程为 150/300 mA，150 mA 挡的内阻约 0.4 Ω，电压表的量限为 1.5/3.0/7.5 V，每伏特电压的内阻约 200 Ω. 如何选用电表量程，电表采用何种接法比较好？

实验三　拉伸法测金属丝的杨氏弹性模量

受力物体在力的作用下发生形变，物体的形变可分为弹性形变和塑性形变. 固体材料的弹性形变又分为纵向弹性形变、切变、扭转弹性形变、弯曲弹性形变，对于纵向弹性形变可以引入杨氏模量来描述材料抵抗形变的能力. 测量杨氏模量的方法很多，如静态拉伸法、弯曲法、振动法等，本实验采用静态拉伸法测定金属丝的杨氏模量. 为了测量金属丝的微小长度变化，实验中应用了光杠杆放大法，其特点是稳定性好、受环境干扰小. 用这种方法还可以测量角度的微小变化，目前光杠杆放大法已被广泛应用于工业生产和科学技术中，光点检流计、冲击电流计及墙式电流计等仪器装置中都有相关的应用.

实验目的

1. 学会调整测量系统光路的技能.
2. 学会测量杨氏弹性模量的一种方法.
3. 掌握用光杠杆放大法测量微小长度的原理和方法.
4. 掌握用逐差法处理数据.

预习题

1. 如何根据几何光学的原理来调节望远镜、光杠杆和标尺之间的位置？如何调节望远镜？

2. 在砝码盘上加载时为什么采用正反向测量取平均的方法？

实验原理

杨氏弹性模量是表征固体材料抵抗形变能力的重要参数，是工程技术中机械构件选材的主要依据. 本实验采用光杠杆法测量微小长度变化，从而测定金属丝的杨氏弹性模量.

1. 金属丝的杨氏弹性模量

物体在外力作用下或多或少都会发生形变，当形变不超过一定限度时，撤走外力之后，形变随之消失，这种形变称之为弹性形变. 发生弹性形变时，物体内部产生恢复原状的内应力，杨氏模量是反映材料形变与内应力关系的物理量. 一根粗细均匀的金属丝长为 L，横截面积为 S，在外力 F 作用下伸长了 δ，则由胡克定律可知，在金属丝的弹性限度内，它所受的应力和应变成正比，即

$$\frac{F}{S}=E\frac{\delta}{L}. \tag{2.3.1}$$

式中，$\frac{F}{S}$称为胁强，其物理意义是金属丝单位截面积上所受到的力；$\frac{\delta}{L}$称为胁变，其物理

意义是金属丝单位长度上的伸长量;比例系数 E 称为金属丝的杨氏弹性模量,其值等于胁强与胁变之比,单位为牛顿/米^2,记作 N/m^2. 设金属丝直径为 d,则其横截面积为 $S=\frac{1}{4}\pi d^2$,将此式代入式(2.3.1)整理得

$$E=\frac{4FL}{\pi d^2 \delta}. \tag{2.3.2}$$

由式(2.3.2)可知,当长度 L、直径 d 和所受外力 F 都相同时,杨氏模量大的金属丝伸长量 δ 较小,反之杨氏模量小的伸长量 δ 大. 因而,杨氏模量反映了材料抵抗外力产生拉伸(或压缩)形变的能力,与材料的长度、横截面积、所受外力无关,仅与材料本身性质有关.

根据式(2.3.2)测量金属丝杨氏模量时,L,d,F 可用一般的方法测定,由于伸长量 δ 非常小,用一般方法不易测准,因此,测杨氏模量的实验装置,都是围绕如何测量微小长度变化而设计的. 本实验借助光学放大方法——光杠杆装置测量金属丝的伸长量 δ(它的基本原理在光学天平、光点检流计等装置中有广泛应用).

2. 成自然光杠杆与尺读望远镜的测量原理

光杠杆装置如图 2.3.1 所示,它由平面镜和三脚架构成. 将光杠杆前两足尖放置于工作平台上的横槽中,后足尖放在夹头的上端面上. 金属丝因受力而伸长,光杠杆的后足尖随着夹头一起下降,此时,镜面则以前两足尖的连线为轴转动.

在图 2.3.2 中,用 M 表示光杠杆的镜面,A 为望远镜旁边的米尺. 当金属丝未被拉伸时,平面镜 M 的法线为水平位置. 由反射定律知,此时从望远镜中可以清楚地看到,分划板上任意一条水平线,在米尺上的读数为 A_i. 当金属丝受力伸长 δ 后,光杠杆的镜面转过 θ 角,其法线也随之转过 θ 角. 此时,从望远镜中看到分划板上同一条水平线,在米尺上的读数为 A_{i+1}. 假设光杠杆的后足尖到前足尖连线的垂直距离为 Z,米尺到光杠杆镜面的距离为 D.

图 2.3.1　光杠杆示意图

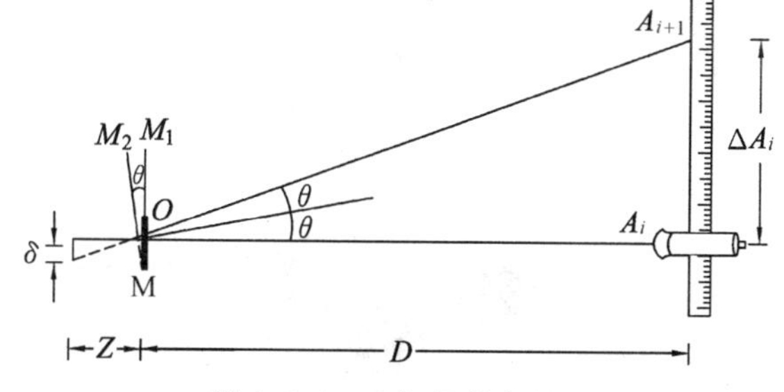

图 2.3.2　光杠杆放大原理

从图 2.3.2 中可以看出

$$\tan\theta=\frac{\delta}{Z}, \tag{2.3.3}$$

$$\angle A_iOA_{i+1}=2\theta, \tag{2.3.4}$$

$$\tan 2\theta=\frac{\Delta A_i}{D}=\frac{A_{i+1}-A_i}{D}, \tag{2.3.5}$$

由于 θ 很小,所以

$$\tan 2\theta\approx 2\theta=\frac{\Delta A_i}{D}=\frac{A_{i+1}-A_i}{D}, \tag{2.3.6}$$

将式(2.3.6)代入式(2.3.3)，消去 θ，得

$$\delta=\frac{(A_{i+1}-A_i)Z}{2D}. \tag{2.3.7}$$

这样就将测量微小长度变化量 δ 转化为对一般量的测量. 如果测得 $D=150.0\ \text{cm}$，$Z=3.000\ \text{cm}$，$A_{i+1}-A_i=0.01\ \text{cm}$，则 $\delta=\frac{3\times 0.01}{2\times 150}=0.0001\ (\text{cm})=0.001\ (\text{mm})$. 因此，用肉眼无法观察到这个微小的伸长量，必须借助光杠杆原理将其放大，然后进行测量.

由式(2.3.7)知，这个微小伸长量对应的米尺读数差 $A_{i+1}-A_i$ 与实际微小伸长量之间的关系为

$$A_{i+1}-A_i=\frac{2D}{Z}\delta. \tag{2.3.8}$$

由式(2.3.8)可知，从尺读望远镜中看到与这个微小伸长量对应的米尺坐标差是实际伸长量的 $\frac{2D}{Z}$ 倍，即放大了 $\frac{2D}{Z}$ 倍.

将式(2.3.8)及每个砝码所受重力 mg 代入式(2.3.2)得

$$E=\frac{8\ mgLD}{\pi d^2\,|A_{i+1}-A_i|\,Z}, \tag{2.3.9}$$

式中，L 为金属丝被拉伸部分的长度；d 为金属丝的直径；D 为平面镜到直尺间的距离；Z 为光杠杆后足至前两足直线的垂直距离；mg 为增加一个砝码的重量；$|A_{i+1}-A_i|$ 为增加一个砝码后由于金属丝伸长，分划板上读数基线在望远镜中刻度的变化量.

实验仪器

杨氏模量测定仪，光杠杆，尺读望远镜，螺旋测微器，卷尺，游标卡尺，砝码.

杨氏模量测量装置如图 2.3.3 所示.

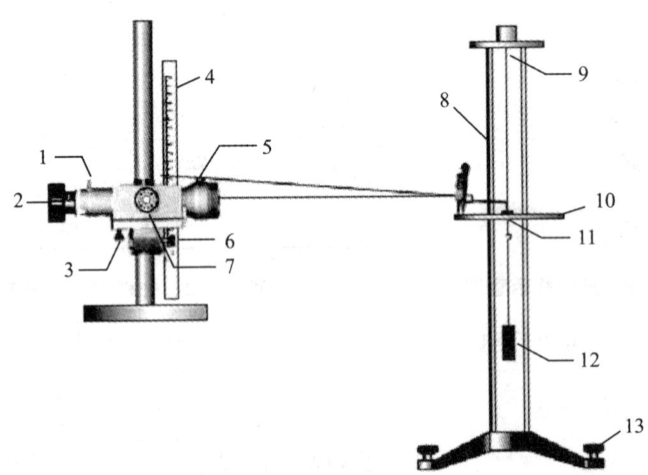

1—缺口；2—目镜调焦旋钮；3—仰角调节螺钉；4—米尺；5—瞄准星；6—望远镜锁紧螺钉；7—望远镜调焦旋钮；8—光杠杆；9—金属丝；10—平台；11—夹头；12—砝码；13—支架螺钉

图 2.3.3　杨氏模量测量装置

实验内容

1. 仪器的调节

(1) 调整杨氏模量测定仪的底座螺丝,使平台上的水准仪气泡居中,即使立柱处于竖直状态.

(2) 调整金属丝长度:金属丝上端固定,下端砝码盘上加一个砝码作初始负载(砝码盘+第一个砝码);将金属丝拉直,拉掉自然曲度.调整杨氏模量测定仪夹金属丝的上支架,并使平台与金属丝夹头的上端面在同一高度上.

(3) 按照图 2.3.3 摆放仪器,调整望远镜物镜与光杠杆的镜面处于同一高度,将尺读望远镜移到距光杠杆大约 110 cm 的位置.

(4) 调节光杠杆前后足尖的距离,使光杠杆前两足尖放在工作平台的横槽内,后足尖刚好在夹头的上端面上,但不得与金属丝相碰.

(5) 测量 Z 值:取下光杠杆在纸上轻轻压下的 3 个足痕,画出以后足为顶点、前两足尖连线为底边的三角形,作出该底边的高,用游标卡尺测量 Z 值 3 次,将测得数据记入表 2.3.1.

(6) 将光杠杆按照上述要求放回工作平台,调节光杠杆的平面镜与地面垂直.

(7) 调节望远镜:

① 透过望远镜观察分划板,观察分划板叉丝(共有上、中、下 3 个平行叉丝)是否清晰.若不清晰,调节望远镜的目镜旋钮,直到清晰为止.

② 左右移动望远镜底座,从望远镜镜筒外的瞄准星向光杠杆上的平面镜看去,使米尺位于平面镜正中间.

③ 透过望远镜的目镜向光杠杆的平面镜看去,同时顺时针或逆时针旋转望远镜侧面的调焦旋钮,直至清晰地看到米尺的像为止.如果出现米尺部分清晰部分模糊的现象,调节望远镜的仰角螺钉,直到整个米尺清晰、无视差为止.

2. 测量

(1) 用钢卷尺测金属丝的长度 L,共测 3 次;测量米尺到光杠杆镜面的距离 D,也测 3 次.将测得数据记入表 2.3.1.

(2) 用螺旋测微器分别在金属丝上端头、中部、下端头处,测量钢丝的直径 d 各两次,将测得数据记入表 2.3.2.

(3) 测量 A_i:选望远镜中分划板上任意一条水平线作为读数基线,实验中始终读这条基线的坐标值.

① 读出初始数据 A_1(加一个砝码时的读数);

② 每加一个砝码,从望远镜中读出相应“读数基线”的坐标值 A_i,直到所配的砝码加完为止(i 代表所加砝码的个数),将测得数据记入表 2.3.3 中.

③ 再将所加的砝码依次取下来,每取一个砝码,从望远镜中读出“读数基线” 对应的一个坐标值 A'_i(i 代表所加砝码的个数),直到剩一个砝码为止.将测得数据记入表 2.3.3.

(4) 称量每个砝码的质量(或者由实验室给出).

实验数据记录

米尺误差限________，螺旋测微器误差限________，游标卡尺误差限________，螺旋测微器零点读数________ mm.

表 2.3.1 相关物理量的测量

次数	1	2	3	平均值
Z/mm				
L/cm				
D/cm				

表 2.3.2 金属丝直径的测量

	上		中		下		平均值
次数	1	2	1	2	1	2	
金属丝直径 d/mm							

表 2.3.3 尺读望远镜读出的刻画线坐标

砝码个数	砝码质量 m_i/g	加砝码		减砝码		
		A_i/cm	读数	A'_i/cm	读数	平均值 $\overline{A}_i=\frac{A_i+A'_i}{2}$/cm
1		A_1		A'_1		
2		A_2		A'_2		
3		A_3		A'_3		
4		A_4		A'_4		
5		A_5		A'_5		
6		A_6		A'_6		
7		A_7		A'_7		
8		A_8		A'_8		

数据处理与分析

1. 计算金属丝弹性杨氏模量平均值

$\overline{d}=$

$\overline{L}=$

$\overline{Z}=$

$\overline{D}=$

$$\Delta\overline{A}=\frac{|\overline{A}_5-\overline{A}_1|+|\overline{A}_6-\overline{A}_2|+|\overline{A}_7-\overline{A}_3|+|\overline{A}_8-\overline{A}_4|}{4\times4}=$$

$$\overline{E}=\frac{8mg\overline{L}\overline{D}}{\pi\overline{d}^2\overline{Z}\Delta\overline{A}}=$$

2. 计算金属丝弹性杨氏模量的不确定度(选做)

$S(d)=\sqrt{\dfrac{\sum_{i=1}^{n}(d_i-\bar{d})^2}{n-1}}=$ $U_{A,d}=\dfrac{t}{\sqrt{n}}S(d)=$

$U_{B,d}=\Delta_{ins}=$ $U_d=\sqrt{U_{A,d}^2+U_{B,d}^2}=$

$S(L)=\sqrt{\dfrac{\sum_{i=1}^{n}(L_i-\bar{L})^2}{n-1}}=$ $U_{A,L}=\dfrac{t}{\sqrt{n}}S(L)=$

$U_{B,L}=\Delta_{ins}=$ $U_L=\sqrt{U_{A,L}^2+U_{B,L}^2}=$

$S(Z)=\sqrt{\dfrac{\sum_{i=1}^{n}(Z_i-\bar{Z})^2}{n-1}}=$ $U_{A,Z}=\dfrac{t}{\sqrt{n}}S(Z)=$

$U_{B,Z}=\Delta_{ins}=$ $U_Z=\sqrt{U_{A,Z}^2+U_{B,Z}^2}=$

$S(D)=\sqrt{\dfrac{\sum_{i=1}^{n}(D_i-\bar{D})^2}{n-1}}=$ $U_{A,D}=\dfrac{t}{\sqrt{n}}S(D)=$

$U_{B,Z}=\Delta_{ins}=$ $U_D=\sqrt{U_{A,D}^2+U_{B,D}^2}=$

$S(\Delta A)=\sqrt{\dfrac{\sum_{i=1}^{4}(\Delta A_i-\overline{\Delta A})^2}{n-1}}=$ $U_{A,\Delta A}=\dfrac{t}{\sqrt{n}}S(\Delta A)=$

$U_{B,\Delta A}=\Delta_{ins}=$ $U_{\Delta A}=\sqrt{U_A^2+U_B^2}=$

$$E_r=\frac{U_E}{\bar{E}}=\sqrt{\left(\frac{U_L}{\bar{L}}\right)^2+\left(\frac{2U_d}{\bar{d}}\right)^2+\left(\frac{U_Z}{\bar{Z}}\right)^2+\left(\frac{U_{\Delta A}}{\overline{\Delta A}}\right)^2+\left(\frac{U_D}{\bar{D}}\right)^2}=$$

$$U_E=\frac{U_E}{\bar{E}}\cdot\bar{E}=E_r\cdot\bar{E}=$$

实验结果为 $\begin{cases}E=\bar{E}\pm U_E=\\ E_r=\dfrac{U_E}{\bar{E}}=\end{cases}$

注意事项

1. 光杠杆、望远镜与米尺所构成的光学系统一经调节好,在实验过程中就不可再移动,否则数据无效,实验需从头做起.

2. 调节光杠杆时要细心,以免损坏.

3. 所加砝码不可超过金属丝的弹性限度(不超过仪器所备砝码),否则上述计算公式不成立.

4. 砝码的加、减动作要轻,避免摆动,保持整个测量装置稳定,否则需重新调节仪器.

5. 每一次加、减砝码的间隔时间要保持相等.

6. 读数时眼睛要正对望远镜,不得忽高忽低引起视差.

思考题

1. 光杠杆有什么优点? 怎样提高光杠杆测量微小长度变化的灵敏度?

2. 如果实验中操作无误,得到的前两个数据偏大,这可能是什么原因? 如何避免?

3. 如何避免测量过程中米尺读数超出望远镜视场范围?

4. 发现金属丝上有弯曲或金属丝从螺丝夹中滑脱少许,能否继续实验? 是否要重新调整?

5. 实验过程中,如果移动了望远镜或光杠杆,能否继续实验? 是否要重新测量?

附录

表 2.3.4 列出了一些常用材料的杨氏弹性模量 E 值. 在国际单位制中,杨氏模量的单位为帕斯卡,记为 Pa(1 Pa=1 N/m^2,1 GPa=10^9 Pa).

表 2.3.4 常用材料的杨氏弹性模量

材料名称	钢	铁	铜	铝	铅	玻璃	橡胶
E/GPa	192～216	113～157	73～127	约 70	约 17	约 55	约 0.007 8

实验四　气垫导轨系列实验

气垫导轨是一种现代化的力学实验仪器.它通过导轨表面均匀分布的小孔喷出气流,在导轨表面与滑块之间形成很薄的“气垫层”,将滑块浮起,与轨面脱离接触,使滑块在轨面上做近似无摩擦的直线运动,从而极大地减小以往在力学实验中由于摩擦力引起的误差,使实验结果接近理论值.气垫导轨配用数字计时器或高压电火花计时器记录滑块在气轨上运动的时间,可以对多种力学物理量进行测定,以及对力学定律进行验证.目前,气垫技术在工程实际中得到了广泛的应用,例如,气垫搬运、气垫船、气垫轴承等.

实验目的

1. 熟悉气垫导轨和数字计时器的使用方法.
2. 研究力、质量和加速度之间的关系,验证牛顿第二定律.
3. 研究弹性碰撞与完全非弹性碰撞的特点,验证动量守恒定律.

预习题

1. 如何判断与调节导轨的水平?
2. 测加速度时滑块释放点能否随意变动?释放滑块时能否用力推?为什么?
3. 滑块挡光片怎样安装才能使测量结果最准确?
4. 在碰撞试验中保证合外力为零应注意什么?

实验原理

在某一理论结果已知的条件下进行的实验即为验证性实验.这类实验可分为两大类:一是直接验证,二是间接验证.本实验属于直接验证,即对理论所涉及的物理量都能在实验中直接测定,并能研究它们之间的定量关系.

1. 牛顿第二定律的验证

牛顿第二定律是经典力学的基础和核心,是分析、研究和解决力学问题的三大法宝之一.它指出,物体的加速度 a 与物体所受的合外力 F 成正比,与物体的质量 m 成反比,加速度的方向与作用力的方向相同,用公式表示为

$$F=ma. \tag{2.4.1}$$

为了研究问题方便,验证实验分两步进行:当保持物体的质量 m 不变时,验证加速度 a 与合外力 F 之间的关系;当保持物体所受的合外力 F 不变时,验证加速度 a 与物体质量 m 之间的关系.

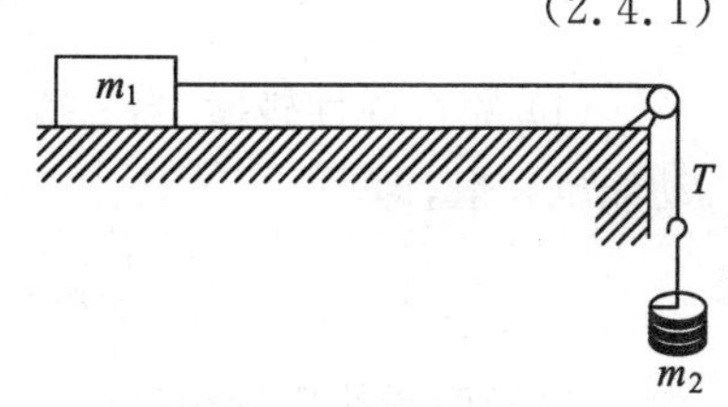

图 2.4.1　力学系统

放置在光滑桌面上的质量为 m_1 的滑块、质量为 m_2 的砝码和托盘、细线(不可伸长)组成一个力学系

统，如图 2.4.1 所示，T 为细线的张力，有

$$\begin{cases} m_2 g - T = m_2 a, \\ T = m_1 a. \end{cases} \tag{2.4.2}$$

系统所受合外力为

$$F = m_2 g = (m_1 + m_2) a, \tag{2.4.3}$$

令 $M_0 = m_1 + m_2$，得

$$F = M_0 a. \tag{2.4.4}$$

2. 动量守恒的验证

如果系统不受外力或所受外力的矢量和为零，则系统的总动量保持不变，这一结论称为动量守恒定律. 本实验研究两个滑块在水平导轨上沿直线作对心碰撞，由于气垫导轨的漂浮作用（滑块运动过程中受到的摩擦阻力和空气阻力可以忽略不计），两滑块在水平方向（沿导轨方向）除受到碰撞时彼此相互作用的内力外，不受其他外力作用，两滑块的总动量在碰撞前后保持不变，即动量守恒.

设两滑块的质量分别为 m_1 和 m_2，碰撞前两滑块的速度分别为 $\boldsymbol{v}_{10}$ 和 $\boldsymbol{v}_{20}$，碰撞后的速度分别为 $\boldsymbol{v}_1$ 和 $\boldsymbol{v}_2$，如图 2.4.2 所示.

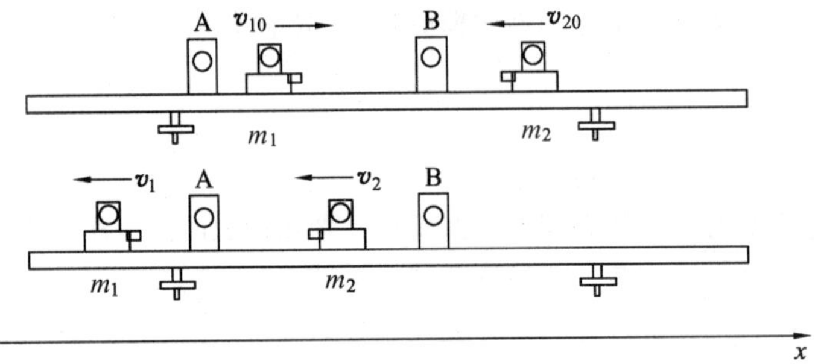

图 2.4.2　两滑块碰撞示意图

根据动量守恒定律有

$$m_1 \boldsymbol{v}_{10} + m_2 \boldsymbol{v}_{20} = m_1 \boldsymbol{v}_1 + m_2 \boldsymbol{v}_2, \tag{2.4.5}$$

如果 $\boldsymbol{v}_{10}$，$\boldsymbol{v}_{20}$，$\boldsymbol{v}_1$，$\boldsymbol{v}_2$ 在同一条直线上，并规定了正方向，在引入符号法则后，可写成代数方程

$$m_1 v_{10} - m_2 v_{20} = -m_1 v_1 - m_2 v_2, \tag{2.4.6}$$

式(2.4.6)中各速度的正负号取决于速度方向与所选取的坐标轴的正方向是否一致. 碰撞前后动能损失为

$$\Delta E_k = \frac{1}{2}(m_1 v_{10}^2 + m_2 v_{20}^2) - \frac{1}{2}(m_1 v_1^2 + m_2 v_2^2). \tag{2.4.7}$$

(1) 完全弹性碰撞. 当 $\Delta E_k = 0$ 时，两滑块的碰撞为完全弹性碰撞，除了动量守恒外，动能也守恒，即

$$\frac{1}{2} m_1 v_{10}^2 + \frac{1}{2} m_2 v_{20}^2 = \frac{1}{2} m_1 v_1^2 + \frac{1}{2} m_2 v_2^2. \tag{2.4.8}$$

① 当两滑块质量相等（$m_1 = m_2$）时，使 $v_{20} = 0$. 由式(2.4.8)知，碰撞结束后，这两个滑块交换了速度，即

$$v_1=0,\ v_2=v_{10}. \tag{2.4.9}$$

② 当两滑块质量不等($m_1\neq m_2$)时,使 $v_{20}=0$. 由式(2.4.6)和式(2.4.8)得

$$m_1v_{10}=m_1v_1+m_2v_2, \tag{2.4.10}$$

和
$$\frac{1}{2}m_1v_{10}^2=\frac{1}{2}m_1v_1^2+\frac{1}{2}m_2v_2^2. \tag{2.4.11}$$

(2) 完全非弹性碰撞. 碰撞后两滑块粘合在一起,以同一速度 v 运动,这种碰撞称为完全非弹性碰撞. 碰撞前后的动量守恒,有

$$m_1v_{10}=(m_1+m_2)v, \tag{2.4.12}$$

碰撞前后动能变化量为

$$|\Delta E_k|=\left|\frac{1}{2}m_1v_{10}^2-\frac{1}{2}(m_1+m_2)v^2\right|. \tag{2.4.13}$$

实验仪器

气垫导轨及附件,数字计时器,托盘天平,气源及游标卡尺等.

1. 气垫导轨

(1) 气垫导轨装置如图 2.4.3 所示.

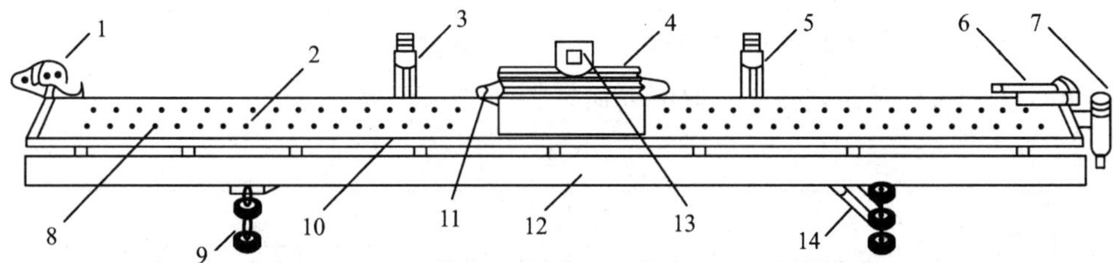

1—滑轮; 2—导轨; 3—光电门 A; 4—滑块; 5—光电门 B; 6—发射架; 7—进气管; 8—喷气孔; 9—垫脚; 10—标尺; 11—碰簧; 12—底座; 13—挡光片; 14—支脚

图 2.4.3　气垫导轨装置

气垫导轨是一根方形(或三角形)铝合金型材结构的管体,全长约 1 580 mm,两个轨面互成直角,经过精细加工,有较高的平直度和表面光洁度,每个轨面上均匀分布着直径为 0.6 mm 的喷气孔. 气泵将压缩空气从导轨一端的进气管送入,空气通过导轨表面的喷气孔向外喷射,在滑块与导轨之间形成一定厚度的"气垫",将滑块托起,使滑块能在导轨上做近似无摩擦的运动.

(2) 气垫导轨的主要附件有以下几种.

① 滑块:共 3 个,与导轨配套使用,不可随意调换. 滑块两端的弹簧与气垫导轨两端的弹簧需校准到能发生对心碰撞. 如果碰撞偏斜,滑块运动时就会左右摇摆,造成能量损失,产生较大的实验误差.

② 挡光片:挡光片安装在滑块上,随滑块一起运动. 当经过光电门时,挡光片阻挡光电门的光路,使数字计时器 "开始计时"或"停止计时". 挡光片形状有"U"形(开口)和条形(不开口)两种,如图 2.4.4 所示. 挡光片的宽度 d,对于"U"形挡光片是第一前沿到第二前沿的距离,即"11′"和"33′"之间的距离;对于条形挡光片即为其宽度.

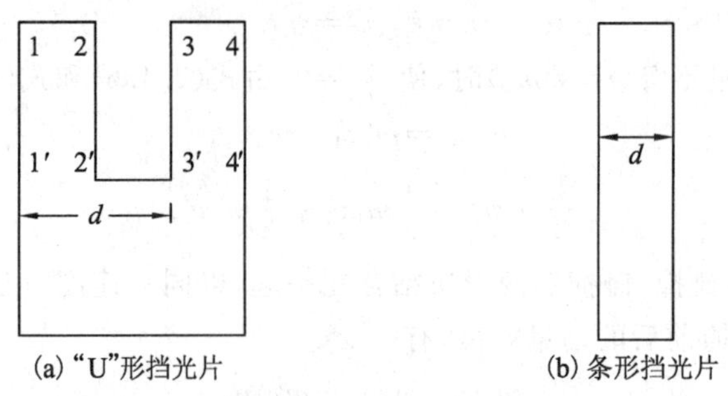

(a)“U”形挡光片　　(b)条形挡光片

图 2.4.4　挡光片示意图

③ 光电门:光电门内装发光二极管及光敏二极管,将光信号转换为电信号,用来控制数字计时器的“开始计时”或“停止计时”.

④ 滑轮:跨在滑轮表面的细线在滑轮表面可以做近似无摩擦的滑动.

⑤ 碰簧:位于导轨面的两端,当滑块上的碰簧与之相撞时起缓冲作用.

⑥ 高度调节旋钮:用于调节导轨左右、前后水平.

⑦ 进气管:气源和气垫导轨相连接的波纹管,将一定压强的气流输进导轨内部.

⑧ 标尺:固定在导轨上用来指示光电门、滑块的位置及间距等.

⑨ 砝码:每组 8 个,每个质量为(25.0±0.5) g,用以调节滑块的质量.

2. JO201-CC 存储式数字计时器

(1) JO201-CC 存储式数字计时器前面板如图 2.4.5 所示.

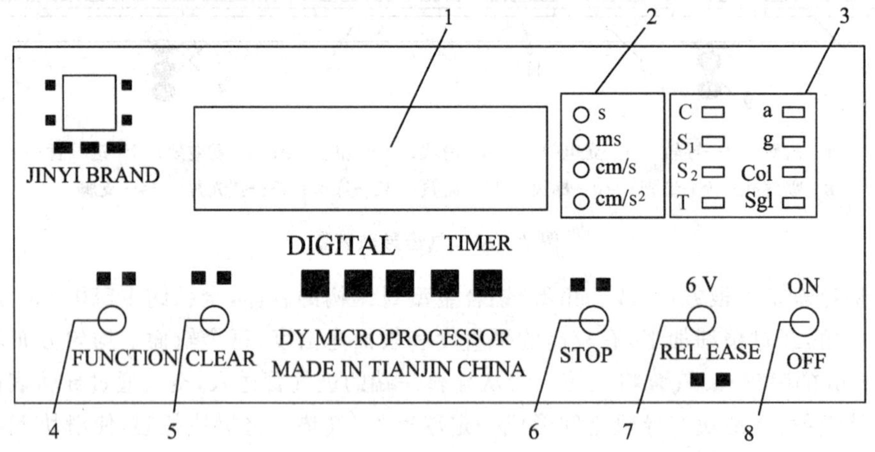

1— 数据显示窗口; 2— 单位显示; 3— 功能选择显示; 4— 功能选择键;
5— 清零键; 6— 停止键; 7— 6V/ 同步键; 8— 电源开关

图 2.4.5　JO201-CC 存储式数字计时器前面板示意图

(2) JO201-CC 存储式数字计时器后面板如图 2.4.6 所示.

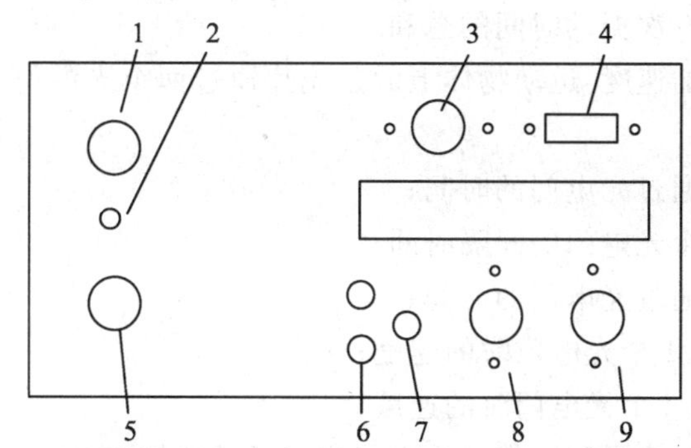

1— 保险管座；2— 外接地线接线柱；3— 自由落体接口插座；
4— 挡光片宽度选择开关；5— 电源输入插头线；6— 直流稳压电源输出；
7— 时标输出；8—2 号光电门输入插座；9— 1号光电门输入插座

图 2.4.6 JO201-CC 存储式数字计时器后面板示意图

(3) 操作使用.

① 开机自检

数字计时器开机后自动进入自检状态，循环顺序如下：

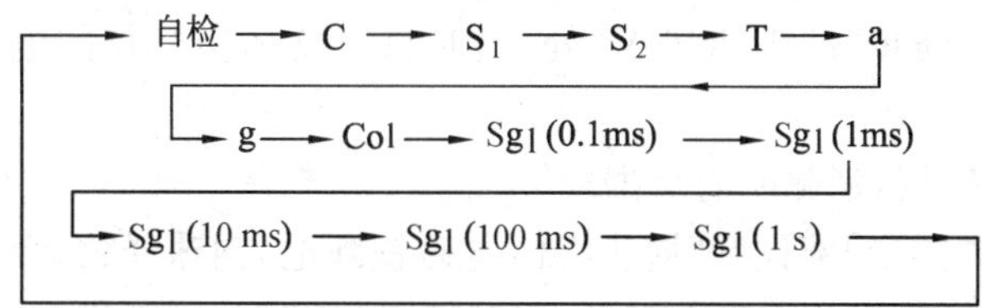

开机或按[功能]键选择自检功能，将进入自检状态；当光电门无故障时，屏幕循环显示各器件；当光电门发生故障时，屏幕将闪烁该光电门的号码，不做循环显示工作. 这时，必须先排除故障，程序才能继续运行.

② 功能键的作用

"C"：计数键，挡光片对任意一个光电门挡光一次，屏幕就显示累加计一次. 按"停止"键，停止计数并存储数据.

"清零"：按"清零"键，清除所有实验数据，可重新记录数据.

"停止"：按"停止"键，立即停止当前操作，进入循环显示存储数据的状态.

"S_1"：挡光计时键，用挡光片对任意一个光电门依次挡光，屏幕将依次显示挡光次数和挡光时间(图 2.4.4(a)中 11′～33′或 22′～44′时间). 可连续做 1～255 次实验，但只存储前 10 个数据.

"S_2"：间隔计时，用挡光片对任意一个光电门依次挡光，屏幕将依次显示挡光间隔的次数、挡光间隔的时间(图 2.4.4(a)中 11′～33′时间). 可连续做 1～255 次实验，只存储前 10 个数据.

"T"：测振动周期，用弹簧振子或单摆振子配合一个光电门和一个挡光片做实验(挡光片宽度不小于 3 mm). 在振子上粘上轻小的挡光片，使挡光片通过光电门. 屏幕仅显示振动次数，当完成了第 n(1～255 任选)个振动(即屏幕显示出 $n+1$)之后，立即按[停止]键. 这时，屏幕便自动循环显示 n 个振动周期和 n 次振动时间的总和. 当 $n>10$ 时只显示前 10 个振动周期和前 10 次振动时间的总和.

"a":测运动物体的加速度.运动物体上的挡光片通过两个光电门之后自动进入循环显示.

1:滑块第 1 次通过光电门的时间;

2:滑块通过两个光电门的间隔时间;

3:滑块第 2 次通过光电门的时间;

v_1:滑块通过第 1 个光电门时的速度;

v_2:滑块通过第 2 个光电门时的速度;

a:滑块从第 1 个光电门到第 2 光电门之间运动的加速度.

如此反复循环显示上述 6 个数据.

"g":测重力加速度,做自由落体实验选此功能.其操作方法和实验数据如下:

● 操作方法

第一步,把自由落体实验仪的光电门插头插入后盖上的自由落体插座.

第二步,断开光电门插座 A,B 与光电门的连线.

第三步,打开电源开关.

第四步,按"功能"键,选择"g"挡.

第五步,把"6 V/同步"键拔到"6 V"处,这时自由落体实验仪的电磁铁电源被接通,吸住钢球.

第六步,按[清零]键,消除所有数据.

第七步,把[6 V/同步]键拔到"同步"处,电磁铁断电,钢球释放,计时器同步计时.

第八步,钢球通过其中一个光电门后,实验即自行结束,自动进入循环显示 2 个实验数据的状态.

● 实验数据

钢球自 0 cm 处下落到光电门时所用的时间和钢球通过光电门的时间.

按[清零]键,清除所有实验数据,又可重新做实验.

注意:自由落体的实验只需要一个光电门,但另一个光电门必须保持光照状态才能正常工作.

"Col":适用于两物体做完全弹性的碰撞实验,其他非完全弹性的碰撞请用"S_2"功能.当两个滑块完成完全弹性碰撞实验之后自动循环,显示 4 个时间数据和 4 个速度数据分别为:

1:碰撞前滑块通过 1 号光电门的时间;

2:碰撞后滑块通过 1 号光电门的时间;

3:碰撞前滑块通过 2 号光电门的时间;

4:碰撞后滑块通过 2 号光电门的时间;

v_{10}:碰撞前滑块 1 通过 1 号光电门的速度;

v_{11}:碰撞后滑块 1 通过 1 号光电门的速度;

v_{20}:碰撞前滑块 2 通过 2 号光电门的速度;

v_{21}:碰撞后滑块 2 通过 2 号光电门的速度;

如此反复循环.

"Sgl"：时标输出，选择 Sgl 挡，屏幕将依次按[功能]键显示时标周期0.1 ms，1 ms，10 ms，100 ms，1 s；后盖上的时标插座输出幅度不低于 5 V 的脉冲信号.

实验内容

1. 调节气垫导轨

(1) 掌握气垫导轨和数字计时器的使用方法.

(2) 将光电门分别安装在 $x_1=40.0$ cm 和 $x_2=90.0$ cm 的位置，使它们相距 50 cm. 将两光电门分别接在计时器后面板的"光电门 1"和"光电门 2"上，接通数字计时器电源.

(3) 用游标卡尺测量挡光片的宽度 L，然后将挡光片夹在滑块上.

(4) 打开气源开关，将压缩气体送入导轨，在气垫导轨表面形成一层非常薄的"气垫".

(5) 调节气垫导轨水平：

① 粗调. 将滑块放置在两光电门之间，若滑块能基本静止，说明气垫导轨大致水平；若总是向同一方向滑动，调节气垫导轨的底座螺丝，使滑块静止.

② 细调. 打开计时器开关，选择"S_2"挡功能键，按执行键，用手轻轻地推滑块，让滑块以一定的速度运动通过两个光电门；依次记下通过两光电门的时间 Δt_1 和 Δt_2，若 $|\Delta t_1-\Delta t_2|<3.0$ ms，说明气垫导轨已经调水平. 否则需要继续调节底座螺钉，直到满足上述要求为止.

2. 验证牛顿第二定律

(1) 研究加速度与力之间的关系

① 称量滑块和砝码的质量.

② 用细线拴住砝码桶，并跨过滑轮上的方孔绑在滑块一端的挂钩上. 线长度的选取要求：当滑块通过靠近滑轮一侧的光电门时，砝码桶刚好着地.

③ 在数字计时器上按功能键，使"a"指示灯亮.

④ 将 4 个砝码全部加在滑块上重复测 4 次加速度.

⑤ 从滑块上每取下一个砝码，放在砝码桶(或砝码托盘)上重复测 4 次加速度(注意不能超过砝码桶最大限量)，将测量数据填入表 2.4.1.

(2) 研究加速度与质量的关系

① 拉力一定(如加 3 个砝码).

② 改变滑块的质量 4 次，记录加速度的值.

③ 每改变一次质量，滑块从同一位置静止释放，测加速度 4 次，记录每次加速度的值，将数据填入表 2.4.2.

3. 验证动量守恒定律(选做)

(1) 弹性碰撞

① 等质量的弹性碰撞

将两光电门分别安放在 30 cm 和 80 cm 处，取两个质量相同的大滑块，其质量 $m_1=m_2=M$，分别装上挡光片，将滑块 1 置于两光电门之外，滑块 2 置于两光电门之间，使其缓冲弹簧端相对放置，数字计时器选择"S_2"功能，按执行键. 令滑块 2 静止，用手推滑块

1，使之与滑块 2 作弹性碰撞，两滑块应交换速度，$v_1=0$. 记录碰撞前滑块 1 通过光电门的时间 Δt_{10} 和碰撞后滑块 2 通过另一光电门的时间 Δt_2. 重复 5 次，将数据记录在表 2.4.3中.

② 不等质量的弹性碰撞

取两滑块，其质量 $m_1=m$，$m_2=M(m<M)$，其上各装一个挡光片. 将滑块 2 置于两光电门之间，将滑块 1 置于两光电门之外，使其缓冲弹簧端相对放置，数字计时器选择"S_2"功能，按执行键. 令滑块 2 静止，即 $v_{20}=0$，用手推滑块 1，使之与滑块 2 作弹性碰撞. 依次记录碰撞前滑块 1 通过光电门的时间 Δt_{10} 和碰撞后滑块 1、滑块 2 通过另一光电门的时间 Δt_1 和 Δt_2，并标出运动的方向. 重复 5 次，将数据记录在表 2.4.3 中.

(2) 完全非弹性碰撞

① 等质量的碰撞

取两个质量相同的大滑块，其质量 $m_1=m_2=M$，两滑块上分别装上挡光片，将滑块 1 置于两光电门之外，滑块 2 置于两光电门之间，使其粘有橡皮泥端相对放置，数字计时器选择"S_2"功能，按执行键. 令滑块 2 静止，用手推滑块 1，使之与滑块 2 作完全非弹性碰撞. 记录碰撞前滑块 1 通过光电门的时间 Δt_{10} 和碰撞后两滑块一起通过另一光电门的时间 Δt. 重复 5 次，将数据记录在表 2.4.4 中.

② 不等质量的碰撞

将滑块 1 换成小滑块，仿照上述等质量滑块碰撞的操作，记录碰撞前滑块 1 通过光电门的时间 Δt_{10} 和碰撞后两滑块一起通过另一光电门的时间 Δt. 重复 5 次，将数据记录在表 2.4.4 中.

实验数据记录

1. 研究加速度与力之间的关系

滑块质量 $M=$________ kg；砝码质量 $m=$________ kg.

表 2.4.1　测量加速度、拉力数据记录表

F/N \ 次数	$a_1/(\mathrm{cm\cdot s^{-2}})$	$a_2/(\mathrm{cm\cdot s^{-2}})$	$a_3/(\mathrm{cm\cdot s^{-2}})$	$a_4/(\mathrm{cm\cdot s^{-2}})$	$\bar{a}/(\mathrm{cm\cdot s^{-2}})$

2. 研究加速度与质量的关系

$F=$________ N.

表 2.4.2　测量加速度、质量数据记录表

次数 / m/kg	a_1/(cm·s^{-2})	a_2/(cm·s^{-2})	a_3/(cm·s^{-2})	a_4/(cm·s^{-2})	$\bar{a}$/(cm·s^{-2})	$\frac{1}{m}$/(kg^{-1})

3. 弹性碰撞

大滑块质量 M=______ kg；小滑块质量 m=______ kg；挡光片宽度 L=______ mm.

表 2.4.3　弹性碰撞数据记录表

次数	弹性碰撞									
	等质量碰撞				不等质量碰撞					
	Δt_{10}/s	Δt_2/s	v_{10}/(mm·s^{-1})	v_2/(mm·s^{-1})	Δt_{10}/s	Δt_1/s	Δt_2/s	v_{10}/(mm·s^{-1})	v_1/(mm·s^{-1})	v_2/(mm·s^{-1})
1										
2										
3										
4										
5										

4. 完全非弹性碰撞

表 2.4.4　非弹性碰撞数据记录表

次数	完全非弹性碰撞							
	等质量碰撞				不等质量碰撞			
	Δt_{10}/s	Δt/s	v_{10}/(mm·s^{-1})	v/(mm·s^{-1})	Δt_{10}/s	Δt/s	v_{10}/(mm·s^{-1})	v/(mm·s^{-1})
1								
2								
3								
4								
5								

数据处理与分析

1. 分别根据表 2.4.1 和表 2.4.2 中的数据，在坐标纸上作出 $\bar{a}$-F 及 $\bar{a}$-$\frac{1}{m}$ 曲线.

2. 根据曲线分别得出相应的结论，并对结论作出分析.

3. 比较弹性碰撞前、后系统的动量，分析动量是否守恒；若不守恒，说明原因.

4. 计算完全非弹性碰撞前、后动能损失的百分比.

注意事项

1. 未通气前，不能将滑块放在导轨上，以免碰伤或划坏导轨，更不能在导轨面上推动滑块，以防划伤气垫导轨和滑块的工作面.

2. 使用之前，用酒精棉球擦拭导轨面和滑块的工作面，保持清洁及气流畅通. 如发现气孔堵塞，可用直径 0.5 mm 的钢丝疏通，不应留有灰尘和污垢.

3. 在使用、搬动和存放导轨时，都应谨防碰伤，切勿在导轨上压、划、敲击，以免损坏.

4. 挡光片必须通过光电门进行挡光，才能计时.

5. 改变滑块质量时，应对称地加减配重块.

6. 滑块相互碰撞要做对心碰撞，切勿斜撞，防止滑块从气垫导轨上掉落.

7. 实验完毕应先取下滑块，再关闭气源. 更换或调节滑块上的附件时，也必须将滑块从气垫导轨上取下再调节，并注意轻拿轻放.

思考题

1. 如果气垫导轨未调水平，会给加速度的测量带来什么影响？是随机误差还是系统误差？

2. 影响加速度测量结果精确度的主要因素有哪些？

3. 在实验中两滑块如出现碰撞后左右摆动或上下波动的现象，是什么原因？会对实验造成什么影响？

4. 做实验，并比较结果：把两光电门放在靠近碰撞的位置好还是放在远离碰撞的位置好？碰撞的速度是大些好还是小些好？

实验五　金属线膨胀系数的测定

绝大多数物质具有热胀冷缩的特性，这是由物体内部的分子热运动造成的.在一维状态下，固体受热后长度的增加称为线膨胀，相同条件下不同材料线膨胀的程度各不相同.线胀系数是表征物质膨胀特性的物理量，是描述物质性质的重要参数.在工程设计、仪表加工、新材料开发等领域，都需要对所选用材料的线胀系数进行研究，否则将影响结构的稳定性、仪表的精度和通信传输性能等.本实验利用光杠杆放大原理，测量金属棒长度的微小变化.

实验目的

1. 加深理解线胀系数的意义，学会用电热法测量金属棒的线胀系数；
2. 掌握用光杠杆测量固体微小长度变化的原理及操作方法.

预习题

1. 如何用光杠杆放大的方法测微小长度？
2. 本实验并非绝热系统，对实验结果是否有影响？
3. 试分析两根材料相同，粗细、长度不同的金属棒，在同样的温度变化范围内的膨胀量是否相同？线胀系数是否相同？为什么？

实验原理

1. 固体的线胀系数

对于做成条状或棒状的固体材料，设在 0 ℃时长度为 L_0，当温度升高到 t ℃时，其长度增大为

$$L_t = L_0(1+\alpha t), \tag{2.5.1}$$

式(2.5.1)中的 α 就是固体的线胀系数.上式可改写为

$$\alpha = \frac{L_t - L_0}{L_0 t}. \tag{2.5.2}$$

式(2.5.2)的物理意义是：当温度变化 1 ℃时，固体长度的相对变化值，单位为$℃^{-1}$.线胀系数 α 随温度会有微小变化，但在温度变化不大的范围内，可看作常量.

在实际测量中可以不测 0 ℃时的标准长度 L_0，而用室温 t_1℃时的长度 L_1 代替 0 ℃时的标准长度 L_0.由式(2.5.1)知，室温 t_1℃时金属棒的长度 L_1 为

$$L_1 = L_0(1+\alpha t_1), \tag{2.5.3}$$

由式(2.5.1)和式(2.5.3)得，温度为 t ℃时的金属棒长度为

$$L_t = L_1\,\frac{1+\alpha t}{1+\alpha t_1} = L_1\left[1+\frac{\alpha(t-t_1)}{1+\alpha t_1}\right]. \tag{2.5.4}$$

因为 α 是个很小的数，因此式(2.5.4)可近似写成

$$L_t \approx L_1[1+\alpha(t-t_1)],\tag{2.5.5}$$

即有

$$\alpha=\frac{L_t-L_1}{L_1(t-t_1)}=\frac{\Delta L}{L_1(t-t_1)}.\tag{2.5.6}$$

式(2.5.6)中 ΔL 是温度由 t_1 升至 t 时金属棒的伸长量,其量值很小.

2. 微小伸长量的测定

对于物体长度微小的改变,通常不能用米尺等一般长度测量仪器来测量,但可以用光杠杆和尺读望远镜进行测量.关于光杠杆和尺读望远镜测量微小长度变化的原理参见"实验三　拉伸法测金属丝的杨氏弹性模量".

设在温度 t_1 时,通过望远镜和光杠杆的平面镜,看到目镜中分划板上水平线之一与米尺上的刻度 A_{m_1} 恰好重合,当温度升到 t_2 时,目镜中分划板上同一水平线与米尺上的刻度 A_{m_2} 恰好重合,则根据光杠杆原理可得,金属棒的伸长量为

$$\Delta L=\frac{|A_{m_2}-A_{m_1}|Z}{2D}.\tag{2.5.7}$$

将式(2.5.7)代入式(2.5.6)得

$$\alpha=\frac{|A_{m_2}-A_{m_1}|Z}{2DL_1(t_2-t_1)},\tag{2.5.8}$$

式(2.5.8)中,D 为镜面到米尺的距离(Z 为光杠杆后足尖到两前足尖连线间的垂直距离).

本实验中,从室温开始升温,每隔等温度间距,通过尺读望远镜读一次标线的坐标 A_{m_i},连续测量金属棒随温度的变化对应的标线的坐标.任取两温度间隔对应的坐标值,由式(2.5.8)即可求出金属的线胀系数,所以式(2.5.8)可变形为

$$\alpha_i=\frac{|A_{m_i}-A_{m_1}|Z}{2DL_1(t_i-t_1)}.\tag{2.5.9}$$

由式(2.5.9)即可求出金属的线胀系数.

实验仪器

GXC 型固体线胀系数测定仪,光杠杆,尺读望远镜及米尺,游标卡尺,水银温度计,卷尺.

线胀系数测定仪装置如图 2.5.1 所示.

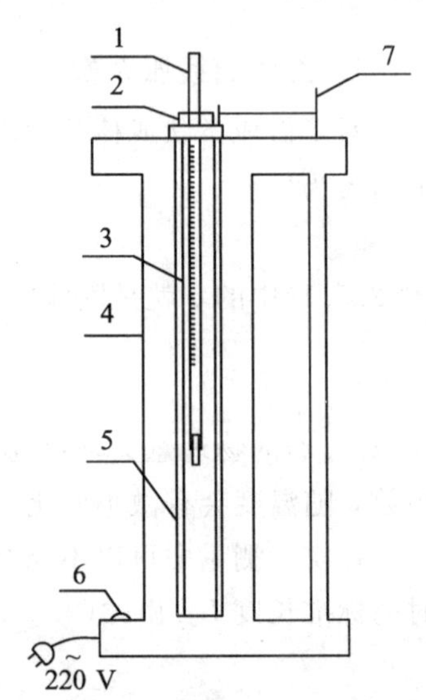

1—温度计; 2—固定螺丝; 3—被测棒; 4—散热罩; 5—加热器; 6—指示灯; 7—光杠杆

图 2.5.1　线胀系数测定仪装置

实验内容

(1) 用卷尺测量金属棒在 t_1℃时的长度 L_1,测量 5 次,然后把被测棒慢慢放入孔中,直到被测棒的下端接触底面,上端露出筒外.

(2) 调节温度计的锁紧钉使温度计下端长度为 150～200 mm,小心放入加热器内的被测棒孔内.

(3) 将光杠杆放在仪器的平台上,后足尖端放在金属棒的顶端上,两前足尖置于横槽中.

(4) 调好光杠杆及望远镜(具体调节方法见实验三),记录米尺的初读数 A_{m_1}. 注意勿使光杠杆和平面镜发生移动或转动.

(5) 将调压电位器放置零端,记下初温 t_1;接通电源,调节电位器旋钮,使指示灯发出微弱的光亮.

(6) 观察温度计的温度变化以及望远镜中的读数,每当温度变化 10 ℃左右时,记录目镜中刻划板上同一水平线与米尺上的刻度重合的读数,记录 5 组数据于表 2.5.1 中.

(7) 停止加热,用卷尺测出米尺到平面镜镜面之间的距离 D,取下光杠杆及温度计.

(8) 将光杠杆在白纸上轻轻压出 3 个足尖痕,用游标卡尺测出其后足尖到两个前足尖连线的垂直距离 Z.

实验数据记录

室内温度 t_1=________℃.

表 2.5.1　线胀系数的测量数据

实验次数	L_1/cm	D/cm	Z/cm	温度计读数 t_i/℃	米尺读数 A_{m_i}/cm
1					
2					
3					
4					
5					

数据处理与分析

1. 由式(2.5.9)计算线胀系数 α_i 的值(注意单位统一).
2. 求出平均值 $\bar{\alpha}$.
3. 与实验室给出的公认值比较,求出百分偏差.

注意事项

1. 实验是在温度连续变化过程中进行的,读数要快而准.
2. 观察温度计读数时,可将温度计提起,看完后及时放回,否则温度会发生变化.
3. 实验时仪器应可靠接地,小心触电.
4. 调压旋钮顺时针方向为增大.
5. 温度计应轻拿轻放,小心碰坏,以防汞污染.
6. 整个实验过程要避免震动,否则望远镜中的读数会发生改变从而引起误差.

思考题

1. 本实验的误差来源主要有哪些?
2. 被测金属的端面及下支撑面若不平整对实验结果会造成怎样的影响?
3. 如果实验中加热时间过长,使仪器支架受热膨胀,将对实验结果产生什么影响?
4. 根据实验室条件,你还能设计一种测量 ΔL 的方案吗?

实验六　用直流单臂电桥测电阻

电桥电路是利用比较法进行电磁测量的一种基本方式，可以用来测量电阻、电容、电感、温度、压力以及频率等物理量．由于它具有测量准确、方法巧妙、使用方便等优点，因而被广泛应用于工业生产及自动化控制系统中．电桥按用途可分为平衡电桥和非平衡电桥，按使用的电源又可分为直流电桥和交流电桥．直流电桥用来测量电阻以及与电阻有关的物理量，交流电桥主要用来测量电容、电感等物理量．按线路结构直流电桥又分为单臂电桥（又称惠斯通电桥）和双臂电桥（又称开尔文电桥），分别用于测量中值电阻（$10\sim10^6\ \Omega$）和低值电阻（$10^{-5}\sim10\ \Omega$）．本实验将利用直流单臂电桥（惠斯通电桥）测量中值电阻．

实验目的

1．了解直流单臂电桥的结构和特点．

2．学会用单臂电桥测电阻的原理和方法．

3．掌握电桥灵敏度的概念及其测量方法．

预习题

1．电桥由哪几部分组成？电桥平衡的条件是什么？

2．图 2.6.1 中，若将对角线 AC 与对角线 BD 间的接线对换，能否测出 R_x？试写出计算公式．

3．要提高直流单臂电桥的灵敏度，主要有哪几种方法？

4．怎样消除比例臂误差的影响？

实验原理

1．单臂电桥测电阻的原理

直流单臂电桥由英国发明家克里斯蒂在 1833 年发明的，但是由于物理学家惠斯通第一个把它用来测量电阻，因此人们习惯上把这种电桥又称为惠斯通电桥．直流单臂电桥由 4 个电阻、电源和检流计 3 部分组成，其结构线路如图2.6.1所示，标准电阻 R_1，R_2，R_3 和待测电阻 R_x 连接成一个四边形，每一条边称为电桥的一个臂．在对角 A 和 C 之间接电源 E，在对角 B 和 D 之间接检流计 G．当闭合开关 K_E 和 K_G 后，检流计支路起了沟通 ABC 和 ADC 两条支路的作用，好比一座“桥”，故称为电桥．适当调节 R_1，R_2 和 R_3 的大小，使 B，D 两点的电势相等，则流过检流计的电流为零（$I_G=0$），这时电桥处于平衡状态，于是 A，B 之间的电势差等于 A，D 之间的电势差，B，C 之间的

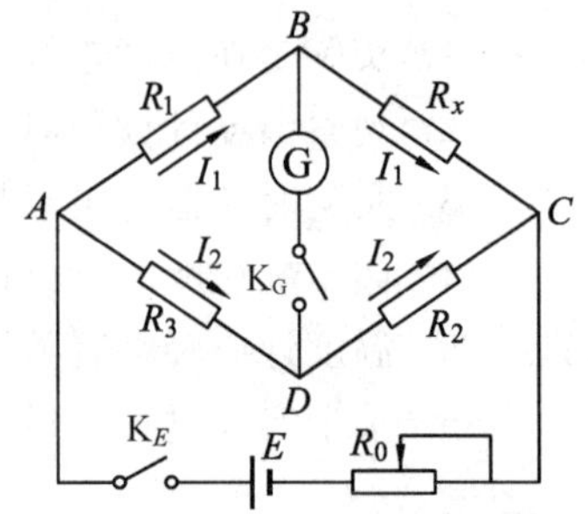

图 2.6.1　直流单臂电桥线路图

电势差等于 D,C 之间的电势差. 设 ABC 支路和 ADC 支路中的电流分别为 I_1 和 I_2，由欧姆定律得

$$I_1R_1=I_2R_3,$$
$$I_1R_x=I_2R_2, \tag{2.6.1}$$

两式相除得

$$\frac{R_x}{R_1}=\frac{R_2}{R_3}. \tag{2.6.2}$$

式(2.6.2)称为电桥的平衡条件，也可写成 $R_xR_3=R_1R_2$，即相对两个桥臂的电阻乘积相等.

式(2.6.2)变形得

$$R_x=\frac{R_2}{R_3}R_1, \tag{2.6.3}$$

通常称 $\frac{R_2}{R_3}$ 为比率臂(或倍率)，称 R_1 为比较臂.

2. 电桥的灵敏度

(1) 电桥灵敏度的定义

在电桥测量过程中，当检流计无偏转时，并不能认为通过检流计的电流 I_G 绝对为零，只是电流很小，无法检测出来. 为了定量描述由于检流计灵敏度的限制给电桥测量带来的误差，现引入电桥灵敏度 S 的定义

$$S=\frac{\Delta n}{\Delta R_1/R_1}, \tag{2.6.4}$$

式(2.6.4)中，ΔR_1 是比较臂电阻 R_1 在电桥平衡后的一个微小改变量，Δn 是由于电桥偏离平衡而引起的检流计的偏转格数. 电桥灵敏度的单位是“格”，它关系到测量结果的精确度，电桥的灵敏度越高，给测量结果带来的误差就越小.

可以证明：相同条件下，改变任何一个桥臂，电桥的灵敏度都是相同的，即

$$S=\frac{\Delta n}{\Delta R_1/R_1}=\frac{\Delta n}{\Delta R_2/R_2}=\frac{\Delta n}{\Delta R_3/R_3}=\frac{\Delta n}{\Delta R_x/R_x}. \tag{2.6.5}$$

(2) 影响电桥灵敏度的因素

因为检流计在桥路中作为指零仪器，故检流计的灵敏度对电桥的灵敏度有一定的影响. 由灵敏度定义，设电源电压为 E，检流计的内阻为 R_G，检流计的电流灵敏度为 S_i，不难导出电桥灵敏度为

$$S=\frac{S_iE}{(R_1+R_2+R_3+R_x)+R_G\left(2+\frac{R_1}{R_x}+\frac{R_2}{R_3}\right)}, \tag{2.6.6}$$

式(2.6.6)中，检流计电流灵敏度 $S_i=\frac{\Delta n}{\Delta I_G}$，$\Delta I_G$ 是电桥偏离平衡时检流计支路的电流. 由此得出结论如下：

① 电桥灵敏度与所用电源电压 E 以及检流计的电流灵敏度 S_i 成正比.

② 所用检流计(示零仪器)内阻 R_G 越小，电桥灵敏度越高，但不成比例变化.

③ 电桥灵敏度随着电桥 4 个桥臂上的电阻增大而减小，随着 $\left(\frac{R_1}{R_x}+\frac{R_2}{R_3}\right)$ 的增大也减

小.臂上的电阻值选得过大会降低电桥的灵敏度,臂上的电阻值相差太大也会降低其灵敏度.

④ 同一电桥测量不同电阻,或用不同倍率臂测量同一个电阻,电桥灵敏度不一样.选择适当的桥臂倍率,可以提高电桥的灵敏度.

实验仪器

直流稳压电源,滑线变阻器(0～100 Ω 或 0～200 Ω),旋转式电阻箱(3 个),待测电阻(阻值差异较大的 3 个),检流计,万用表,开关和导线若干.

实验内容

1. 用自组装的单臂电桥测电阻

(1) 熟悉检流计、电阻箱的使用方法.

(2) 用万用表粗测 3 个待测电阻的阻值,记录在表 2.6.1 中.

(3) 将 R_1 的残余电阻 R'(即电阻箱示值为零时的电阻,见实验二实验仪器中的电阻箱)记录在表 2.6.2 中.

(4) 按图 2.6.1 所示将电阻箱、检流计、直流稳压电源、待测电阻等组装成单臂电桥电路.R_0取最大值,电源电压取 3 V,开关 K_E 和 K_G 处于打开状态.

(5) 根据待测电阻 R_x 的粗测值,选取适当倍率(R_3 可固定为 500 Ω,R_2 根据倍率确定大小).根据倍率和 R_x 的粗测值将 R_1 调至适当值.

(6) 闭合开关 K_E 和 K_G,判断检流计指针的偏转方向与 R_1 取值偏大或偏小的对应关系:

① 将 R_1 取到最大,快速接通检流计,立即松开.观察检流计指针的偏转方向,记住当 R_1 取最大值时,检流计指针的偏转方向;

② 将 R_1 的阻值取零(最小值),快速接通检流计,立即松开.观察检流计指针的偏转方向,记住当 R_1 取最小值时,检流计指针的偏转方向.

若两次检流计的偏转方向相反,说明电路连接正确,可以进行实验,否则重新连接电路.

(7) 调节电桥平衡:

① R_0取最大值,根据检流计指针的偏转方向调节 R_1 的大小,直至检流计指针不偏转;

② 将 R_0减到零,调节 R_1 的大小,直到检流计无偏转.将 R_1 的值记录在表 2.6.1 中.

(8) 将 R_1,R_x 交换位置,再根据步骤(4)～(6)进行调节,在数据记录表 2.6.1 中记下最终的 R_1'值.

2. 测量电桥的灵敏度(选做)

以下实验内容在上述每个待测电阻测量的同时进行.

(1) 调节 R_1 使电桥平衡后,再微调 R_1 的大小使检流计指针偏转约 5 小格,记下 ΔR_1 以及相应的偏转格数 Δn_1.

(2) 交换 R_1,R_x 的位置,电桥平衡后再微调 R_1'的大小使检流计指针偏转约 5 小格,

记下 $\Delta R_1'$ 以及相应的偏转格数 $\Delta n_1'$.

实验数据记录

表 2.6.1 单臂电桥测电阻数据记录表

R_x 粗测值/Ω	$\frac{R_2}{R_3}$	交换前			交换后		
		R_1/Ω	ΔR_1/Ω	Δn_1/格	R_1'/Ω	$\Delta R_1'$/Ω	$\Delta n_1'$/格

表 2.6.2 电阻箱的仪器误差限

单位:Ω

α_i	×10 000 挡	×1 000 挡	×100 挡	×10 挡	×1 挡	×0.1 挡	R'
$\Delta_{仪,R_1}$							
$\Delta_{仪,R_1'}$							

注:α_i 为电阻箱各示值盘的准确度等级(见实验二实验仪器中的电阻箱).

数据处理与分析

写出计算过程.

1. 分别由下述公式计算 3 个被测电阻的阻值及百分误差.

$R_x=\sqrt{R_1R_1'}=$

计算不确定度:

$U_{仪,R_1}=\Delta_{仪,R_1}=\sum(\alpha_i\%\cdot R_i)+R'=$

$U_{仪,R_1'}=\Delta_{仪,R_1'}=\sum(\alpha_i\%\cdot R_i)+R'=$

$$U_{R_x}=R_x\cdot\sqrt{\left(\frac{1}{2}\cdot\frac{U_{仪,R_1}}{R_1}\right)^2+\left(\frac{1}{2}\cdot\frac{U_{仪,R_1'}}{R_1'}\right)^2}=$$

$R=R_x\pm U_{R_x}=$

$E_r=\frac{U_{R_x}}{R_x}\times100\%=$

2. 计算电桥灵敏度.

$S=\frac{\Delta n}{\Delta R_1/R_1}=$

$S'=\frac{\Delta n'}{\Delta R_1'/R_1'}=$

注意事项

1. 检流计接通只能采取“即按即松”的方法，不能长按不松，否则会烧坏检流计.

2. 通过电阻箱的电流不能大于额定电流.实验前，仔细阅读电阻箱上的铭牌，注意电阻箱的额定电流.

3. 在使用电阻箱时，要特别注意防止电阻箱发生突变(即转盘从 9 到 0)，若不注意，可能会损坏其他仪表.

思考题

1. 若待测电阻 R_x 的一个接头接触不良，电桥能否调至平衡?

2. 用电桥测电阻时，若比率臂的比率选择不好，对测量结果有何影响?

3. 改变电源极性对测量结果有何影响?

4. 如果按图 2.6.1 所示连成电路，接通电源后，检流计指针始终向一边偏转或不偏转，试分析这两种情况产生的原因.

实验七　模拟法描绘静电场

静电场分布是由静电荷的分布决定的.带电体在空间形成的静电场,若情况比较简单,可通过理论计算得到其电场分布,但大多数情况无法求出电场分布的解析解.这时,通常可以采用实验的方法来确定其静电场分布.因为静电场和稳恒电流场具有相同形式的数学方程,所以也具有相同形式的解,即电流场分布与静电场分布完全相似.因此,可以采用模拟法来描绘静电场,即用稳恒电流场模拟描绘静电场.用模拟实验方法研究静电场分布,在电缆、电子管、示波管、显像管和电子显微镜等电子束器件的设计和研究中,具有广泛的实用意义.

实验目的

1. 掌握模拟法描绘静电场的原理和方法.
2. 加深对电场强度和电势概念的理解.

预习题

1. 用稳恒电流场模拟静电场的理论依据是什么?
2. 等势线与电场线之间有何关系?电场线始于何处?止于何处?
3. 如果电源电压增加一倍,等势线和电场线的形状是否发生变化?电场强度和电势分布是否发生变化?为什么?

实验原理

1. 模拟原理

静止电荷在其周围空间激发的电场称为静电场,对静电场分布的描述可以用电场强度矢量 $\boldsymbol{E}$ 和电势 U 来描述,也可以形象地用电场线和等势线(等势面)来描述.由于电场线与等势线(等势面)存在永远正交的关系,只要能够设法描绘出电场中的等势线(等势面)分布,就可以方便地描绘出电场线的分布图.由于标量在计算和测量方面比矢量要简单得多,因此可先描绘出电势的分布,再根据电场线和等势面处处正交的关系描绘出电场强度矢量的分布.

为了克服直接测量静电场的困难,将带电体放到电介质里,维持带电体之间的电势差(电压)不变,介质内便会有恒定不变的电流,这样就可以直接用电压表测量介质中各点的电势值(相对于另一电极的电压),再根据电势变化的最大方向(电势梯度)计算出电场强度.理论和实践证明,导电介质中恒定电流建立的电场(稳恒电流场)与静电场的规律完全相似,故可用稳恒电流场模拟静电场.

尽管静电场和稳恒电流场是两种不同的场,前者是静止电荷产生的,后者是运动电荷产生的,但都可以用电势和场强进行描述,且有 $\boldsymbol{E}=-\mathbf{grad}U$.

在无源区,静电场服从

$$\oiint_{s} \boldsymbol{E} \cdot \mathrm{d}\boldsymbol{S} = 0, \quad \oint_{l} \boldsymbol{E} \cdot \mathrm{d}\boldsymbol{l} = 0; \tag{2.7.1}$$

稳恒电流场服从类似规律,

$$\oiint_{s} \boldsymbol{J} \cdot \mathrm{d}\boldsymbol{S} = 0, \quad \oint_{l} \boldsymbol{J} \cdot \mathrm{d}\boldsymbol{l} = 0. \tag{2.7.2}$$

由此可见,$\boldsymbol{E}$ 和 $\boldsymbol{J}$ 在各自区域中满足相同的数学规律.若稳恒电流场分布的空间内均匀地充满了电导率为 σ 的不良导体,则不良导体内的电场强度矢量 $\boldsymbol{E}'$ 和电流密度矢量 $\boldsymbol{J}$ 有关,遵守欧姆定律

$$\boldsymbol{J}=\sigma\boldsymbol{E}'. \tag{2.7.3}$$

静电场的电力线与等势线和稳恒电流场的电流线与等势线具有相似的分布,因此测绘稳恒电流场的电势分布,也就得到了静电场的电势分布.

2. 模拟实例

一对无限长的均匀带电共轴的圆柱体和圆筒,带等量异号电荷,其间形成一个静电场,圆柱体 A 的半径为 r_A,圆筒 B 的内半径为 $r_B(r_A<r_B)$,如图 2.7.1 所示.设 B 接地即 $U_B=0$,圆柱体 A 相对圆筒 B 的电势为 U_A,利用高斯定理及电势和场强的积分关系,可求得静电场中任一点 P 离轴线距离为 $r(r_A<r<r_B)$的电势为

$$U_P=U_{AB}\frac{\ln\dfrac{r_B}{r}}{\ln\dfrac{r_B}{r_A}}. \tag{2.7.4}$$

由式(2.7.4)可知,等势面为许多同轴圆柱面,只要求出任一同轴圆柱面的电势分布就能得到整个场的电势分布,从而可得整个电场分布.

接下来用一稳恒电流场模拟这一静电场.设有一同轴电缆,芯线(电极)A 和共轴的金属圆柱面 B 之间的空间充以均匀的电介质,A,B 接稳压电源,A 接正,B 接负,使得 A,B 间的电压 U_{AB}大小等于上述静电场中 U_A 的值,即 $U_{AB}=U_A$,这就在 A,B 间建立了一个稳恒电流场,如图 2.7.2 所示.

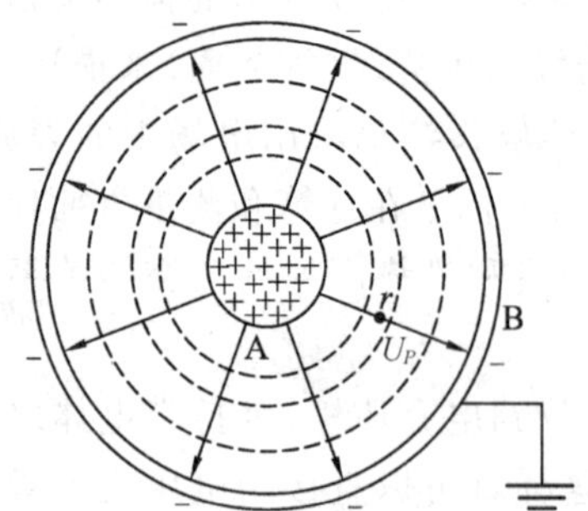

图 2.7.1 共轴带电圆柱体柱面间的电场分布

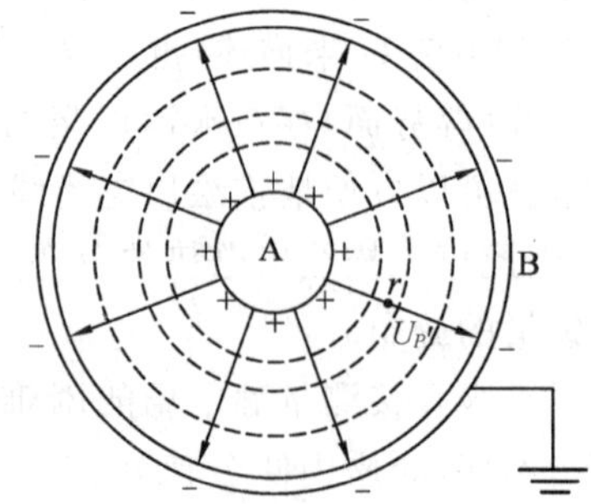

图 2.7.2 同轴电缆柱面间的电场分布

利用欧姆定律可以证明,芯线(电极)A 和共轴的金属圆柱面 B 之间的空间中,任一点距轴线距离为 $r(r_A<r<r_B)$的 P'点的电势为

$$U'_P = U_{AB}\frac{\ln\frac{r_B}{r}}{\ln\frac{r_B}{r_A}}, \tag{2.7.5}$$

故
$$U'_P = U_P.$$

由此得出模拟场和静电场的电势分布完全相同，从而求出电场强度分布

$$E'_P = -\frac{dU'_P}{dr} = \frac{U_{AB}}{\ln\frac{r_B}{r_A}}\cdot\frac{1}{r}. \tag{2.7.6}$$

3. 模拟条件

使用模拟法有一定的条件和范围，不能随意推广，否则将会得到荒谬的结论. 用稳恒电流场模拟静电场的条件可以归纳为下列 3 点：

(1) 稳恒电流场中的电极形状应与被模拟的静电场中的带电体几何形状相同.

(2) 稳恒电流场中的导电介质应是不良导体且电导率分布均匀，并满足 $\sigma_{电极} \gg \sigma_{电介质}$，才能保证电流场中的电极(良导体)的表面近似是一个等势面. 本实验使用的导电介质是水或石墨导电纸.

(3) 模拟所用电极系统与被模拟电极系统的边界条件相同.

实验仪器

双层式结构静电场描绘仪(介质为水或石墨导电纸)，静电场描绘电源，模拟电极，游标卡尺.

实验装置主要由两部分组成：模拟电极和电源及测绘系统. 本实验使用的是 CE-N 型静电场描绘仪，其测绘系统由同步上下探针组成，如图 2.7.3 左部所示. 描绘仪分上下两层，将坐标纸放入上层面板的夹板下，将电极放入下层中. 如果用导电纸作为电介质，电极已直接固定在导电纸上，只需将电极引线接到外接线柱上；如果用水作电介质，在电极水槽中放入适量的水，水须淹没电极，再将电极的接线端接到电源接线柱上，然后接通电源形成模拟场. 下探针可在模拟场中探测到不同点的电势，两探针由两根等长的金属片固定在探针座上，它们始终保持同步，当下探针探测出电场的等势点时，轻按上探针，扎孔为记，可在坐标纸上同步描绘出相应的等势点. 静电场描绘仪电源面板如图 2.7.3 右部所示，它可以提供 0～15 V 连续可调直流稳压源.

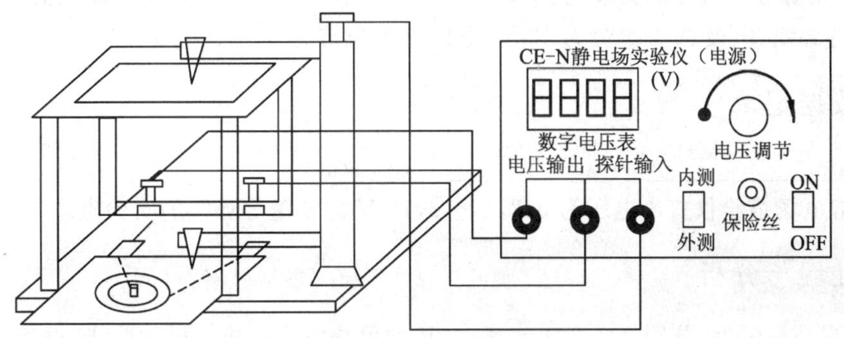

图 2.7.3　实验装置图

实验内容

1. 适用于介质为水的静电场描绘仪

(1) 按图 2.7.3 所示连接电路，将坐标纸铺平，并在测绘仪上层装好. 给电极槽灌水，使水刚淹没电极(注意不能有气泡)，然后将其放入描绘仪下层. 调节探针位置，使下探针与水接触良好，上探针与坐标纸相距 1～2 mm.

(2) 将内、外测换向开关打向内测，接通电源，调节电压调节旋钮，使输出电压为 10 V.

(3) 将内、外测换向开关拨向外测边，移动同步探针，找出电压为 10 V 的等势点，并在坐标纸上打孔，点与点的间距均匀，且在 1 cm 左右.

(4) 分别找出电压为 0,2,4,6,8 V 的描绘点. 以每条等势线上的点到原点的平均距离 $\bar{r}$ 为半径画出等势线的同心圆簇.

(5) 用游标卡尺测量圆柱电极的外半径 r_A 和圆筒电极的内半径 r_B.

2. 适用于介质为导电纸的静电场描绘仪

描绘同轴电缆的静电场分布：

(1) 按图 2.7.4 接好电路，在测试仪上层装好坐标纸. 调节探针位置，使下探针与石墨导电纸接触良好，上探针与坐标纸相距 1～2 mm.

(2) 接通电源，调节稳压电源的输出电压，使电极 A 的电势为 10 V(设电极 B 的电势为零).

(3) 滑动滑线变阻器，使电压表 V_2 读数为 2 V，移动探针位置，使检流计 G 指针为零，则该点的电势为2 V，用上探针扎孔为记，再找出另外 7 个电势为 2 V 的点(8 个点在同一等势线上均匀分布).

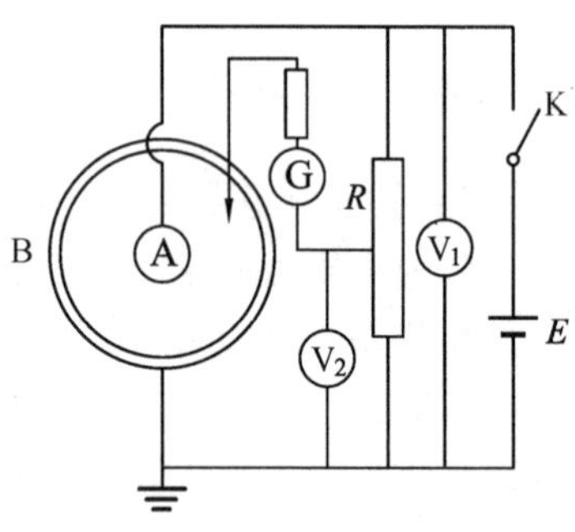

图 2.7.4 实验仪器接线图

(4) 测绘等势线簇，要求相邻两等势线间的电势差为 2 V，共测 4 条等势线，以每条等势线到原点的平均距离 $\bar{r}$ 为半径画出等势线的同心圆簇.

(5) 用游标卡尺分别测量电极 A 和电极 B 的半径 r_A 和 r_B，并在坐标纸上画出 r_A 和 r_B 处的等势线(电极 A 处电势为 10 V，电极 B 处电势为 0 V).

实验数据记录

U_{AB}=____________，r_A=____________，r_B=__________.

用静电场描绘仪打出电压为 0,2,4,6,8,10 V 的 6 条等势线的实验点.

数据处理与分析

1. 在坐标纸上，分别将 0,2,4,6,8,10 V 的等势点连接成光滑的曲线，每条曲线上标上对应的电压值.

2. 根据等势线与电场线的关系，在垂直等势线方向上画出对称的 8 条电场线分布.

3. 用米尺测每条等势线的半径 r.

① 在每条等势线上的不同位置，测 5 个半径值，取其平均值 $\overline{r}_i$；

② 将测得的半径值 $\overline{r}_i$ 和对应的电压值，填入表 2.7.1 中；

③ 计算 $\ln\frac{r_B}{\overline{r}_i}$ 值，填入表 2.7.1 中；

④ 以 $\ln\frac{r_B}{\overline{r}_i}$ 为横坐标，以 U'_P 为纵坐标画出一条 U'_P-$\ln\frac{r_B}{\overline{r}_i}$ 曲线，与式(2.7.5)比较得出结论.

表 2.7.1　等势线的半径、电压数据记录表

U'_P/V						
$\overline{r}_i$/cm						
$\ln\frac{r_B}{\overline{r}_i}$						

注意事项

1. 使用的电介质是水时，应注意：

① 水槽由有机玻璃制成，切勿损坏；如果使用时摔裂，可将氯仿 $CHCl_3$ 滴到开裂处.

② 电极与铜导线保持良好接触，实验完后，将水槽中的自来水倒净晾干.

2. 使用的电介质是石墨导电纸时，应注意：

① 电极与石墨导电纸保持良好接触.

② 测量时应使下探针与导电纸接触良好，上探针与坐标纸相距 1～2 mm.

思考题

1. 在描绘同轴电缆的等势线簇时，如何正确确定圆形等势线簇的圆心？如何正确描绘圆形等势线？

2. 等势线的疏密说明什么问题？

3. 怎样由测得的等势线描绘电场线？电场线的疏密和方向如何确定？将极间电压的正负极交换一下，实验得到的等势线会有变化吗？

4. 为什么水中不能有气泡？

5. 电势测量时能否使用内阻小的电压表？

实验八　薄透镜焦距的测定

透镜是光学仪器中最基本的元件，而焦距是反映透镜特性的基本参数，透镜的成像位置及性质(大小、虚实、倒立)均与焦距有关，因此焦距在研究光的传播、成像规律及光学仪器的设计和使用中具有重要的意义. 在实际工作中，由于使用目的和条件的不同，需要选择不同焦距的透镜或透镜组. 为了能正确选用透镜，必须学会测定透镜的焦距. 常用的测定方法有平面镜法(自准法)、物距像距法，对于凸透镜还可以用二次成像法(又称共轭法或贝塞尔法)测定. 应用这些方法测定透镜的焦距，只需要测定透镜本身的位移，方法简便，测量准确度较高.

实验目的

1. 加深理解物像公式及薄透镜成像规律，观察透镜成像的像差.
2. 掌握光学系统共轴的调节方法.
3. 学会薄透镜(凸、凹透镜)焦距测量的几种方法.

预习题

1. 已知一凸透镜的焦距为 f，要用此透镜成一物体放大的像，物体应放在离透镜中心多远的地方？成缩小的像时，物体又应放在多远的地方？

2. 实验中为什么用白屏作为接收屏？能否用黑屏、平面镜、透明平玻璃？为什么？

3. 利用凸透镜二次成像法测焦距时，要求保持物屏与像屏的相对位置不变，并使其间距 L 大于 4 倍焦距，则 $f'=\frac{L^2-d^2}{4L}$，其中 d 为透镜两次成像时位置间的距离的绝对值. 尝试说明为何要求 $L>4f'$？

4. 用辅助透镜成像测凹透镜焦距时，加入凹透镜后，一定有实像 A″吗？为什么？

实验原理

透镜分为两类：一类是凸透镜(或称会聚透镜、正透镜)，对光线起会聚作用，焦距越短，会聚本领越强；另一类是凹透镜(或称发散透镜、负透镜)，对光线起发散作用，焦距越短，发散本领越强.

如图 2.8.1 所示，在近轴光线的条件下，透镜置于空气中，透镜成像的高斯公式为

$$\frac{1}{s'}-\frac{1}{s}=\frac{1}{f'}, \tag{2.8.1}$$

即

$$f'=\frac{ss'}{s-s'}, \tag{2.8.2}$$

式(2.8.2)中，f'，s，s' 分别是焦点、物、像到薄透镜中心(光心)的距离.

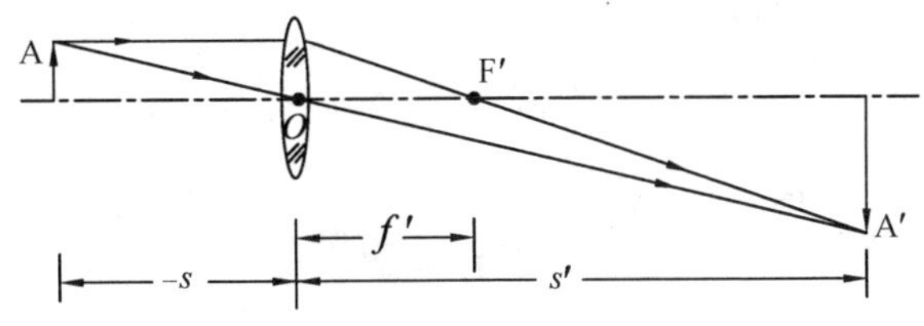

图 2.8.1 凸透镜成像原理

设光线从左射向右，光心为原点，对于式(2.8.1)中各物理量的符号，有以下规定.

① 距离的正负：从光心量起，与光的传播方向一致的为正，反之为负.

② 角度的正负：从光轴或法线开始，顺时针为正，逆时针为负.

③ 图中的线段、角度$\left(\text{取小于}\frac{\pi}{2}\text{的角度}\right)$均标为正值.

1. 凸透镜焦距的测量方法

(1) 物距像距法测焦距

如图 2.8.1 所示，把光源、物屏、凸透镜和像屏摆放在光具座上. 当实物经凸透镜成实像于像屏上时，由式(2.8.1)或(2.8.2)，便可求出透镜的焦距.

(2) 二次成像法求焦距

这种方法使用的元件与物距像距法相同. 其特点是物与像屏之间的距离 L 保持一定值，条件是 $L>4f'$. 通过移动透镜，可在像屏上得到两次清晰的实像，一个是放大的实像，一个是缩小的实像. 当透镜位于图 2.8.2 中位置Ⅰ时，在像屏上成倒立放大的实像 A′；当透镜位于图2.8.2中位置Ⅱ时，在像屏上成倒立缩小的实像 A″. 设透镜两次成像所移动距离的绝对值为 d.

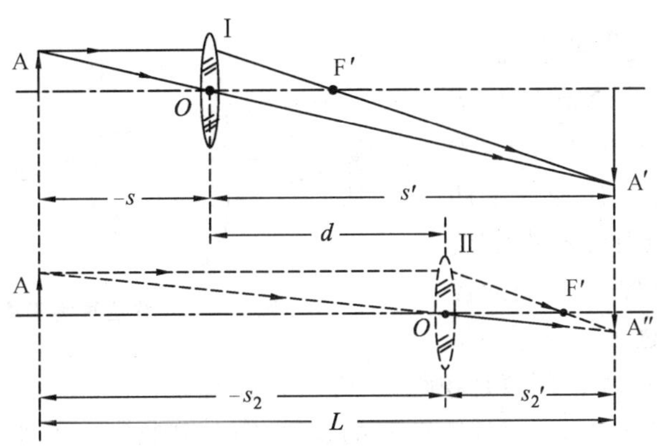

图 2.8.2 二次成像法原理

对于图 2.8.2 中位置Ⅰ，物距和像距分别为

$$s=-(L-d-s_2'),\quad s'=d+s_2', \tag{2.8.3}$$

由式(2.8.2)得，物距、像距和焦距满足的关系为

$$f'=\frac{(L-d-s_2')(d+s_2')}{L}; \tag{2.8.4}$$

对于图 2.8.2 中位置Ⅱ，物距为

$$s_2=-(L-s_2'), \tag{2.8.5}$$

将式(2.8.5)代入式(2.8.2)得

$$f'=\frac{(L-s_2')s_2'}{L}, \tag{2.8.6}$$

由式(2.8.4)和式(2.8.6)得

$$f'=\frac{L^2-d^2}{4L}. \tag{2.8.7}$$

式(2.8.7)表明，只要测出 d 和 L，就可以计算出 f' 的值. 用这种方法求出的焦距在理论上是比较准确的. 因为它可以不考虑透镜本身的厚度，避免了利用物像公式计算焦距时，透镜本身的厚度所引入的误差，同时因不需测量物距和像距，避免了测量物距和像距时，以透镜中心为基准，而不以主点为基准所引入的误差.

(3) 利用自准直成像法测焦距(选做)

首先，把物屏和透镜放在光具座上并尽量靠拢，使物屏上物的中心与透镜中心等高共轴. 然后把透镜放在物屏的前面，在透镜后面放一只与透镜光轴垂直的平面反射镜，把通过透镜的光按原路反射回去. 仔细调节透镜与物屏的距离，直到物屏上得到清晰的像为止，这时物屏与透镜之间的距离即为透镜的焦距. 用此方法测焦距最简便，光学实验中经常用此方法调平行光，平行光管等精密仪器调平行光也是用此方法.

2. 凹透镜焦距的测量方法

由于凹透镜的焦点是虚焦点，物像在同侧，即实物成虚像，故它的焦距是无法直接测量的. 但是可以借助一凸透镜作辅助透镜，只要所用的凸透镜的焦距满足条件

$$|f'_{凹}|>|f'_{凸}|. \tag{2.8.8}$$

这样，由凹透镜和凸透镜叠合组成的透镜组具有正透镜的性质. 下面介绍物距像距法求凹透镜焦距的方法.

如果透镜组中仅有凸透镜，由物屏 A 发出的光经凸透镜 L_0 后应成像于 A′处，如图 2.8.3 所示；若在凸透镜 L_0 和像屏之间加一个凹透镜 L，由于凹透镜对光有发散的作用，结果使原本成像于 A′处的像移至 A″处. 对于凹透镜 L 来说，A′是物，A″是像，则 L 到 A′的距离是物距，L 到 A″的距离是像距. 分别测出 L 到 A′和 L 到 A″的距离，根据式(2.8.2)，即可计算出 L 的焦距 f'(注意物距 s、像距 s' 的符号).

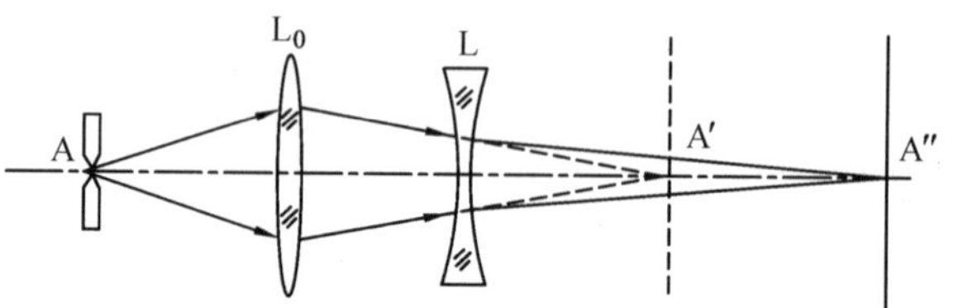

图 2.8.3 叠合透镜组成像原理

3. 光学元件的共轴调节

共轴就是要使光具座上各种元件的中心连线与光具座的基线平行，物体发出的光束满足近轴条件. 由于物像公式中的物距、像距和焦距均指光学系统在光轴上的距离. 只有当光学系统的光轴与光具座基线平行时，光具座刻度尺上的读数才与光学系统光轴上的距离一致，否则就会引入系统误差.

光学系统的共轴调节分粗调和细调两步进行.

(1) 粗调

① 调节光具座底座螺钉，使光具座水平.

② 把物屏、透镜、像屏等元件放在光具座上，并将它们尽量靠拢，目视各元件的中心大致在一条直线上，即等高.

③ 调节物屏、透镜、像屏相互平行，并与光具座垂直.

(2) 细调

利用透镜二次成像法来判断是否共轴，并进一步调节. 当物屏与像屏距离大于 $4f$ 时，沿光轴移动凸透镜，将会成两次大小不同的实像. 若物的中心 P 偏离透镜的光轴，则所成的大像和小像的中心 P′和 P″将不重合，但小像比大像更靠近光轴，如图2.8.4所示.

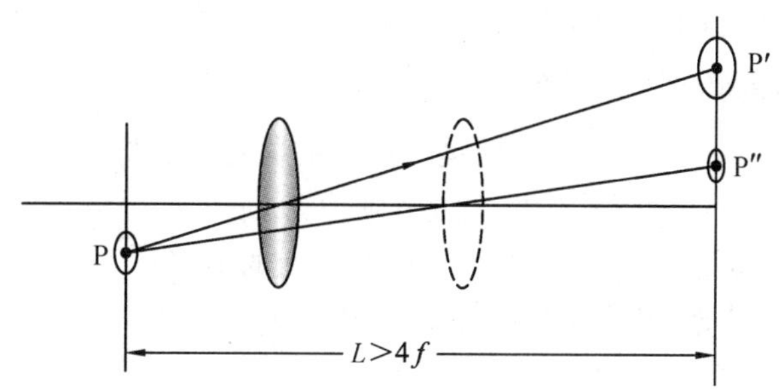

图 2.8.4 利用成像规律调节光学系统共轴

就垂直方向而言，如果大像中心 P′高于小像中心 P″，说明此时透镜位置偏高(或物偏低)，这时应将透镜降低(或将物升高). 反之，如果 P′低于 P″，则应将透镜升高(或将物降低). 调节时，以小像的中心位置为参考，调节透镜(或物)的高低，逐步逼近光轴位置. 当大像中心 P′与小像中心 P″重合时，系统即处于共轴状态.

当有两个透镜需要调整(如测凹透镜焦距)时，必须逐个进行上述调整，即先将一个透镜(凸)调好，记住像中心在屏上的位置，然后加上另一透镜(凹)，再次观察成像的情况，对后一个透镜的位置进行调整，直至像中心仍然保持在第一次成像时的中心位置上. 注意，已调至共轴等高状态的透镜，在后续的调整、测量中绝对不允许再变动.

实验仪器

光具座，光源，凸透镜，凹透镜，双面平面反射镜，物屏，白(像)屏.

实验内容

1. 测量凸透镜的焦距

(1) 粗测凸透镜的焦距

利用平行光测量凸透镜的焦距. 以台灯作为光源，并尽量远离透镜，使透镜面向远处的台灯，移动像屏直至得到一个清晰的像. 用米尺量出透镜中心至像屏的距离，即为透镜焦距的粗测值.

(2) 物距像距法测凸透镜的焦距

① 将物屏放在距透镜大于两倍焦距(以粗测值为准)处，在像屏上看到一个清晰的实像时，记下物屏、透镜和像屏的位置，求出物距、像距填入表 2.8.1 中.

② 当物距小于两倍焦距(以粗测值为准)且在像屏上看到一个清晰的实像时，记下物屏、透镜和像屏的位置，求出物距、像距填入表 2.8.1 中.

(3) 二次成像法测凸透镜焦距

将物屏、透镜及像屏按图 2.8.2 所示的位置摆放好，使物屏和像屏之间的距离大于透镜焦距粗测值的 4 倍($L>4f'$)，并保持不变，记下物屏和像屏的位置. 移动透镜，直至在像屏上看到一个放大的实像，将此时透镜的位置记录在表 2.8.2 中；再移动透镜直至在像屏上看到一个缩小的实像，将此时透镜的位置记录在表 2.8.2 中. 重复测量 3 次.

(4) 自准直成像法测凸透镜焦距(选做)

取下像屏，换上平面反射镜，并使平面镜与系统共轴，移动透镜，直至物屏上出现清晰且与物等大的像，将物屏及透镜位置记录在表 2.8.3 中. 重复测量 3 次.

2. 测量凹透镜的焦距(物距像距法)

(1) 如图 2.8.3 所示，将物屏、凸透镜及像屏的位置摆放好；

(2) 先用凸透镜 L_0 使物屏在像屏上成清晰像，记录像屏位置；

(3) 然后将凹透镜 L 置于凸透镜 L_0 与像屏之间的适当位置；

(4) 将像屏向外移动，当在像屏上重新得到清晰的像时，分别记录像屏和凹透镜 L 的位置，将数据填入表 2.8.4 中；

(5) 改变凹透镜的位置，重复测量 3 次.

实验数据记录

表 2.8.1　物距像距法测凸透镜焦距数据

	像的性质	物屏位置/cm	透镜位置/cm	像屏位置/cm	物距/cm	像距/cm
$s>2f'$						
$f'<s<2f'$						

表 2.8.2　二次成像法测凸透镜焦距数据

次数	物屏位置/cm	像屏位置/cm	成放大像透镜位置/cm	成缩小像透镜位置/cm	L/cm	d/cm
1						
2						
3						

表 2.8.3　自准直成像法测凸透镜焦距数据

次数	物屏位置/cm	透镜位置/cm
1		
2		
3		

表 2.8.4　物距与像距法测凹透镜焦距数据

次数	物屏位置 /cm	凸透镜位置 /cm	凸透镜成像的位置 /cm	凹透镜位置 /cm	凹透镜成像位置 /cm	物距 s /cm	像距 s' /cm
1							
2							
3							

数据处理与分析

1. 将表 2.8.1 中的数据代入式(2.8.2)中，分别求出 3 次凸透镜焦距的值 f'，求出平均值$\overline{f'}$.

2. 将表 2.8.2 中的数据代入式(2.8.7)中，分别求出 3 次凸透镜焦距的值 f'，求出平均值$\overline{f'}$.

3. 根据表 2.8.3 中记录的数据，用自准直成像法求出透镜焦距的测量值，求平均值$\overline{f'}$.

4. 将表 2.8.4 中的数据代入式(2.8.2)中，分别求出 3 次凹透镜焦距的测量值 f'，求平均值$\overline{f'}$.

注意事项

1. 光具座的标尺最小分度值为 1 mm，在读取数据时，还应估读一位.

2. 在实验中，光学仪器镜面注意防尘，不要用手或手帕等物品擦透镜，只能用擦镜纸或棉花擦拭.

3. 光学器件应轻拿轻放，装拆时注意不要打破透镜.

4. 在光学实验中，一般不直接使用发光物体或有三维分布的立体物为物，而以平面的有一定几何形状的开孔金属屏为物(或用分划板、平面网格).

5. 人眼对成像清晰度的分辨能力不是很强，因而像屏在一小范围 $\Delta s'$ 内移动时，人眼所见的像是同样清晰的，此范围为“景深”. 为了准确地找到像的最清晰位置，可采用左右逼近法. 先使像屏从左向右移动，到成像清晰为止，记下像屏位置，再自右向左移动像屏，像清晰时再记录像屏位置，取其平均值作为最清晰的像位.

思考题

1. 假设凸透镜的焦距大于光具座的长度，试设计一个实验，使得在光具座上能测定它的焦距.

2. 为什么要调节光学系统共轴？调节共轴有哪些要求？怎样调节？

3. “共轴等高”调节时，当两次成像后，放大的像中心在缩小的像中心的下面，如何进行调节？当两次成像后，放大的像中心在缩小的像中心上面，如何进行调节？

4. 在自准直成像法中，平面镜与透镜间的距离大小对实际测量有无影响？为什么？

5. 比较测凸透镜焦距所用的方法，哪一种方法最准确，误差最小？

6. 用辅助透镜测发散透镜焦距时，成像位置较难判断，实验中应如何克服这一困难？

实验九　液体表面张力系数的测定

液体表面层分子所处的环境与内部分子不同，使表面层有如紧张的弹性薄膜，具有尽量缩小其表面积的趋势，即存在表面张力. 表面张力能说明液态物质所特有的许多现象，如泡沫的形成、润湿和毛细现象等. 本实验通过对液体的表面张力的测定，了解液体表面性质相关的知识.

实验目的

1. 了解液体表面的性质，用拉脱法测定液体的表面张力系数.
2. 学习焦利氏秤的使用方法.
3. 学会用逐差法处理数据.

预习题

1. 如何装配及使用焦利氏秤?

实验原理

液体表面的厚度约为 10^{-9} m. 假设在液体表面层有一条分界线 MN，将液面分为 A，B 两部分. 这两部分表面层中的分子存在相互作用的引力 f_1 和 f_2，这两个力大小相等，方向相反，且垂直于分界线 MN，沿着液体表面分别作用在表面层相互接触部分. 这对力就称为液体的表面张力，它正比于表面层分界线的长度，即

$$f=\alpha l,$$

式中，比例系数 α 是表征表面张力特性的物理量，称为表面张力系数，数值上等于沿液体表面作用在单位长度上的力，单位为牛顿/米，记作 $\mathrm{N \cdot m^{-1}}$. 它是反映液体特性的一个重要的物理量，与液体的成分、纯度及温度等有关. 对于水而言，随着温度 t 的升高，α 值减小，符合线性规律

$$\alpha=(75.49-0.148t)\times 10^{-3}\ \mathrm{N \cdot m^{-1}}.$$

从医学上讲，正常体液的表面张力有着重要的生理作用，因此在临床中对 α 改变量的测试和分析有着实际的应用价值.

常用的测定液体表面张力系数的方法有拉脱法、毛细管升高法、液滴测量法和最大气泡压力法等. 其中，拉脱法是一种直接测量法，即直接测出液面绷在长度确定的边界上的表面张力，具体方法简述如下：将一个矩形金属框垂直悬吊浸于液体之中(如图 2.9.1 所示)，慢慢提起形成一张液膜(厚度约为 10^{-5} m). 如果提拉缓慢匀速，则方向向上的拉力 F，方向向下的金属框(片)的重力 mg

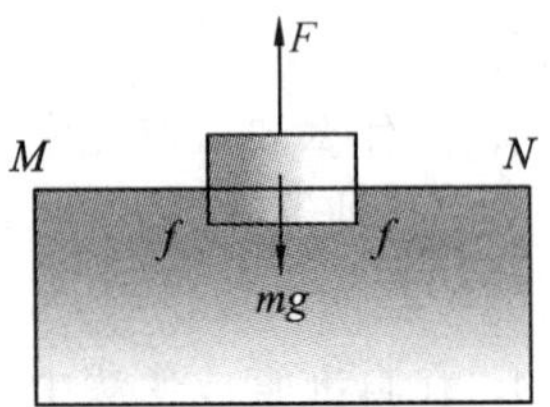

图 2.9.1　拉脱法测液体表现张力

以及液体的表面张力 f 处于平衡状态. 考虑到实际上有两个液面，有

$$F=2f\cos\theta+mg.$$

液膜在金属框提拉过程中，当提拉力 F 增大到一定程度时，$\theta=0$，金属框与液面脱离. 此时，由上式经过移项，得

$$f=\frac{1}{2}(F-mg). \tag{2.9.1}$$

只要用测力计测定出 F 和 mg，用游标卡尺测出液膜拉脱时的周边长（由图2.9.1可看出周边长为金属框长度），则表面张力系数为

$$\alpha=\frac{F-mg}{2l}. \tag{2.9.2}$$

实验仪器

焦利氏秤，金属框，游标卡尺，烧杯，温度计.

焦利氏秤是一个结构特殊的精细弹簧秤，如图 2.9.2 所示. 它的主要部件有中空立管 A 和带有米尺刻度的圆柱 B，调节旋钮 P 可以使 B 在 A 管内上下移动. A 管上附有游标 V，并装有刻着水平线 D 的玻璃管和可移动的平台 E. B 上端的横梁上挂一细弹簧 L，下端悬挂的小镜面上有一标线 C. 实验时，使玻璃管的刻线 D 及其在平面镜中的像 D′以及镜面标线三者重合，这样可保持标线 C 位置不变.

值得注意的是，普通弹簧秤是上端固定，加负载后向下伸长. 而焦利氏秤是控制弹簧的下端（C 线）位置不变，加负载后，向上拉伸，由米尺和游标确定其伸长量，根据胡克定律求其拉力，即

$$F=k\cdot\Delta x. \tag{2.9.3}$$

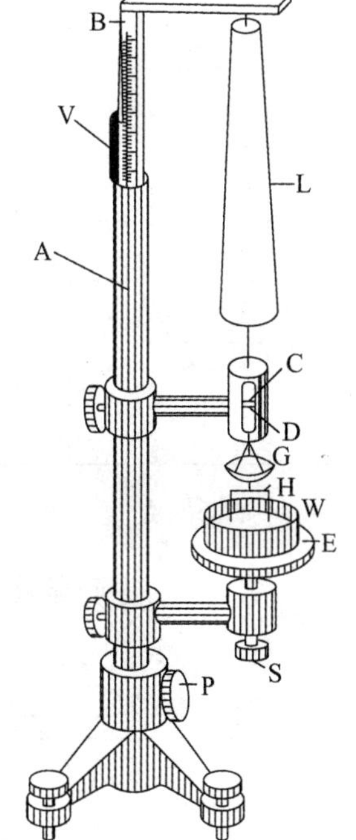

图 2.9.2　焦利氏秤

实验内容

1. 测量弹簧的劲度系数 k

(1) 挂好弹簧、小镜面和砝码盘，使小镜面穿过玻璃管并恰好在管中.

(2) 调节三足底座上的底脚螺丝，使立管 A 处于铅直状态.

(3) 调节升降旋钮 P，使玻璃管的刻线 D 及其在平面镜中的像 D′以及小镜面标线 C 三者重合，从游标上读出未加砝码的位置坐标 x_0.

(4) 在砝码盘内逐次添加相同的小砝码 Δm，每添加一只砝码都要调节升降旋钮 P，使焦利氏秤重新达到“三线对齐”，分别将其位置坐标 x_i 记入表 2.9.1 中.

(5) 用逐差法处理所测数据，求出弹簧的劲度系数的平均值 $\bar{k}$.

2. 测量水的表面张力系数 α

(1) 用清水洗涤烧杯，然后盛入少量待测液体（先测蒸馏水）荡涤 1～2 次后，装上适

量待测液体置于平台上.

(2) 用酒精把金属框擦净,用镊子将金属框挂在小镜下端的挂钩上.注意调节平台升降旋钮 S,使金属框的上底边和杯中液面平行并低于液面 2~3 mm.

(3) 调节升降旋钮 P,使焦利氏秤达到"三线对齐",从游标上读出初始位置坐标 x_0.

(4) 调节升降旋钮 P,使金属框缓缓上升,同时调节 S 使液面下降,整个过程保持三线合一,当液膜刚被拉脱时,记下游标所指的位置坐标 x.

(5) 重复上述步骤 5 次,求出弹簧的伸长量 $x-x_0$ 和平均伸长量 $\overline{x-x_0}$,则

$$\overline{F-mg}=\bar{k}\cdot\overline{x-x_0}.$$

(6) 用游标卡尺测量金属框的底边长 l,共测 5 次,用温度计测出水温 t,按式(2.9.2)计算出该温度下水的表面张力的平均值 $\bar{\alpha}$,并计算实验值的百分误差.

实验数据记录

1. 测量弹簧的劲度系数

表 2.9.1 测量弹簧的劲度系数数据记录表

i	$F_i/(10^{-2}\text{N})$	$x_i/(10^{-2}\text{m})$	$i+5$	$F_{i+5}/(10^{-2}\text{N})$	$x_{i+5}/(10^{-2}\text{m})$	$(x_{i+5}-x_i)$ /(10^{-2}m)	$\overline{x_{i+5}-x_i}$ /(10^{-2}m)
0			5				
1			6				
2			7				
3			8				
4			9				

弹簧的劲度系数 $\bar{k}=$________ $\text{N}\cdot\text{m}^{-1}$.

2. 拉脱法测量液体的表面张力

表 2.9.2 测量水的表面张力系数数据记录表

游标卡尺最大允差 Δ_{ins}______;温度 $t=$______℃.

次数	$x_0/(10^{-2}\text{m})$	$x/(10^{-2}\text{m})$	$(x-x_0)/(10^{-2}\text{m})$	$\overline{x-x_0}/(10^{-2}\text{m})$	$l/(10^{-2}\text{m})$	$\bar{l}/(10^{-2}\text{m})$
1						
2						
3						
4						
5						

数据处理与分析

弹簧的劲度系数 $\bar{k}=$______ $\text{N}\cdot\text{m}^{-1}$

水的表面张力系数 $\bar{\alpha}=$______ $\text{N}\cdot\text{m}^{-1}$

查表或由公式 $\alpha=(75.49-0.148t)\times10^{-3}\,\mathrm{N\cdot m^{-1}}$ 求得公认值为：

$\alpha_0=$______$\mathrm{N\cdot m^{-1}}$（温度 $t=$______℃）

百分误差 $E=\dfrac{|\alpha_0-\overline{\alpha}|}{\alpha_0}\times100\%=$______

注意事项

1. 注意保持焦利氏秤垂直于桌面，确保小镜面悬于玻璃管中央与四周无磨擦.

2. 拉液膜时，注意保持金属框底面水平，两手动作要轻缓、协调，不能在振动不定的情况下测量.

3. 弹簧、烧杯和温度计易损，砝码易丢失，应小心使用.

4. 注意容器清洁，保证待测液的纯度，否则将影响实验结果.

5. 焦利氏弹簧是精密元件，应轻拿轻放，不能任意拉动，防止损坏，避免水和其他物质粘于其上.

6. 测量金属框宽度时，应平放于纸上，防止变形.

思考题

1. 为什么在拉液膜的过程中要始终保持“三线合一”？

2. 测金属框的宽度 L 时，应测它的内宽还是外宽？为什么？

3. 若中空立管不垂直，对测量有什么影响？试作定量分析.（假定小镜面与玻璃管不接触）

实验十　光的等厚干涉——牛顿环

同一点光源所发出的光分成两束，经过不同的路(光)程后再相聚到一起，当光程差小于光源的相干长度时，就会产生干涉现象，它证实了光在传播过程中具有波动性. 薄膜干涉是很常见的干涉现象，通常分为平行平面膜产生的等倾干涉和非平行薄膜产生的等厚干涉. 其中，等厚干涉指的是当薄膜层的上下表面有一个很小的倾角时，从光源发出的光经上下两个表面反射后在上表面附近相遇产生干涉，厚度相同的地方形成同一级干涉条纹.

光的等厚干涉原理在科学研究和生产实践中有着广泛的应用，例如，检测透镜的曲率，测量光波波长，精确测量微小长度、厚度和角度，检验光学元件表面的光洁度、平整度等. 本实验是利用等厚干涉的一个最典型的例子——牛顿环，测量平凸透镜的曲率半径，由此加深对等厚干涉原理及其应用的理解.

实验目的

1. 观察光的等厚干涉现象，加深对干涉原理的理解.
2. 掌握利用牛顿环测量平凸透镜曲率半径的方法.
3. 熟练使用读数显微镜.
4. 学会用逐差法和外推法处理数据.

预习题

1. 何为等厚干涉？
2. 如何正确调节读数显微镜？在测量中怎样避免回程误差？
3. 测量牛顿环半径时要注意哪些问题？

实验原理

牛顿环干涉原理如图 2.10.1 所示，一束波长为 λ 的单色平行光，垂直照射到装置的 AA'表面上，由空气膜上下表面反射的光在上表面附近处相遇发生干涉，空气膜层上各等厚点的轨迹具有相同的光程差，因而形成的干涉条纹是一组以接触点为中心的明暗相间的同心圆环. 这一现象最早为牛顿所发现，因而称这些条纹为牛顿环.

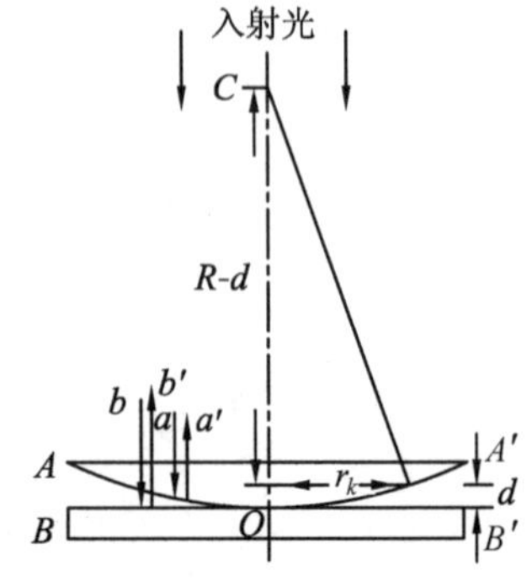

图 2.10.1　牛顿环干涉原理图

1. 光程差

取平行光中的两条光线 a 和 b 进行研究，它们分别被空气膜的上表面 AOA'、下表面 BOB'反射，得到反

射光线 a'和 b'，a'和 b'在 AA'表面上方空间相遇发生干涉.

光线 a 和 b 在到达上表面 AOA'之前光程相等，反射光线 a'和 b'的光程差取决于两个方面：一是两光线的实际光程差，二是在反射面上反射时是否存在半波损失. 当光从光疏介质射向光密介质界面发生反射时，在反射过程有半波损失，因此光线 a 和 b 在下表面发生的反射有半波损失.

光线 a'和 b'的光程差为

$$\delta=2d+\frac{\lambda}{2}. \tag{2.10.1}$$

2. 产生明、暗条纹的条件

$$\begin{cases} \text{明纹}:\delta=k\lambda, & (k=1,2,3,4,\cdots) \quad (2.10.2) \\ \text{暗纹}:\delta=(2k+1)\dfrac{\lambda}{2}. & (k=0,1,2,3,\cdots) \quad (2.10.3) \end{cases}$$

3. 暗环半径与平凸透镜曲率半径之间的关系

因暗环比较清晰，所以本实验在光波波长已知的情况下，测量不同级数的暗环半径，从而计算透镜的曲率半径. 设放在光学平板玻璃 BOB'上的平凸透镜 AOA'的曲率半径为 R. 以接触点 O 为中心，第 k 级暗环的半径为 r_k，其上各点对应的空气薄膜厚度为 d，则有几何关系 $r_k^2=R^2-(R-d)^2$. 因为 $R\gg d$，所以可以将 d^2 从式中略去，于是

$$d\approx\frac{r_k^2}{2R}, \tag{2.10.4}$$

将式(2.10.4)代入式(2.10.3)，得暗环公式

$$r_k^2=kR\lambda. \tag{2.10.5}$$

从理论上讲，平凸透镜的凸面与光学平板玻璃的接触处，应为一个理想的接触点 O，空气薄膜的厚度等于零，此处的光程差等于 $\frac{\lambda}{2}$，因此，在反射光中看到的 O 点应是暗斑. 用读数显微镜测出牛顿环中第 k 级暗条纹的半径，由式(2.10.5)可计算透镜的曲率半径 R. 但在实际情况中，平凸透镜和平板玻璃接触处难免会发生弹性形变或存在细微尘埃，使得接触处不是一个几何点，而是一个面，因而近圆心处条纹比较模糊、粗阔，很难判断干涉条纹的干涉级次 k，造成干涉条纹的级次测量值与实际的级次不一致. 如果实验中只测量一个条纹的半径，测量结果就会有较大的误差. 为了减小误差，提高测量精度，就必须测量距中心较远且清晰的两个条纹的半径. 例如，测量出第 m_1 个和第 m_2 个暗条纹(或亮条纹)的半径(这里 m_1，m_2 是条纹的序数，不是干涉的级数)，故式(2.10.5)应修正为

$$r_k^2=(m_i+j)R\lambda, \tag{2.10.6}$$

式中，m_i 为条纹序数，m_i+j 为干涉级数(j 为干涉级修正值)，于是

$$r_{m_2}^2-r_{m_1}^2=[(m_2+j)-(m_1+j)]R\lambda=(m_2-m_1)R\lambda. \tag{2.10.7}$$

式(2.10.7)表明，任意两个条纹的半径平方差与干涉级数和条纹序数无关，只与两个条纹的序数之差(m_2-m_1)有关. 因此，只要精确测定两个条纹的半径，由两个半径的平方差就可准确地计算出透镜的曲率半径 R，即

$$R=\frac{r_{m_2}^2-r_{m_1}^2}{(m_2-m_1)\lambda}. \tag{2.10.8}$$

4. 牛顿环干涉条纹的特点

从反射光方向观察牛顿环干涉条纹时，看到的是一组以接触点为中心的明暗相间的圆环形干涉条纹，中心是一个暗斑，如图 2.10.2(a)所示；从透射光方向观察，看到的也是一组以接触点为中心的明暗相间的圆环形干涉条纹，但与反射光的干涉条纹不同的是，其中心是亮斑. 透射光形成干涉条纹光强分布恰好与反射光的互补，原来的亮条纹处变为暗条纹，暗条纹处变为亮条纹，如图 2.10.2(b)所示.

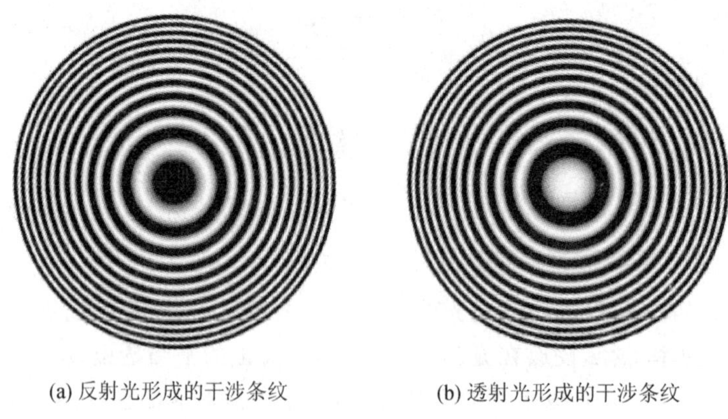

(a) 反射光形成的干涉条纹　　(b) 透射光形成的干涉条纹

图 2.10.2　牛顿环干涉条纹

实验仪器

牛顿环干涉仪，钠灯，读数显微镜.

如图 2.10.3(a)所示，牛顿环干涉仪由平凸透镜 A(凸面曲率半径约为 200～1 000 cm)和光学平板玻璃 B 叠合装在金属框架 L 中构成，在平凸透镜和光学平板玻璃之间形成一个空气薄膜层. 框架边上有 3 个螺钉 H，用来调节 A 和 B 之间的接触，以改变干涉条纹的形状和位置，如图 2.10.3(b)所示.

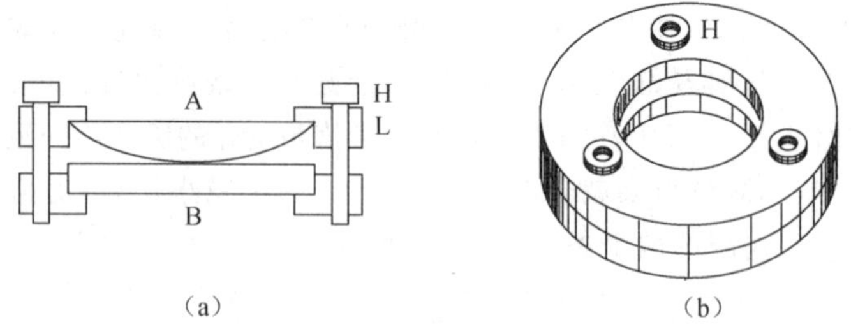

(a)　　(b)

图 2.10.3　牛顿环干涉仪结构

实验内容

1. 调整测量装置

(1) 借助室内灯光，用眼睛观察牛顿环干涉仪，调节框上的螺钉 H，使平凸透镜与平板玻璃的接触点位于透镜的中心，牛顿环呈圆形(注意，螺钉 H 不能拧得过紧，以免损坏透镜表面).

(2) 转动螺旋测微鼓轮，使读数显微镜位于主尺的中间部分，避免损伤读数鼓轮.

(3) 将钠灯、读数显微镜、牛顿环干涉仪按如图 2.10.4 所示摆放好，尽量将牛顿环干涉仪放置在读数显微镜的正下方. 调节图中反射镜 G 与水平成 45°，使其将光源 S 发出的光反射到牛顿环干涉仪上. 用眼睛在竖直方向观察，调节反射镜 G 的高低及倾斜角度，使显微镜中视场最亮.

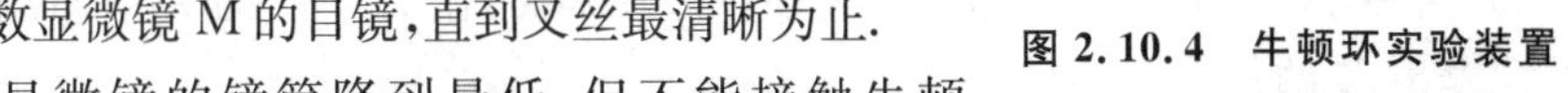

图 2.10.4　牛顿环实验装置

(4) 调节读数显微镜 M 的目镜，直到叉丝最清晰为止.

(5) 把读数显微镜的镜筒降到最低，但不能接触牛顿环. 然后将读数显微镜的镜筒自下而上缓慢移动，直至看到清晰的条纹为止，此为调焦.

(6) 调节读数显微镜的竖直叉丝，使之与显微镜的移动方向垂直，且与干涉条纹(圆环)相切.

(7) 稍稍移动牛顿环干涉仪，使目镜中的"十"字叉丝与牛顿环中心大致重合.

2. 测量暗环的半径

测量时由于中心条纹周边比较模糊，一般取 m_i 大于 10，实验中取 $m_2-m_1=10$. 如图 2.10.5 所示.

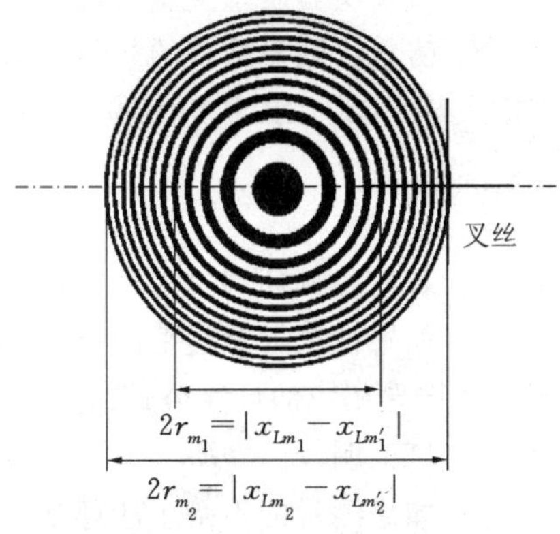

图 2.10.5　叉丝与干涉条纹的关系

摇动手把，使十字叉丝朝一个方向(如从右向左)移动，移到第 33 条暗环时停止，但不读数，然后向反方向(从左向右)移动，移到第 30 条暗环中间时开始读数，记下竖直叉丝的坐标 $x_{m_{30}}$；继续移动到第 29 条至第 26 条、第 20 条至第 16 条暗环的中间，分别记下环的左侧位置读数. 继续沿同一方向(从左向右)移动，使叉丝移过条纹中心，进入另一侧的第 16 条至第 20 条、第 26 条至第 30 条暗环，分别读出各暗环右侧中间的数据，填入表 2.10.1. 然后由左、右两侧的读数计算出各环的半径.

分别采用逐差法和外推法处理实验数据，求出平凸透镜的曲率半径，并进行分析.

实验数据记录

表 2.10.1　测量暗环半径的数据记录表

暗环级数	读数/mm		暗环半径/mm	暗环级数	读数/mm		暗环半径/mm
	左 x_{m_i}	右 $x_{m'_i}$	$r_{m_i}=\left\|\frac{x_{m_i}-x_{m'_i}}{2}\right\|$		左 x_{m_i}	右 $x_{m'_i}$	$r_{m_i}=\left\|\frac{x_{m_i}-x_{m'_i}}{2}\right\|$
30				20			
29				19			
28				18			
27				17			
26				16			

数据处理与分析

1. 计算各环的半径 $r_{m_i}=\frac{1}{2}|x_{m_i}-x_{m'_i}|$.

2. 取 $m_2-m_1=10$,用逐差法计算 $r_{m_2}^2-r_{m_1}^2$ 的测量值:

$$\Delta_1=r_{30}^2-r_{20}^2,\Delta_2=r_{29}^2-r_{19}^2,\Delta_3=r_{28}^2-r_{18}^2,\Delta_4=r_{27}^2-r_{17}^2,\Delta_5=r_{26}^2-r_{16}^2.$$

再由式(2.10.8)计算平凸透镜曲率半径 R 的平均值.(钠光波长 λ 取 589.3 nm)

3. 根据式(2.10.5),以 m_i 为横轴,$r_{m_i}^2$ 为纵轴,作 $r_{m_i}^2$-m_i 的关系曲线,求出直线的斜率,计算出 R 的值.

4. 比较上述两种方法计算的结果,并进行分析.

注意事项

1. 干涉条纹两侧的级数不要数错.

2. 防止实验装置受震引起干涉环的变化.

3. 防止读数显微镜的"回程误差",实验过程中,读数鼓轮只能朝一个方向旋转,中途不能反转,否则从头开始实验.

思考题

1. 若把牛顿环倒过来放置,显微镜里观察的干涉条纹是否会变化?

2. 如果被测透镜是平凹透镜,能否应用本实验方法测定其凹面的曲率半径?试说明理由并推导相应的计算公式.

3. 试证明:$r_m^2=kR\lambda$.

4. 如果测量的不是干涉环半径,而是干涉环的半弦,测得的数据对实验结果是否有影响?为什么?

5. 实验中如何使"十"字叉丝的水平丝与镜筒移动方向平行?若与镜筒移动方向不平行,对测量结果有何影响?

实验十一 示波器的使用

示波器是一种多用途的电子测量工具，既可以直接观察电压信号的波形，也可以测定它的幅度、周期(或频率)等参数，还能合成并观测李萨茹图形. 凡是可以转换成电压信号的物理量，都可以用示波器进行观测，如电流、电阻、电功率等电学量，以及温度、压力、速度、磁场、光强等非电学量.

自1931年美国研制出第一台示波器以来，示波器已发展出多种类型，如慢扫描示波器、取样示波器、记忆示波器等，并成为科研、电工电子、实验教学、仪器仪表和医药卫生等领域最常用的仪器之一. 本实验主要学习示波器的使用方法，包括利用示波器对电信号的波形进行观察，对电信号的变化进行测量，以及利用李萨茹图形测量信号频率.

实验目的

1. 了解示波器的结构及其工作原理.
2. 熟悉通用示波器各旋钮的作用并掌握其调节方法.
3. 学会使用示波器观察待测电压的波形，测量电压值、频率值.
4. 学会利用李萨茹图形测量信号频率.

预习题

1. 开机后，要使示波器屏幕上显示一个亮度、长度、位置都适中的聚焦清晰的扫描线，应正确使用哪些旋钮？在荧光屏上能观察到示波器产生的锯齿波吗？
2. 示波器为什么能把看不见的变化电压显示成看得见的图像？简述其原理.
3. 观察波形的几个重要步骤是什么？
4. 怎样用李萨茹图形测量待测信号的频率？

实验原理

1. 示波器的结构原理

示波器的种类繁多，结构和性能各异. 本实验介绍的是双踪示波器和单踪示波器，它们的基本组成如图2.11.1所示，包括示波管、Y轴放大及衰减系统、X轴放大及衰减系统、扫描触发器、同步与触发电路、电源6个部分.

(1) 示波管

示波管是示波器进行图形显示的核心部分，其基本构造如图2.11.2所示. 它是一个高真空度的静电控制电子束玻璃管，主要由电子枪、偏转系统和荧光屏3个部分组成.

① 电子枪：由灯丝、阴极、控制栅极、第一阳极和第二阳极组成. 灯丝通电后加热阴极，阴极是一个表面涂有氧化物的金属圆筒，被加热后发射电子. 控制栅极是一个顶端有

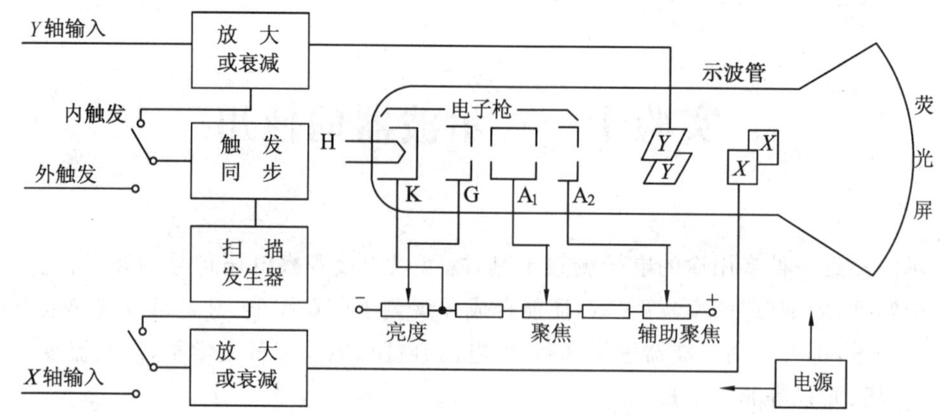

图 2.11.1 示波器的结构组成

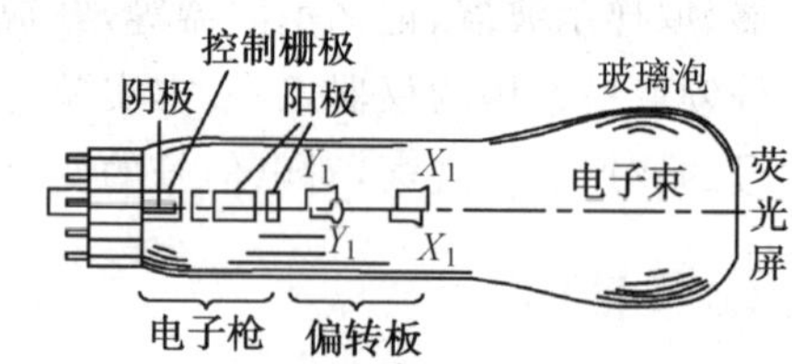

图 2.11.2 示波管的基本构造

小孔的圆筒，套在阴极外面，它的电压比阴极低，对阴极发射出的电子起控制作用，只有速度较大的电子才能穿过控制栅极顶端的小孔，并在阳极的加速下射向荧光屏. 示波器上的“亮度”调整就是通过调节电压控制射向荧光屏的电子流密度，从而改变了荧光屏上的光斑亮度. 阳极电压比阴极电压高很多，电子被阴、阳极之间的电场加速形成射线. 当控制栅极、第一阳极与第二阳极之间电压调节合适时，电子枪内的电场对电子射线有聚焦作用，因此第一阳极称为聚焦阳极. 第二阳极电压更高，又称加速阳极. 面板上“聚焦”调节旋钮的作用就是调整第一阳极电压，使荧光屏上的光斑成为明亮、清晰的小圆点，而调节“辅助聚焦”实际是调整第二阳极的电压.

② 偏转系统：由两对互相垂直的偏转板组成，一对是竖直偏转板，一对是水平偏转板. 在偏转板上加上适当的电压，当电子束通过时，其运动方向将发生偏转，从而使电子束在荧光屏上产生的光斑位置发生变化.

③ 荧光屏：玻璃内屏涂有荧光粉，电子的轰击使其发光，形成光斑. 荧光屏前面有一块透明的、带刻度的坐标板，用于测量光斑位置.

(2) 放大和衰减系统

电子束在荧光屏上的偏移量与加在偏转板上的电压成正比. 但由于示波管本身的 X 轴及 Y 轴偏转板的灵敏度不高(约 0.1～1 mm/V)，当加在偏转板上的信号电压较小时，电子束不能发生足够的偏转，以致屏上光斑位移过小，不便观测. 这时就需要预先把较小的信号电压放大然后再加到偏转板上. 为此，设置 X 轴及 Y 轴电压放大器.

从“Y 轴输入”与“接地”两端接入的输入电压 u_{in}，经衰减器(即分压器)衰减后，作用于 Y 轴电压放大器(也称增益器)，经增益器放大 G 倍后，再作用于两偏转板，使示波管屏上光斑位移增大. 调节 Y 轴增益旋钮，即调整放大倍数 G，可连续地改变屏上光斑位移的大小. 衰减器的作用是使过大的输入电压变小，以适应 Y 轴放大器的要求，否则放大器会放大失真，甚至受损. 衰减率通常为 3 挡：1，1/10，1/100，但习惯上在仪器面板上标示其倒数 1，10，100. X 轴有同样作用的衰减器与增益器，只是在“X 轴衰减”旋钮中另有一“扫描”挡.

(3) 扫描触发器及波形显示原理

① 扫描:如果仅在 Y 轴偏转板上加上待测正弦信号 u_Y,则电子束在屏上形成的亮斑将随 u_Y 的变化在垂直方向来回振动,结果在屏上看到的是一条竖直亮线,如图 2.11.3所示.若仅在 X 轴偏转板上加锯齿波信号,则屏上只显示一条水平亮线,如图 2.11.4 所示.因此,要观察加在 Y 轴上的电压 u_Y 随时间变化的规律,必须同时在 X 轴上加一锯齿形电压(如图2.11.5所示),把 u_Y 产生的竖直亮线按时间展开,这个展开的过程称为扫描.

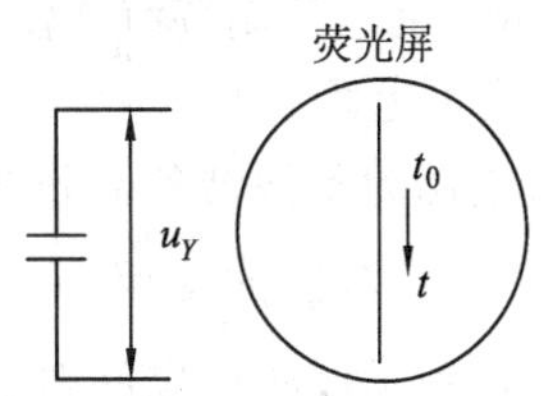

图 2.11.3　Y 轴光斑运动轨迹

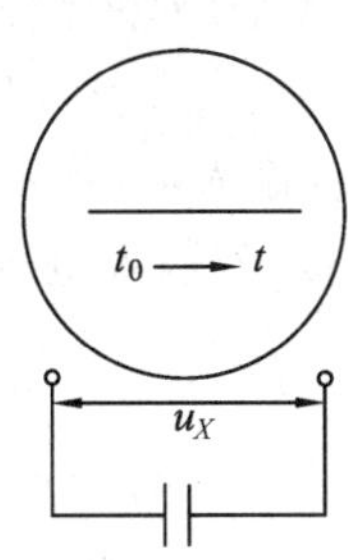

图 2.11.4　X 轴光斑运动轨迹

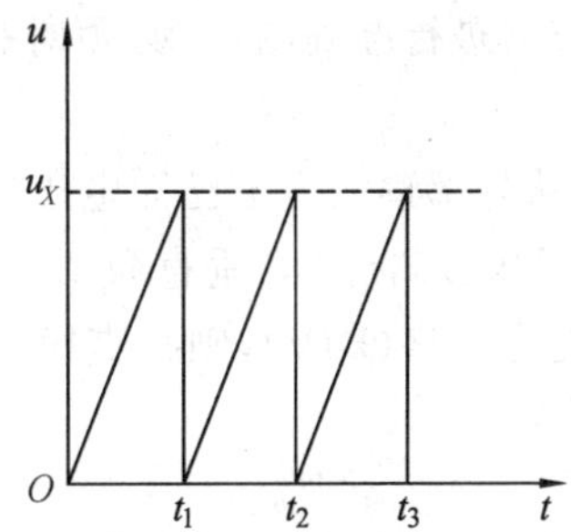

图 2.11.5　X 轴偏转板上锯齿波电压

② 同步:将待测正弦电压加在 Y 轴偏转板上的同时,在 X 轴上加锯齿电压 u_X,电子的运动就是两个互相垂直运动的合成.若锯齿波周期 T_X 严格等于输入信号周期 T_Y 的整数倍,即

$$T_X = nT_Y\ (n=1,2,3,\cdots), \tag{2.11.1}$$

则可保证每次扫描的起点都对应信号电压的相同相位点,在屏上可得到稳定的波形,如图 2.11.6 所示,因此式(2.11.1)称为波形稳定条件,也称同步.

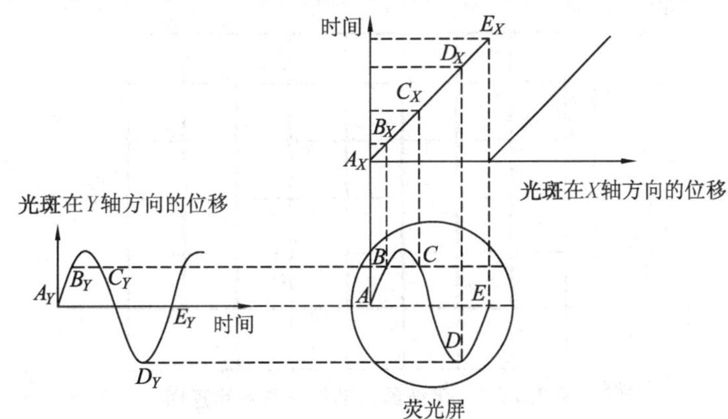

图 2.11.6　示波器显示正弦波的原理图

(4) 同步触发原理

同步分内同步和外同步两种方式.

内同步利用被测信号控制扫描发生器,使锯齿波电压的频率自动跟随被测信号频率的变化而变化.外同步则从示波器外部引入一个特殊电压来控制扫描发生器.

实际操作时,应根据被测信号的频率和需显示完整波形的数目,利用式(2.11.1)估算出扫描频率，先调节“扫描时间开关”和“扫描微调”两个旋钮使波形基本稳定，然后调整“触发电平控制”旋钮，使波形稳定.

(5) 电源

电源为示波器各部分电路提供合适的电压.

2. 示波器的使用

使用示波器前应仔细了解和熟悉仪器上各个开关、旋钮的功能和使用方法(见本实验的附录). 将信号线接至示波器的输入端，调节示波器的辉度、聚焦、亮度、垂直位移、水平位移和扫描时间等旋钮，在显示屏上得到一个稳定的波形.

(1) 示波器校准

要用示波器进行准确测量，必须对相应的标度值进行校准. 对示波器校准的方法有两种.

方法一：从外部输入一个已知电压信号至示波器的垂直输入端，将示波器的“垂直衰减”(VOLTS/DIV)调至 1，“垂直微调”逆时针旋到底(最小). 若输入电压数值为 u，其幅值所占的高度为 h 格(DIV)，则垂直输入的电压灵敏度为

$$S_u=\frac{u}{h},$$

S_u 的含义是示波器显示屏上沿竖直方向小方格的每个边长的电压值. 示波器的“伏/格”电压挡位选择开关(VOLTS/DIV)指示的就是这个值. 一旦 S_u 确定后，便可利用它测量所观察信号的幅值或有效值.

方法二：利用示波器内部校正电压信号(该信号为方波)，与被观察信号进行比较，从而确定被观察信号的电压. 如图 2.11.7 所示，在相同的垂直衰减和增益下，即“垂直衰减”、“垂直微调”旋钮的位置相同，若示波器内部校正电压信号为 5 V，占 4 格(DIV)，而待测正弦信号的峰-峰值占了 2 格，不难求出其电压峰-峰值为 2.5 V.

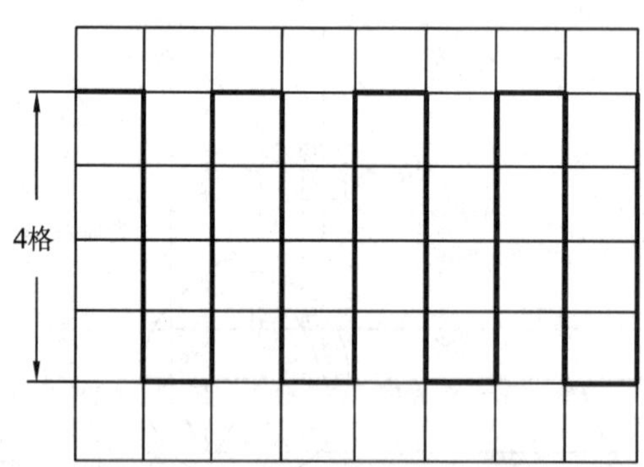

图 2.11.7 示波器内部校正方波示意图

因为示波器内的扫描时间、时标及比较信号的标度误差较大，有的误差达到 10%～20%，所以，如用示波器进行较准确的测量，必须对相应的标度进行校准，可以利用示波器内部已知电压信号或从示波器外部输入一个标准信号，用比较法测量. 但是即使经过校准，准确度也不会很高. 这是因为，示波管荧光屏前的刻度板粗糙，且距离荧光屏较远，易产生视差. 另外电子束聚焦成点不可能很小，线度达到 1 mm 就相当不错了，而指针仪表或光标指示仪器的分辨率至少比它高一个数量级.

(2) 用示波器测电压

直接测量法测电压就是从示波器的显示屏上沿竖直方向量出被测电压波形的高度，即极大值与极小值之间的高度差，只要知道竖直方向一个正方形格的边长所代表的电压(由"伏/格"电压挡位 VOLTS/DIV 指示读出)，就可求出被测电压的峰-峰值(正弦波的瞬时值)

$$u_{pp}=kh, \tag{2.11.2}$$

式中，u_{pp}是被测电压峰-峰值(V)；k 是"伏/格"电压挡位选择开关(VOLTS/DIV)指示的数值；h 是波形的高度(电压波形的高度所占的格数).

注意：只有"伏/格" 电压挡位选择开关的微调旋钮顺时针旋到底，k 值的读数才准确.

例　如图 2.11.8 所示，正弦波幅度占 2 格，竖直方向一个正方形格的边长表示 2.5 V(分度值，也就是"伏/格"挡位指示值)，则正弦波的有效值(电压表上的读数)为多少？

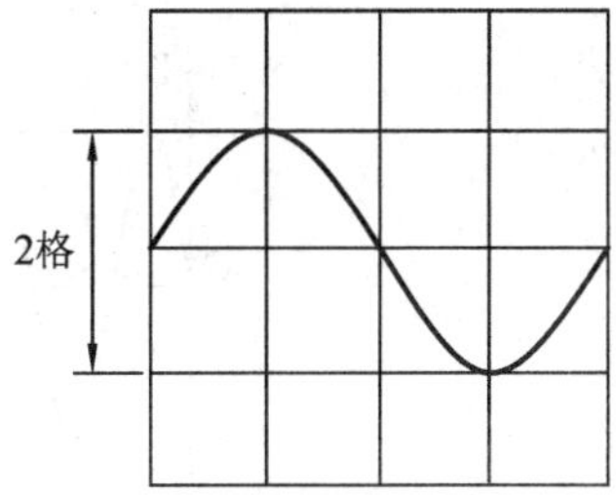

解　待测的正弦波极大值与极小值之间的高度差为 2 格，则峰-峰值为

$$u_{pp}=2\times 2.5=5.0\ (\text{V}),$$

有效值为

$$u=\frac{u_{pp}}{2\sqrt{2}}=1.768(\text{V}).$$

图 2.11.8　示波器波形

(3) 用示波器测时间

用示波器测时间就是从示波器的显示屏水平方向测量波形一个周期所占正方形格的边长个数 L，根据时间挡位选择开关(TIME/DIV)确定水平方向上一个正方形格表示的时间 t，进而计算出波形的周期

$$T=Lt, \tag{2.11.3}$$

式中，T 是被测信号的周期；t 是时间挡位扫描开关(TIME/DIV)上的标示值；L 是被测信号在水平方向上所占的格数.

注意：只有时间挡位微调旋钮(TIME/DIV)顺时针旋到底，t 值的读数才准确.

例　如图 2.11.9 所示，水平方向时间扫描挡位开关(TIME/DIV)上的标示数为 10 ms(每格 10 ms)，求正弦波的周期及频率.

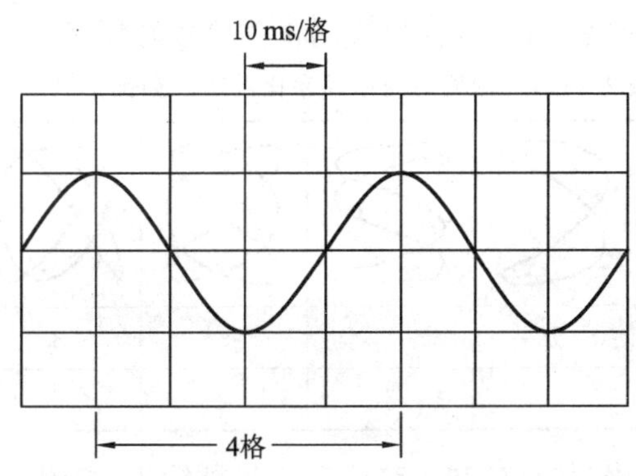

图 2.11.9　示波器测时间

解 正弦交流信号波的一个周期，在水平方向占 4 个正方形格，则

$$T=4\times 10\ \text{ms}=40\ \text{ms},$$

正弦波频率

$$f=\frac{1}{40\ \text{ms}}=25\ \text{Hz}.$$

3. 利用李萨茹图形测信号的频率

把两个外来正弦信号分别加到竖直与水平偏转板，则荧光屏上光点的轨迹是两个互相垂直的谐振动的合成. 当两个正弦信号频率之比为整数时，其轨迹是一个稳定的闭合曲线，这种曲线称为李萨茹图形，如图 2.11.10 所示.

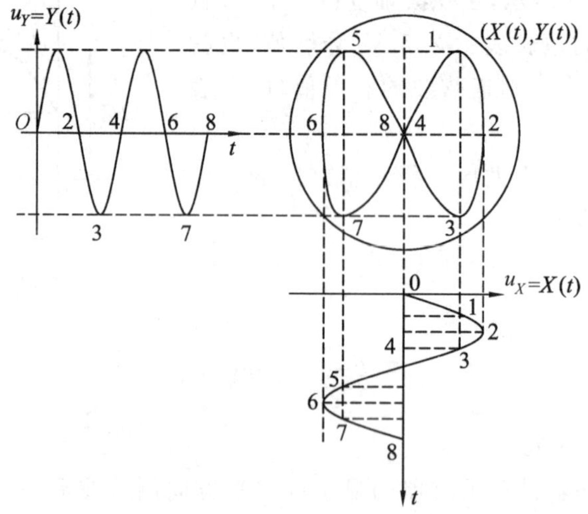

图 2.11.10 李萨茹图形

表 2.11.1 中列举了几种常见的不同频率比的李萨茹图形. 水平方向（X 轴）的切点数目 N_X 与垂直方向（Y 轴）的切点数目 N_Y 之比，与水平方向（X 轴）和垂直方向（Y 轴）两信号的频率之比有如下关系：

$$\frac{f_X}{f_Y}=\frac{N_Y}{N_X}, \tag{2.11.4}$$

利用这一关系可测量正弦信号频率. 如果其中一信号频率已知且连续可调，则把两个正弦信号分别输入 X 轴与 Y 轴，调出稳定的李萨茹图形，从李萨茹图形确定切点数 N_X，N_Y，并记下已知信号的频率，即可计算出待测正弦信号的频率.

表 2.11.1 常见的简单频率比的李萨茹图形列举表

图形							
N_X	1	1	1	2	3	3	2
N_Y	1	2	3	3	2	4	1

例 在图 2.11.10 中，如果已知正弦信号从 Y 轴输入，待测正弦信号从 X 轴输入，得到图示的李萨茹图形. 从图中可以看出，李萨茹图形与 X 轴的切点数 $N_X=2$，与 Y 轴的

切点数 $N_Y=1$；已知 Y 轴输入的正弦信号的频率为 $f_Y=600$ Hz，求 f_X.

解　由式(2.11.4)得

$$\frac{f_X}{600}=\frac{1}{2},$$

解得

$$f_X=300(\text{Hz}).$$

本实验涉及两种示波器，分别为双踪示波器和单踪示波器. 下面分别介绍使用两种示波器进行实验的过程.

(一) 双踪示波器

实验仪器

双踪示波器 DF4320C 型示波器，低频信号发生器，电缆连接线.

实验内容

1. 实验准备

使用示波器前，认真阅读本实验的附录，对照仪器了解各个旋钮、开关的作用.

(1) 按表 2.11.2 设置仪器开关及控制旋钮的位置.

表 2.11.2　示波器面板上的部分旋钮及开关的设置

开关及旋钮	挡位设置	开关及旋钮	挡位设置
电源(POWER)	断开	触发源(SOURCE)	CH1
辉度(INTEN)	相当于时钟"3 点"位置	耦合(COUPLING)	AC
聚焦	中间	极性(SLODE)	+
Y 方式(VERTMODE)	CH1	电平(LEVEL)	锁定
垂直位移(↕)	中间位置、推进	释抑(HOLDOFF)	常态(逆时针旋到底)
V/DIV (VERTMODE/DIV)	10 mV/DIV	T/DIV(TIME/DIV)	0.5 ms/DIV
微调(V/DIV)	校准(顺时针旋到底)、推入	微调(T/DIV)	校准(顺时针旋到底)、推入
AC -⊥- DC 开关	⊥位置	水平位移(↔)	中间位置

(2) 打开电源开关，并确认开关上方的电源指示灯亮，约 20 s 后，示波器屏幕上将出现一扫描线，若 60 s 后还没有扫描线出现，则按表 2.11.2 所示再检查开关及控制旋钮的位置.

调节"辉度"和"聚焦"旋钮，使扫描线最清晰且亮度适当.

观察扫描线与水平刻度线是否平行，若不平行则调节轨迹螺丝.

(3) 示波器校准.

① 将 AC -⊥- DC 开关置于"AC"，标准波形将显示在屏幕上.

② 将校准连接线一端与示波器的 CH1 或 CH2 的输入端连接，另一端挂在校准孔中，同时将触发电平控制旋钮锁定，将从示波器内部输出的电压峰－峰值为 0.5 V 的校准信号加到探头上，在显示屏上可观察一方波. 将 V/DIV 旋钮旋到 0.1 V 的挡位，调节 V/DIV 旋钮的微调开关，使显示屏上竖直方向一个正方形的边长的读数，刚好与 V/DIV 挡位的读数一致. 此时，示波器已校准好，测量过程中保持微调旋钮不动.

(4) 连接电路. 用连接线将信号发生器 1 的输出端与示波器的接收端连接,按下 CH1 或 CH2 选择开关.

2. 测量正弦信号的电压、周期

(1) 调节信号发生器 1,使之输出一个频率为 1 000 Hz,电压峰-峰值为 1 V 的正弦信号,输送给示波器.

(2) 调节示波器上的垂直位移"↕"和水平位移"↔"旋钮,使得正弦波波形位于示波器的中央.

(3) 选择 CH1 或 CH2 合适的电压挡位,使正弦波形极大值和极小值之间的距离大约占显示屏竖直方向的$\frac{2}{3}$.

(4) 选择合适的扫描时间挡位,使水平方向出现 2～3 个波峰.

(5) 用示波器测量这个正弦标准信号的电压和周期.

① 读出示波器显示屏上正弦波形极大值与极小值在竖直方向所占正方形格的边长个数 k,将数据记录在表 2.11.3 中.

② 读出示波器显示屏上正弦波形的一个周期在水平方向所占正方形格的边长个数 L,将数据记录在表 2.11.3 中.

(6) 调节信号发生器 1,使之输出一个频率为 500 Hz,电压峰-峰值为 2 V 的正弦信号,输送给示波器,重复步骤(2)～(5),将测得数据记录在表 2.11.3 中.

3. 用李萨茹图形测量未知信号的频率

(1) 实验室提供两个信号发生器,将信号发生器 1 作为已知信号,另一个信号发生器 2 作为未知信号,其输出端与示波器的 CH2 或 CH1 通道连接.

(2) 从信号发生器 1 上调节一个频率为 300 Hz,电压峰-峰值为 1 V 的正弦信号,经由示波器的 CH2 或 CH1 通道输送给示波器.

(3) 在示波器上选择 $X-Y$ 挡位.

(4) 慢慢调节信号发生器 1 的输出频率,当显示屏上出现如图 2.11.11(a)所示的图形时,记录 f_X 的值在表 2.11.4 中,并画出该图形.

(5) 保持信号发生器 2 的输出频率不变,继续慢慢调节已知信号发生器 1 的输出频率,当显示屏上出现如图 2.11.11(b)所示的图形时,记录 f_X 的值到表 2.11.4 中,并画出该图形.

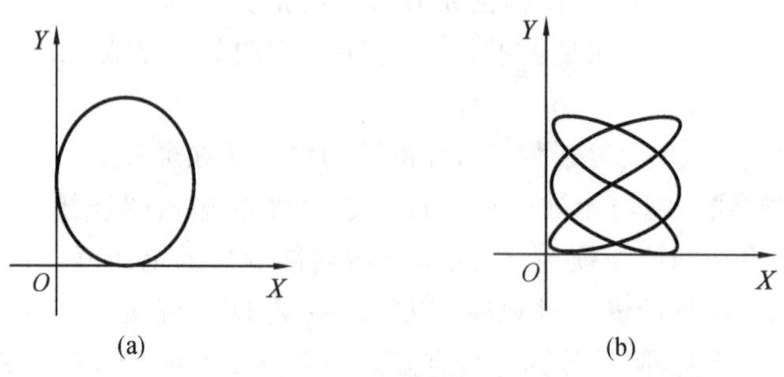

图 2.11.11　李萨茹图形测频率

实验数据记录

表 2.11.3 正弦信号的电压和周期数据记录表

信号发生器 1		示波器读数	
		挡位值 k	边长个数 L
信号 1	1 000 Hz		
	1 V		
信号 2	500 Hz		
	2 V		

表 2.11.4 用李萨茹图形测频率数据记录表

测量次数	f_X	$N_X:N_Y$
1		
2		

数据处理与分析

1. 根据表 2.11.3 中数据，由式(2.11.2)求待测信号的电压峰-峰值，并换算成电压有效值，将电压峰-峰值与信号发生器 1 上的电压峰-峰值进行比较，求百分差.

2. 根据表 2.11.4 中数据，由式(2.11.3)求待测信号的周期和频率，与信号发生器 1 上的周期和频率进行比较，求百分差.

3. 根据表 2.11.4 中数据，在坐标纸上画出两次测量的李萨茹图形，求出未知信号的频率 f_Y.

(二) 单踪示波器

实验仪器

ST-16 型示波器，JXD-11 型低频信号发生器，XD_2 型信号发生器，电缆连接线.

实验内容

1. 认真阅读本实验附录，对照仪器了解各个旋钮、开关的作用.

2. 观察信号波形，熟悉示波器面板上各旋钮的调节功能.

(1) 仪器通电后，将“耦合转换”开关置于“⊥”，“触发选择”开关置于“EXT”(外接)，使荧光屏上出现一个亮点. 用“辉度”、“聚焦”两个调节旋钮调出亮度适中、聚焦良好的光点，并旋动“垂直移位”、“水平移位”两个旋钮，观察光点在屏幕上移动的情况. 信号发生器需预热 10 min.

(2) 用同轴电缆将信号发生器 1 的正弦波输出连接到“Y 轴输入”端，调节输出电压. 同时将“耦合转换”开关置于“AC”，“触发选择”开关置于“INT”(内接)，“触发信号极性”置于“＋”或“－”，调节“触发电平”旋钮和示波器上“V/div”“t/div”及位移旋钮(反复交替调节)，使荧光屏上出现幅度大小合适的 2～3 个完整的波形. 然后，将信号发生器的波形选为“方波”和“三角波”，由“Y 轴输入”插口接入，观察其波形.

(3) 根据公式 $u_{pp}=kh$ 测量信号发生器输出的正弦波信号的电压峰-峰值，并换算成电压的有效值. 将数据记入表 2.11.5. 注意，进行定量读数时，“垂直灵敏度微调”旋钮应顺时针转到底，处于校准(CAL)位置.

(4) 根据公式 $T=Lt$ 测量信号发生器输出的正弦波信号的周期及频率. 将数据记入表 2.11.6. 注意，进行定量读数时，“时基调节”电位器应处于校准(CAL)位置.

(5) 用李萨茹图形测频率.

将信号发生器 1 的正弦波输出连接到“X 轴输入”端，将“触发信号极性”开关置于“X”，“触发选择”开关置于“EXT”，通过这些开关的控制，将 X 轴放大器和扫描发生器断开，而和外接的标准正弦信号(频率 f_X 已知)相连. 信号发生器 2 输出待测正弦波(频率设为 f_Y)，接入“Y 轴输入”端. 调节信号发生器 1 的频率 f_X，得出不同频率比的李萨茹图形. 将频率 f_X 和相应的李萨茹图形记入表 2.11.7，由公式求出 f_Y.

实验数据记录

表 2.11.5 测量正弦波信号电压的数据记录表

信号源输出电压/V	Y 轴灵敏度/($\text{V}\cdot\text{div}^{-1}$)	u_{pp} 正方格数	u_{pp}/V	$u_{有效}=\dfrac{u_{pp}}{2\sqrt{2}}$/V

表 2.11.6 测量正弦波信号的周期和频率的数据记录表

信号源输出频率/Hz	X 轴扫描速度/($\text{s}\cdot\text{div}^{-1}$)	周期个数	所占格数	T/s	f/Hz

表 2.11.7 李萨茹图形测信号频率的数据记录表

李萨茹图形	f_X/Hz (已知信号读出值)	N_X	N_Y	f_Y/Hz (待测信号计算值)	$f_Y{}'$/Hz (待测信号读出值)
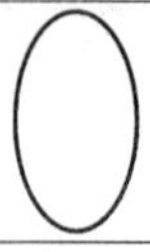					

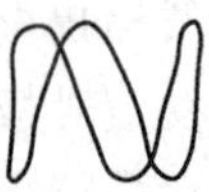					

数据处理与分析

1. 根据表 2.11.5 中数据，由公式(2.11.2)求待测信号的电压峰-峰值 u_{pp}、电压有效值 $u_{有效}$，将电压峰-峰值与信号发生器上读出的电压峰-峰值进行比较.

2. 根据表 2.11.6 中数据，由公式(2.11.3)求待测信号的周期 T 和频率 f，与信号发生器上读出的频率进行比较.

3. 根据表 2.11.7 中数据，由公式(2.11.4)求出未知信号的频率 f_Y，与信号发生器上读出的频率 f_Y' 进行比较.

注意事项

1. 为了保护荧光屏不被灼伤，光点(扫描线)亮度不可调得过亮，并且不可过长时间将光点(或亮线)固定在荧光屏上某一点处.

2. 实验过程中，如果短时间内不使用示波器，可将“辉度”旋钮逆时针旋到底，使光点消失；不要经常通断示波器的电源，以免缩短示波器的使用寿命.

3. 示波器和信号发生器上所有开关及旋钮都有一定的调节限度，调节时不能用力太猛.

4. 双踪示波器的两路输入端 CH1，CH2 有一公共接地端，同时使用 CH1 和 CH2 时，接线应防止将外电路短路.

思考题

1. 简述示波器显示电压-时间图形(即电信号波形)的原理.

2. 怎样用示波器定量地测量交流信号的电压有效值和频率?

3. 观察两个信号合成李萨茹图形时，应选择什么挡位? 与电压的挡位有关吗?

4. 为了使李萨茹图形稳定下来，能否使用示波器上的同步旋钮? 为什么?

5. 用示波器观察周期为 0.2 ms 的正弦电压，若要在荧光屏上呈现 3 个完整而稳定的正弦波形，扫描电压的周期等于多少?

附录

1. YB4320C 型示波器面板功能

YB4320C 型示波器的前、后面板分别如图 2.11.12 及图 2.11.13 所示，其开关、旋钮等功能详见表 2.11.8.

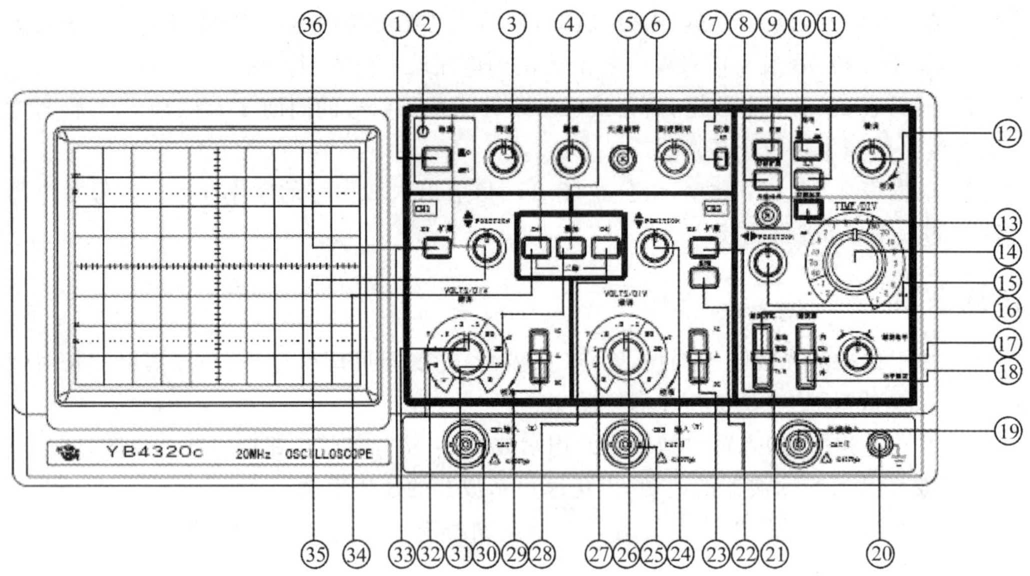

图 2.11.12　YB4320C 型示波器前面板

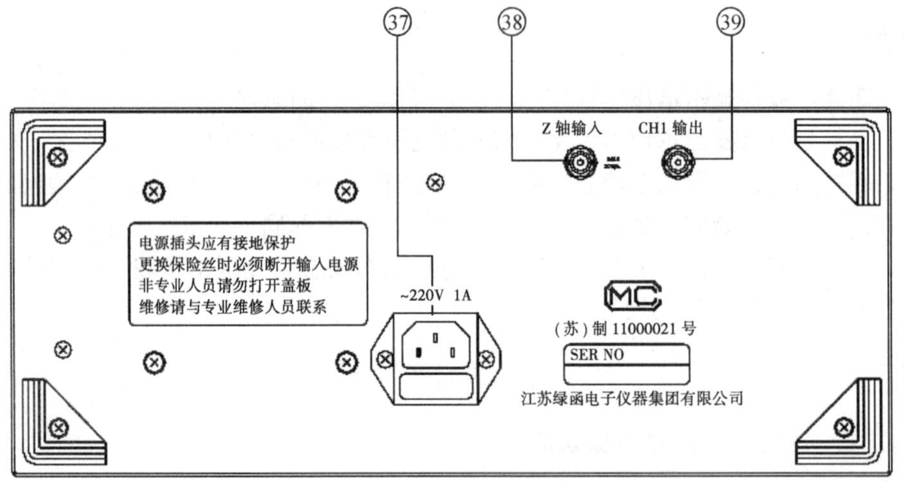

图 2.11.13　YB4320C 型示波器后面板

表 2.11.8 YB4320C 型示波器的面板功能

面板功能分区	图示序号	开关/旋钮名称	功能作用
主机电源	㊲	交流电源插座	该电源插座用于连接交流电源,插座下端装有保险丝,使用前应检查标明的额定电压,并使用相应的保险丝.
	①	电源开关（POWER）	电源开关按键弹出即为“关”,按下电源开关即接通电源.
	②	电源指示灯	电源接通时指示灯亮.
	③	辉度旋钮（INTENSITY）	顺时针方向旋转旋钮,亮度增强.接通电源之前将该旋钮逆时针旋转到底.
	④	聚焦旋钮（FOCUS）	将亮度调节至合适的位置,然后调节聚焦旋钮直至轨迹达到最清晰的程度.虽然调节亮度时聚焦可自动调节,但有时也会轻微变化.如果出现这种情况,需重新调节聚焦.
	⑤	光迹旋转旋钮（TRACE ROTATION）	由于磁场的作用,当光迹在水平方向轻微倾斜时,该旋钮可调节光迹与水平刻度线平行.
	⑥	刻度照明控制钮（SCALE ILLUM）	该旋钮用于调节屏幕刻度的亮度,主要用于黑暗环境的操作或拍照.
垂直方向部分	㉚	通道 1 输入端（CH1 INPUT(*X*)）	该输入端用于垂直方向的输入.在 *X*-*Y* 方式时输入端的信号为 *X* 轴信号.
	㉕	通道 2 输入端（CH2 INPUT(*Y*)）	和通道 1 一样,但在 *X*-*Y* 方式时输入端的信号为 *Y* 轴信号.
	㉓、㉙	交流-接地-直流耦合选择开关（AC-GND-DC）	用于选择垂直放大器的耦合方式. 交流(AC):垂直输入端由电容器来耦合. 接地(GND):放大器的输入端接地. 直流(DC):垂直放大器输入端与信号直接耦合.
	㉗、㉜	衰减器开关（VOLT/DIV）	用于选择垂直偏转灵敏度.如果使用的是 10∶1 的探头,计算时将幅度乘以 10.
	㉖、㉝	垂直微调旋钮（VARIBLE）	垂直微调用于连续改变电压偏转灵敏度.此旋钮在正常情况下应位于顺时针方向旋到底位置.将旋钮逆时针方向旋到底,垂直方向的灵敏度下降到 2.5 倍以上.
	㉑、㊱	CH1×5 扩展、CH2×5 扩展（CH1×5MAG、CH2×5MAG）	按下“×5 扩展”按键,垂直方向的信号扩大 5 倍,最高灵敏度变为 1 mV/div.
	㉔、㉟	垂直移位（POSITION）	调节光迹在屏幕中的垂直位置.
	㉞、㉘、㉛	垂直方式工作按钮（VERTICAL MODE）	用于选择垂直方向的工作方式. 选择㉞通道 1(CH1):屏幕上仅显示 CH1 的信号. 选择㉘通道 2(CH2):屏幕上仅显示 CH2 的信号. 选择㉞、㉘双踪(DUAL):同时按下 CH1 和 CH2 按钮,屏幕上会出现双踪并自动以断续或交替方式显示 CH1 和 CH2 上的信号. 选择㉛叠加(ADD):显示 CH1 和 CH2 输入电压的代数和.
	㉒	CH2 极性开关（INVERT）	按下此开关时 CH2 显示反相电压值.

续表

面板功能分区	图示序号	开关/旋钮名称	功能作用
水平方向部分	⑭	扫描时间因数选择开关（TIME/DIV）	共 20 挡，在 0.1 μs/div～0.2 s/div 范围选择扫描速率.
	⑪	X-Y 控制键	在 X-Y 工作方式时，垂直偏转信号接入 CH2 输入端，水平偏转信号接入 CH1 输入端.
	⑫	扫描微调控制键（VARIBLE）	此旋钮以顺时针方向旋转到底时处于校准位置，扫描由 TIME/Div 开关指示. 该旋钮逆时针方向旋转到底，扫描减慢 2.5 倍以上. 正常工作时，该旋钮位于校准位置.
	⑮	水平移位（POSITION）	用于调节轨迹在水平方向移动. 顺时针方向旋转该旋钮向右移动光迹，逆时针方向旋转向左移动光迹.
	⑨	扩展控制键（MAG×5）	按此键，扫描因数×5 扩展或×10 扩展（仅 YB4360C 型示波器）. 扫描时间是 TIME/Div 开关指示数值的 $\frac{1}{5}$ 或 $\frac{1}{10}$. 例如：×5 扩展时，100 μs/Div 示值实际为 20 μs/Div. 部分波形的扩展：将波形的尖端移到水平尺寸的中心，按下×5 或×10 扩展按钮，波形将扩展 5 倍或 10 倍.
	⑧	ALT 扩展按钮（ALT-MAG）	按下此键，扫描因数×1、×5 或×10 同时显示. 此时要把放大部分移到屏幕中心，只需按下 ALT-MAG 键. 扩展以后的光迹可由“光迹分离”控制键移位距×1 光迹 1.5 格或更远的地方. 若同时使用垂直双踪方式和水平 ALT-MAG 可在屏幕上同时显示 4 条光迹. ALT-MAG(×10)
触发	⑱	触发源选择开关（SOURCE）	内触发（INT）：CH1 或 CH2 上的输入信号是触发信号. 通道 2 触发（CH2）：CH2 上的输入信号是触发信号. 电源触发（LINE）：电源频率成为触发信号. 外触发（EXT）：触发输入上的触发信号是外部信号，用于特殊信号的触发.
	⑬	交替触发（ALT TRIG）	在双踪交替显示时，触发信号交替来自于两个 Y 通道，此方式可用于同时观察两路不相关信号.
	⑲	外触发输入插座（EXT INPUT）	用于外部触发信号的输入.
	⑰	触发电平旋钮（TRIG LEVEL）	用于调节被测信号在某一电平触发同步.

续表

面板功能分区	图示序号	开关/旋钮名称	功能作用
触发	⑩	触发极性按钮 (SLOPE)	用于选择信号的上升沿和下降沿触发. 触发极性　触发电平 在连续信号中触发　当触发电平设定到连续信号幅度范围内时开始扫描
	⑯	触发方式选择 (TRIG MODE)	自动(AUTO):在自动扫描方式时扫描电路自动进行扫描.在没有信号输入或输入信号没有被触发同步时,屏幕上仍然可以显示扫描基线. 常态(NORM):有触发信号才能扫描,否则屏幕上无扫描线显示.当输入信号的频率低于20 Hz时,请用常态触发方式. TV-H:用于观察电视信号中行信号波形. TV-V:用于观察电视信号中场信号波形. 注意:仅在触发信号为负同步信号时,TV-V 和 TV-H 同步.
	㊳	Z 轴输入连接器 (Z AXIS INPUT)	Z 轴输入端.加入正信号时,辉度降低;加入负信号时,辉度增加.常态下电压峰-峰值为 5 V 的信号就能明显调辉度.
	㊴	通道 1 输出 (CH1 OUT)	通道 1 信号输出连接器,可用做频率计数器输入信号.
	⑦	校准信号(CAL)	电压峰-峰值为 0.5 V,频率为 1 kHz 的方波信号.
	⑳	接地柱⊥	接地端.

2. ST-16 型示波器面板功能

ST-16 型示波器的面板如图 2.11.14 所示,各开关、旋钮功能说明如下:

(1) 辉度旋钮:通过改变示波器栅极电势来改变辉度.顺时针方向转动该旋钮,辉度增加;反之减弱,直至亮度消失.

(2) 聚焦旋钮:用以调节示波管中电子束的焦距,使其焦点恰好汇聚于屏幕上,此时显现的光点应成为清晰的圆点.

(3) 辅助聚焦旋钮:与聚焦旋钮配合使用,用以控制光点在有效工作面内的任何位置上,以使散焦最小.

(4) 电源开关:当此开关扳向"开"时,指示灯便发出红光,经预热,示波器即可正常工作.

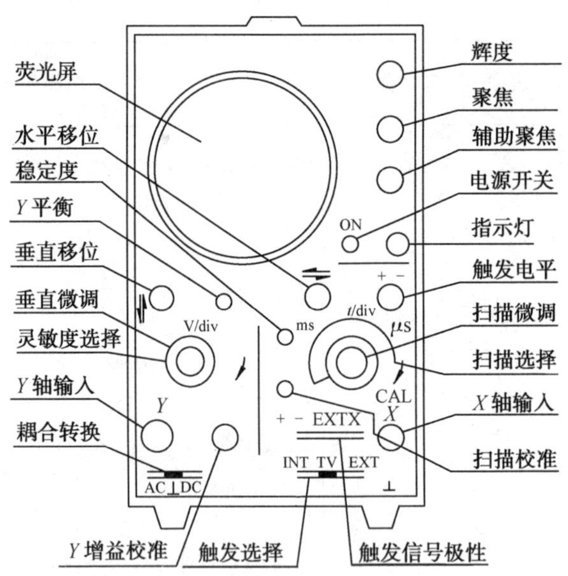

图 2.11.14 ST-16 型示波器面板

(5) 指示灯:指示灯发光,表明电源开关已打开.

(6) 触发电平旋钮:用以调节触发点的相应电平值,在这一电平上启动扫描.顺时针转动该旋钮,则趋向信号波形正向部分;反之,趋向信号波形的负向部分.

(7) 扫描微调旋钮:用以连续调节时基速度.该旋钮顺时针旋至满度,即处于"校准"状态,此时扫描位于快端,微调扫速的调节范围可大于 2.5 倍.

(8) 扫描选择开关:通过此开关可获得不同的锯齿波扫描速度(频率),扫描速度的选择范围为每格(div)0.1～10 ms,按 1,2,5 进位,分 16 个挡级.使用过程中,可根据被测信号频率的高低,选择适当的挡级.当扫描微调旋钮处于"校准"状态时,T/div 挡级的标称值即可视为时基扫描速度.

(9) X 轴输入:此为水平信号或外触发信号的输入插座.

(10) 扫描校准:此为水平放大器增益的校准装置,用以对时基扫描速度进行校准.

在校准扫速时,可借助于 V/div 开关中"⊓⊔"挡级 100 mV 方波校准信号的周期,其周期的长短直接决定于仪器使用的电源电网频率.例如,电源电网频率 $f=50$ Hz,则周期 $T=20$ ms,此时可将 T/div 开关置于 2 ms/div 挡级,并调节"扫描校准"电位器,使屏上显示一个完整的方波,周期在水平方向的宽度恰为 10 格(div).

(11) 触发信号极性开关(+,-,X):用以选择触发信号的上升或下降部分来触发扫描电路,促使扫描启动.当开关置于 X 时,同时使触发信号源选择开关置"外",使"X 轴输入"插座成为水平信号的输入端.

(12) 触发信号源选择(INT,TV,EXT):当此开关位于"INT"时,触发信号取自垂直放大器中引离出来的被测信号;当开关位于"TV"时,触发信号取自于垂直放大器中的被测电视信号,通过积分电路,使屏上显示的电视信号与场频同步;当开关位于"EXT"时,触发信号来自"X 轴输入"插座输入的外加信号,它与垂直被测信号应当具有相应的时间关系.

(13) Y 增益校准:用以校准垂直输入灵敏度的调节装置,可借助 V/div 开关中"⊓⊔"

挡级的 100 mV 方波信号，对垂直放大器的增益予以校准. 当微调位于校准信号位置时，屏上显示的方波波形的幅度恰为 5 格(div).

(14) 耦合转换:当此开关处于 DC 时，用于观察各种缓慢变化的信号;处于 AC 时，用于观察交流信号;处于⊥时，即输入端接地，是为了确定输入零电位时，光迹在屏上的基准位置.

(15) Y 轴输入:该插座是垂直方向被测信号的输入端，所观测的信号电压应从这里输入.

(16) Y 灵敏度选择:此开关的输入灵敏度为 0.02～10 V/div，按 1，2，5 进位，分 9 个挡级，可根据被测信号的电压幅度，选择适当的挡级位置，以便于观测. 当微调旋钮位于校准信号位置时，V/div 挡级的标称值便可视为示波器的垂直灵敏度.

(17) 垂直微调:此旋钮用于连续改变垂直放大器的增益. 当旋钮顺时针旋到底，亦即处于校准位置时，增益为最大. 其微调范围不小于 2.5 倍.

(18) 垂直移位:用以调节屏幕上光点或信号波形在垂直方向的位置. 当顺时针转动该旋钮时，光点或信号波形向上移动;反之下移.

(19) Y 平衡调节:使 Y 轴输入信号在不同的垂直放大时，其波形均处于中央水平线对称位置.

(20) 稳定度:顺时针旋转该旋钮，使屏上出现水平的扫描亮线;再小心缓慢地逆时针方向旋转该旋钮，使扫描线刚消失为一个光点，此时扫描电路便处于待触发状态.

(21) 水平移位:用以调节屏上光点或信号波形在水平方向的位置. 当顺时针转动该旋钮时，光点或信号波形向右移动;反之左移.

实验十二 液体黏滞系数的测定

黏滞系数能反映流体层内摩擦作用，是工程实践中的一个重要物理量. 测定黏滞系数通常有 3 种主要方法：一是通过液体在毛细管内的流出速度测定；二是通过小圆球在液体中下落的速度测定；三是通过液体在同轴圆柱体间对转动的阻碍测定. 本实验采用第二种方法——落球法测定液体的黏滞系数.

实验目的

1. 学会用落球法测定液体的黏滞系数.
2. 进一步掌握基本测量仪器的使用方法.

预习题

1. 在一定的液体中，若减小小球直径，它下落的收尾速度怎样变化？减小小球密度呢？
2. 试分析实验中造成误差的主要原因是什么？若要减小实验误差，应对实验中哪些量的测量方法进行改进？
3. 若小球不是在圆筒中心，而是靠近圆筒壁处下落是否可以？为什么？

实验原理

当小球在液体中运动时，将会受到与运动方向相反的摩擦阻力的作用，这种阻力称为黏滞阻力. 黏滞阻力并不是小球与液体间的摩擦力，而是小球表面的液层与邻近液层间的摩擦而产生的. 根据斯托克斯定律，光滑的小球在无限广延的液体中运动时，若液体的黏滞性较大，小球半径很小，且在运动过程中不产生旋涡，那么小球所受到的黏滞阻力为

$$f=6\pi r\eta v, \tag{2.12.1}$$

式中，r 为小球的半径；v 为小球相对液体的运动速度；η 为液体的黏滞系数，它与液体的种类及液体的温度有关.

本实验应用落球法测量液体的黏滞系数. 设一质量为 m 的小球自由下落，小球落入液体中后，受到 3 个力的作用，即重力 mg、浮力 $\rho_0 Vg$（ρ_0 为液体的密度，V 为小球的体积）和黏滞阻力 f. 在运动开始时，重力大于黏滞阻力和浮力之和，小球作加速运动. 黏滞阻力随着小球运动速度的增大而逐渐增大，当小球所受的合力为零时，小球的运动速度达到 v_0. 此时，

$$mg=6\pi r\eta v_0+\rho_0 Vg. \tag{2.12.2}$$

此后，小球以速度 v_0 匀速下降，此速度称为收尾速度. 将 $V=\frac{4}{3}\pi r^3$ 代入式(2.12.2)，可得

$$\eta=\frac{\left(m-\frac{4}{3}\pi r^3\rho_0\right)g}{6\pi r v_0}. \tag{2.12.3}$$

由于本实验不是在无限广延的液体中进行的，而是在量筒中测量的，因此要对式(2.12.3)进行修正，修正式为

$$\eta=\frac{\left(m-\frac{4}{3}\pi r^3\rho_0\right)g}{6\pi r v_0\left(1+2.4\frac{r}{R}\right)},\tag{2.12.4}$$

式中，R 为量筒的内半径.

由式(2.12.4)可见，只要测出小球的质量 m、半径 r、液体的密度 ρ_0、量筒的内半径 R 及收尾速度 v_0，就可算出被测液体的黏滞系数. 而收尾速度 v_0 可通过测量小球做匀速直线运动所走过的路程 s 和通过该路程所用的时间 t 求得，即 $v_0=\frac{s}{t}$.

在国际单位制中，黏滞系数的单位为帕斯卡・秒，记为 Pa・s.

实验仪器

量筒，螺旋测微器，电子天平，游标卡尺，米尺，秒表，比重计，温度计，镊子，小钢球.

实验装置如图 2.12.1 所示.

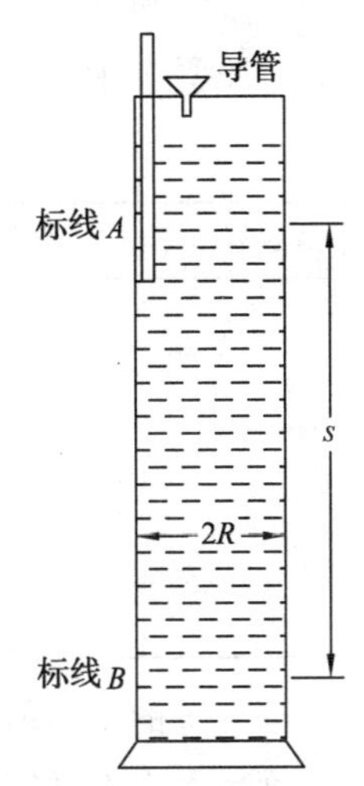

图 2.12.1　落球法测液体黏滞系数实验装置

实验内容

1. 必做内容

(1) 将 50 个小钢球用布擦干净，用电子天平测量其总质量.

(2) 将 5 个小钢球编号，用螺旋测微器在 3 个不同方向分别测量每个小钢球的直径 d，将测量数据填入数据记录表2.12.1，并求其平均值，然后将小球浸在有被测液体的容器中待用.

(3) 用比重计测量液体的密度 ρ_0.

(4) 用游标卡尺测量量筒的内半径 R，用米尺测量两标线间的距离 s.

(5) 用镊子夹起小球，放入量筒的导管中，让小球沿筒中心下落，用电子秒表测量每个小球通过距离 s 所用的时间 t，并记录在表 2.12.1 中.

(6) 根据每个小球所测量的数据，由式(2.12.4)计算 η，并求出 η 的平均值 $\overline{\eta}$.

2. 选做内容

推导 η 的不确定度公式，计算其值并写出实验结果.

实验数据记录

被测液体的温度 $t=$________；　螺旋测微器零点读数________；

量筒的内半径 $R=$________；　螺旋测微器误差限________；

两标线间距离 $s=$________；　游标卡尺误差限________；

液体密度 $\rho_0=$________；　米尺最小格值________；

秒表误差限________；　电子天平误差限________.

表 2.12.1　液体黏滞系数的测定数据记录表

小球编号	小钢球 3 个方向的直径			t/s	v_0/(m·s^{-1})	50 个小球的总质量/kg
	d_1/m	d_2/m	d_3/m			
1						
2						
3						
4						
5						

数据处理与分析

1. 按照要求,将每个小球所测量的数据及计算值填入表 2.12.2 中,由式(2.12.4)计算 η_i.

表 2.12.2　液体黏滞系数的测定计算记录表

小球编号	$\overline{m}$/kg	$\overline{d}$/m	t/s	v_0/(m·s^{-1})	η_i/(Pa·s)
1					
2					
3					
4					
5					

2. 求出 η 的平均值 $\overline{\eta}=$

3. 推导 η 的不确定度公式,计算其值并写出实验结果(选做内容)

$\eta=\overline{\eta}\pm U_\eta=$

$E_r=\dfrac{U_\eta}{\overline{\eta}}=$

注意事项

1. 测量时间 t 时,眼睛应与小球处于水平位置,手眼要配合好.

2. 量筒内的液体应无气泡,小球应光滑无油污,测量过程中液体的温度应保持不变,因为液体的黏滞系数与温度有关.

3. 选定上标线 A 时(见图 2.12.1)应是小球通过标线达到收尾速度时的点.

4. 机械秒表示数读到 0.1 s,电子秒表读到 0.01 s.

思考题

1. 什么是黏滞阻力?

2. 什么是收尾速度?

3. 在实验中如何确定 A,B 两条标线?若测量小球从 A 到筒底的时间正确吗?

实验十三　分光计的调节和使用

光线在传播过程中，遇到不同介质的分界面时，会发生反射和折射，从而改变传播的方向. 入射光与反射光或折射光之间存在一定的夹角，通过对这些角度的测量，可以测定折射率、光栅常数、光波波长、色散率等许多物理量. 因此，精确测量光线偏折的角度是光学实验技术的重要内容之一.

分光计是一种能精确测量角度的典型光学仪器，经常用来测量材料的折射率、光栅常数、光波波长和进行光谱观测等. 分光计的基本部件和调节原理与其他更复杂的光学仪器（如单色仪、摄谱仪等）有许多相似之处，学会调节和使用分光计将为今后使用其他更复杂的精密光学仪器打下良好基础.

实验目的

1. 了解分光计的结构及基本原理.
2. 了解分光计的调节要求并掌握调节方法.
3. 掌握测定三棱镜顶角和最小偏向角的方法，并计算棱镜玻璃折射率.
4. 掌握测定光栅常数的方法，学会用光栅测量光波波长.

预习题

1. 分光计主要由哪几部分组成？各自的作用是什么？
2. 分光计的调节要求是什么？
3. 用棱脊分束法测量顶角时，三棱镜顶角位置可以随意放置吗？为什么？
4. 用光栅测波长时，光栅应如何放置？为什么？
5. 比较三棱镜和光栅分光的主要区别.

实验原理

1. 三棱镜顶角的测量原理

测量三棱镜的顶角常采用自准直法和棱脊分束法.

(1) 自准直法

将待测三棱镜置于分光计的载物台上，固定望远镜，打开小灯照亮目镜中的绿色“十”字形，旋转棱镜台，使三棱镜的一个折射面对准望远镜（如图 2.13.1 所示），用自准直法调节望远镜的光轴与此折射面严格垂直，使绿色“十”字形的反射像和调整叉丝完全重合. 再旋转载物台，使三棱镜的另一个折射面对准望远镜，用自准直法调节望远镜的光轴与此折射面严格垂直，使绿色“十”字形的反射像和调整叉丝完全重合. 在图 2.13.1 中，三棱镜两折射面垂线 T_1 和 T_2 之间的夹角就是载物台旋转的角度 θ，该角度等于棱镜角 α 的补角，即

$$\alpha=180^{\circ}-\theta. \tag{2.13.1}$$

(2) 棱脊分束法

从分光计平行光管发出一束平行光入射三棱镜，如图2.13.2所示，经过 AB 面和 AC 面反射的光线分别沿 T_3 和 T_4 方位射出，T_3 和 T_4 方向的夹角记为 θ，由几何学关系可知

$$\alpha=\frac{\theta}{2}. \tag{2.13.2}$$

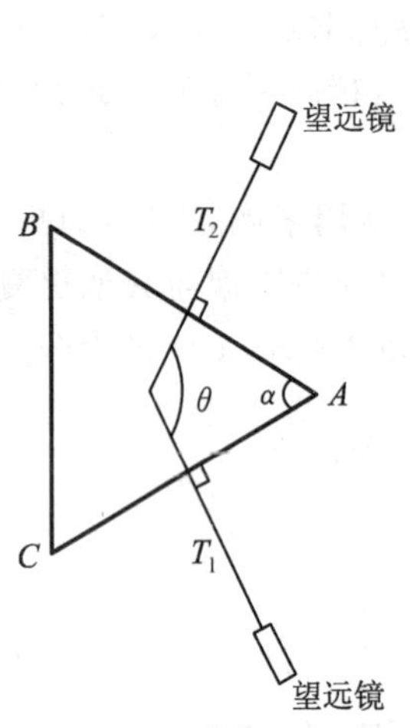

图 2.13.1 自准直法测量三棱镜顶角

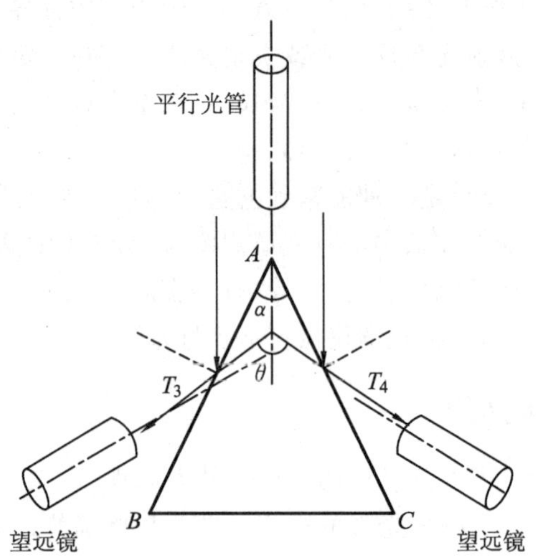

图 2.13.2 棱脊分束法测三棱镜顶角

2. 光栅常数以及光波波长的测量原理

光栅是一组数目很多的等宽、等距且平行排列的狭缝，光栅分透射光栅和反射光栅两类. 光栅是重要的分光元件，通常用于光谱分析，研究复色光的组成，通过光栅可获得特定波长的单色光. 本实验使用平面透射式光栅，光栅狭缝宽度为 a，不透光部分宽度为 b，则称 $d=a+b$ 为光栅常数.

由光栅衍射原理可知，当一束单色平行光垂直照射一平面光栅时，透过每一狭缝的光都会发生单缝衍射，同时透过狭缝的光又会彼此产生干涉. 因此，光栅的衍射条纹是单缝衍射和多缝干涉的总效果，即光栅衍射光谱的强度由单缝衍射和缝间干涉两个因素共同决定. 用会聚透镜将光栅的衍射光谱会聚于透镜焦平面处的屏上，便可看到一系列明暗相间、对称的条纹. 根据光栅衍射理论，衍射光谱中明条纹的位置由式

$$d\sin\varphi_k=k\lambda \quad (k=0,\pm1,\pm2,\cdots) \tag{2.13.3}$$

决定，式中，d 为光栅常数，λ 为入射光波的波长，k 为明条纹(光谱线)级次，φ_k 为 k 级明条纹的衍射角.

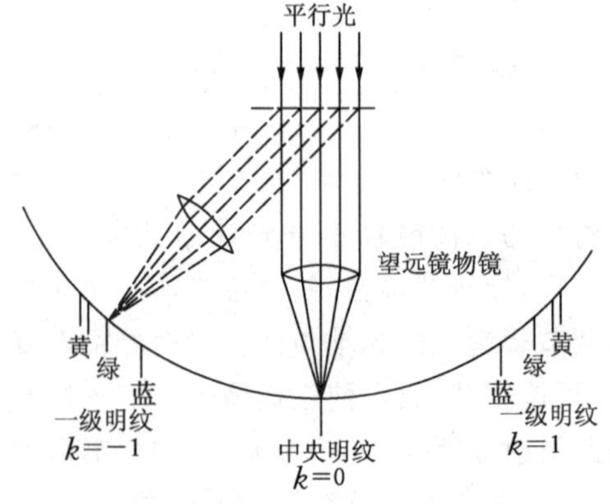

图 2.13.3 光栅衍射光谱示意图

如果入射光是复色光，不同波长的光的衍射角 φ_k 也各不相同，于是复色光

将被分解.在中央 $k=0,\varphi_k=0$,各色光仍重叠在一起,组成中央明条纹.在中央明条纹两侧对称地分布着 $k=\pm1,\pm2,\cdots$级光谱,各级光谱都按波长大小的顺序依次排列成一组彩色谱线,称为光栅光谱(如图 2.13.2 所示).

如果已知入射的单色光的波长 λ,用分光计测出 k 级明条纹的衍射角 θ,则由式(2.13.3)可求出光栅常数 d.反之,若已知光栅常数 d,也可求出该明条纹所对应的单色光的波长 λ.

实验仪器

分光计,钠灯,汞灯,双面平面镜,三棱镜,平面透射光栅.

分光计的型号很多,但结构基本相同,主要由底座、平行光管、望远镜、载物台和读数装置 5 个部件组成,如图 2.13.4 所示.

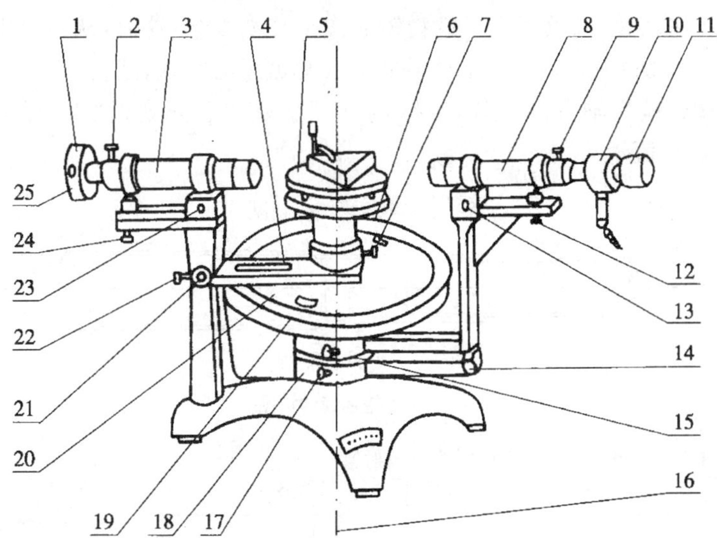

1—狭缝装置;2—狭缝装置锁紧螺丝;3—平行光管(准直管);4—制动架(二);5—载物台;6—载物台调平螺丝;7—载物台锁紧螺丝;8—望远镜;9—望远镜锁紧螺丝;10—阿贝式自准直目镜;11—目镜调焦手轮;12—望远镜光轴高低调节螺丝;13—望远镜光轴水平调节螺丝;14—望远镜微调螺丝;15—转轴与刻度盘止动螺丝;16—望远镜止动螺丝;17—制动架(一);18—底座;19—转座;20—刻度盘;21—游标盘;22—游标盘微调螺丝;23—游标盘止动螺丝;24—准直管光轴水平调节螺丝;25—准直管光轴高低调节螺丝;26—狭缝宽度调节手轮

图 2.13.4　分光计的结构图

1. 分光计底座

分光计底座中心固定有一中心轴,望远镜、刻度盘和游标盘套在中心轴上,可绕中心轴旋转.

2. 平行光管

平行光管安装在固定立柱上,它的作用是产生平行光.平行光管由狭缝和透镜组成,如图 2.13.5 所示.狭缝宽度

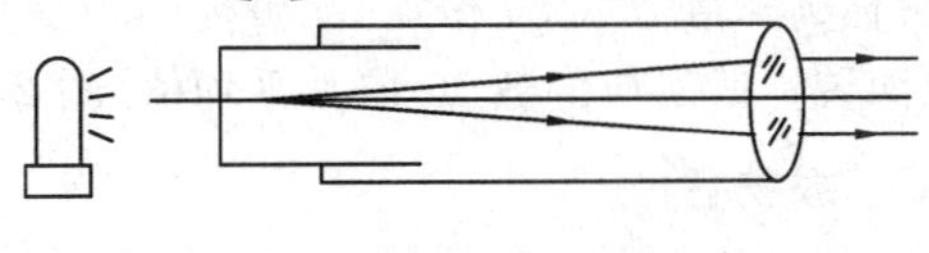

图 2.13.5　平行光管

可调(范围为 0.02～2 mm),透镜与狭缝间距可以通过伸缩狭缝筒进行调节.当狭缝位于透镜焦平面上时,由狭缝经过透镜射出的光为平行光.

3. 自准直望远镜

阿贝式自准直望远镜安装在支臂上,支臂与转座固定在一起并套装在刻度盘上,用来观察和确定光线行进方向.

自准直望远镜由物镜、目镜、分划板等组成,如图 2.13.6(a)所示,三者间距可调.其中,分划板上刻有"丰"形叉丝,称为"十"字叉丝;分划板下方与一块 45°全反射小棱镜的直角面相贴,直角面上涂有不透明薄膜,薄膜上划有一个"十"字形透光的窗口。当小电珠的绿光从管侧经棱镜另一直角面入射到棱镜上时,即照亮"十"字形窗口.调节目镜,使目镜视场中出现清晰的"十"字像,如图 2.13.6(b)所示.在物镜前方放置一平面镜,然后调节物镜,使分划板位于物镜焦平面上,那么从棱镜"十"字形发出的绿光经物镜后成为平行光射向前方平面镜,其反射光又经物镜成像于分划板上.这时,从目镜中可以看到清晰的"丰"形叉丝和绿色"十"字像.此时望远镜已调焦至无穷远,适合观察平行光.如果平面镜的法线与望远镜光轴方向一致,则绿色"十"字像位于分划板"丰"形叉丝的上横线上,如图 2.13.6(c)所示.

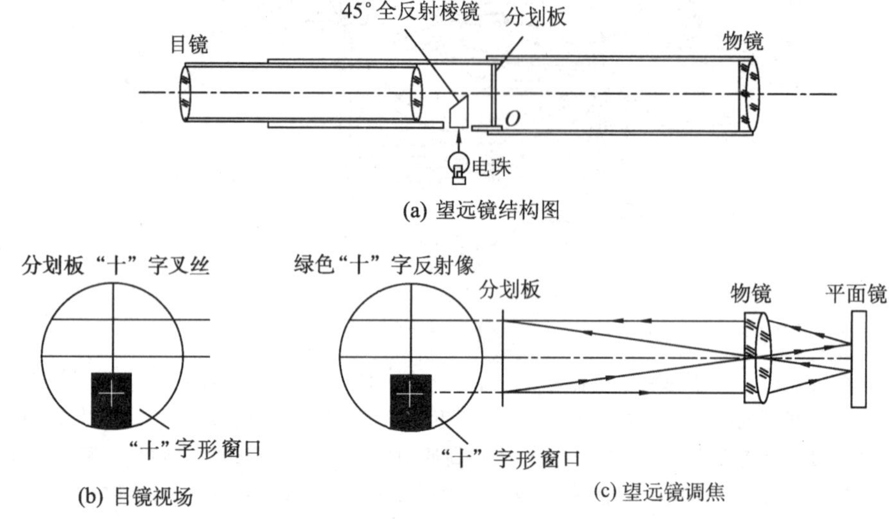

图 2.13.6 阿贝式自准直望远镜

4. 读数装置

游标与随望远镜一起转动的刻度盘组成读数系统(如图 2.13.7 所示),其读数方法与游标卡尺的读数方法相似.为了消除刻度盘与分光计中心轴线之间的偏心差,在刻度盘同一直径的两端各装有一个游标.

刻度圆盘上有 720 条刻线,分度值为 0.5°/格或 30′/格,小于 30′的读数由游标上读出,游标圆弧等分成 30 格,因此游标的精度(即刻度盘分度值/游标格数)为 1′.测量时,读出两游标所对应的数值,取其平均值.图 2.13.7 所示的读数应为 112°45′.

5. 载物台

载物台是用于放置棱镜、光栅等光学元件的圆形平台,套在游标盘上,可以随游标盘一起绕平台中心轴转动，可以升降，结构如图 2.13.8 所示.

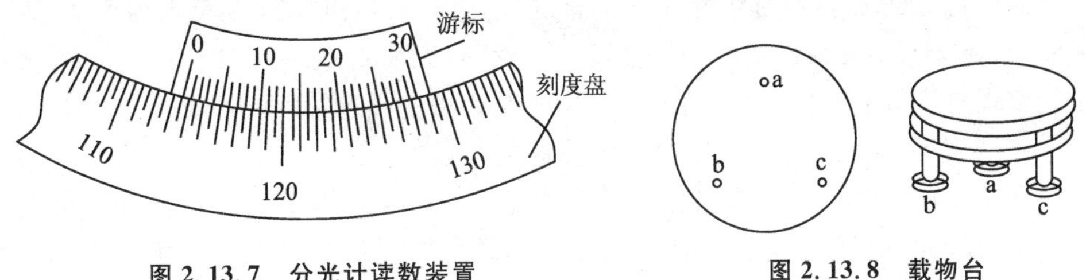

图 2.13.7　分光计读数装置　　**图 2.13.8　载物台**

实验内容

1. 分光计的调节

分光计装置较精密，结构较复杂，调节要求也较高，对初学者来说操作调节会有一定难度，但只要注意了解其基本结构和原理，明确调节要求，实验过程中注意观察，并运用已有的理论知识去分析、指导操作，一定能较好地完成实验.

在进行分光计的调节前，应先明确分光计的 3 个调节要求：

① 望远镜能接收平行光，或称望远镜聚焦于无穷远处；

② 平行光管能发出平行光；

③ 望远镜和平行光管的光轴均与分光计的中心轴垂直，载物台与分光计的中心轴垂直.

明确分光计调节要求后，应对照仪器熟悉结构和各调节螺钉的作用.

(1) 目测粗调

用眼睛直接观察，调节望远镜和平行光管的光轴高低调节螺钉，使两者的光轴尽量呈水平状态；调节载物台的 3 个调平螺钉，使载物台尽量呈水平状态. 粗调完成得好，可以减少细调的盲目性，使实验进行地更顺利.

(2) 细调

① 调节望远镜对无穷远聚焦(适合观察平行光).

ⅰ. 目镜调焦：先把目镜调焦手轮旋转出，然后一面旋进，一面从目镜中观察，直到分划板上刻线成像清晰. 再慢慢旋出手轮，直至目镜中刻线的清晰度将被破坏而未被破坏时为止.

ⅱ. 接通望远镜灯电源，将平面镜按图 2.13.9 所示放置在载物台上(平面镜处在平台两个螺钉连线的中垂线上)，让反射面正对望远镜. 缓慢转动载物台，从望远镜中寻找

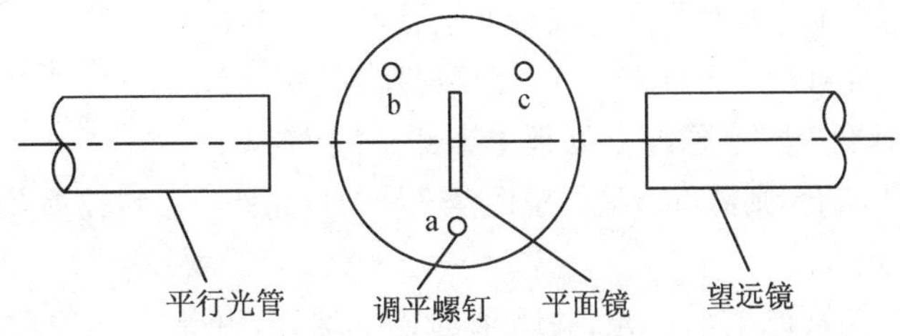

图 2.13.9　平面镜的放置

绿色“十”字反射像. 如果反复转动载物台，均找不到反射的“十”字像，就要调节一下载物台下面的螺钉 b 或 c，再左右缓慢转动平台寻找，直到观察到“十”字反射像为止. 调节望远镜镜筒，使“十”字反射像清晰，且与“调整叉丝”间无视差，如图 2.13.6(c)所示. 此时望远镜就实现对无穷远聚焦，在此后的调节中不允许再调望远镜.

② 调节望远镜光轴与分光计中心转轴垂直.

望远镜光轴与分光计中心转轴垂直的标志是：从望远镜中观察平面镜反射的绿色“十”字像，转动载物台，平面镜两面反射形成的绿色“十”字像都与分划板上半部分“十”字叉丝重合，如图 2.13.6(c)所示.

若不重合，调节方法如下：

ⅰ. 当绿色“十”字像与分划板上半部分“十”字叉丝不重合，如图 2.13.10(a)或(b)所示两者的水平线间的距离为 $2d$ 时，先调节望远镜倾斜度，使偏离量减少一半；再调节调平螺钉 b 使偏离量为零，此时绿色“十”字反射像和叉丝重合，如图 2.13.10(c)所示.

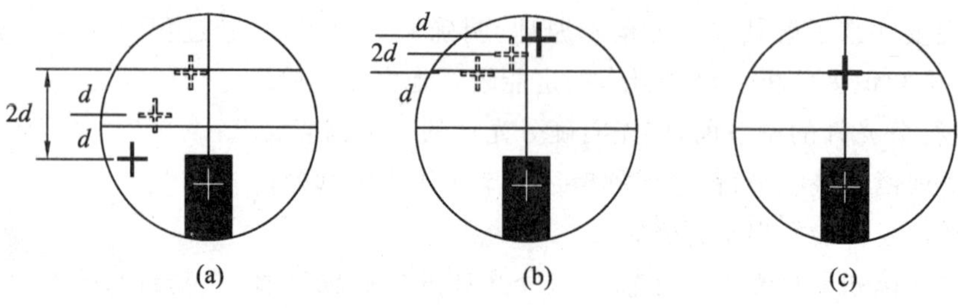

图 2.13.10 物镜焦距细调

ⅱ. 旋转载物平台 180°，使反射镜的另一面对准望远镜，左右缓慢转动平台，看到绿色“十”字反射像后，重复前述①的调节方法.

ⅲ. 反复上述的调节，直至不论转到平面镜哪一面，绿色“十”字反射像和分划板上半部分“十”字叉丝均重合，此时望远镜光轴垂直于分光计中心转轴. 这种调节方法称为逐次逼近法或各半调节法.

③ 调节载物台与分光计中心转轴垂直.

在上述调节的基础上，使平面镜旋转过 90°置于载物台中央，如图 2.13.11 所示.

ⅰ. 载物台旋转 90°，使平面镜的一个反射面正对望远镜，观察绿色“十”字像与分划板上半部分“十”字叉丝是否重合. 如果只转动望远镜找不到绿色“十”字像，则调节载物台下方螺钉 a(螺钉 b 和 c 不能动)，直到视场内出现绿色“十”字像并与分划板上半部分“十”字叉丝重合为止.

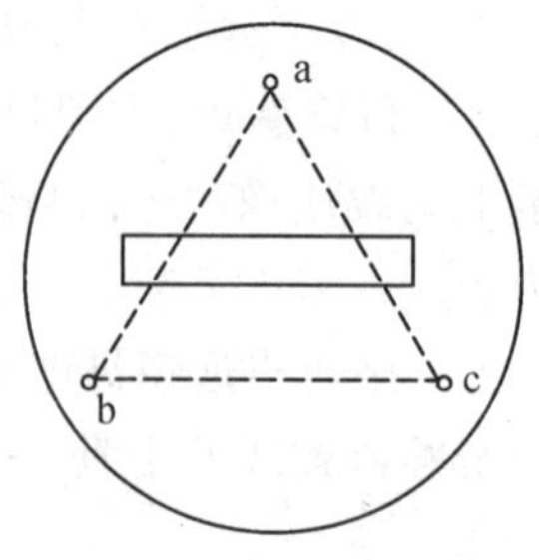

图 2.13.11 平面镜转动后位置

ⅱ. 载物台沿相同方向再旋转 180°，使反射镜的另一面对准望远镜，观察绿色“十”字像与分划板上半部分“十”字叉丝是否重合. 如果不重合，则需重新进行望远镜光轴与分光计中心转轴垂直的调节.

④ 调节平行光管.

ⅰ. 调节平行光管产生平行光：关闭望远镜电珠，打开指定光源照亮平行光管狭缝. 用已调好的望远镜对准平行光管观察，松开狭缝装置并锁紧螺钉，前后移动狭缝套筒，使望远镜中看到清晰的狭缝像，并且与叉丝无视差，此时平行光管发出平行光；调节狭缝宽度调节手轮，使从望远镜中观察的缝宽约 1 mm.

ⅱ. 调节平行光管的光轴与分光计中心轴线垂直：看到清晰的狭缝像后，当狭缝像为水平状态时，调节平行光管倾斜螺丝，使狭缝水平像被分划板“十”字叉丝的垂直线左右平分，如图 2.13.12(a)所示；当狭缝像为垂直状态时，调节平行光管倾斜螺丝，使狭缝垂直像被分划板“十”字叉丝的垂直线左右平分，如图 2.13.12(b)所示.

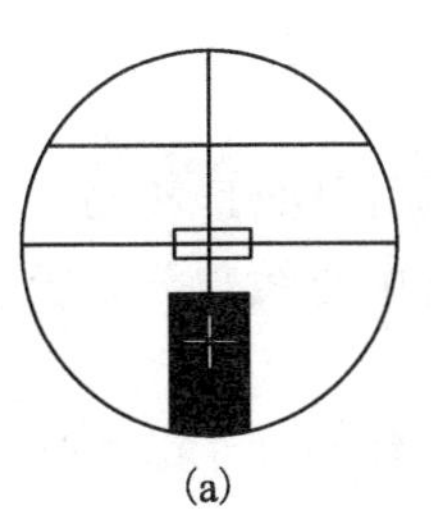

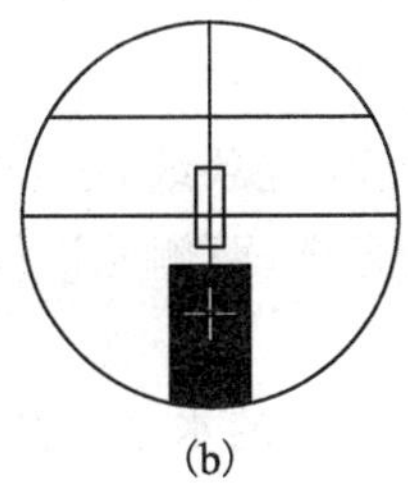

图 2.13.12　平行光管调节

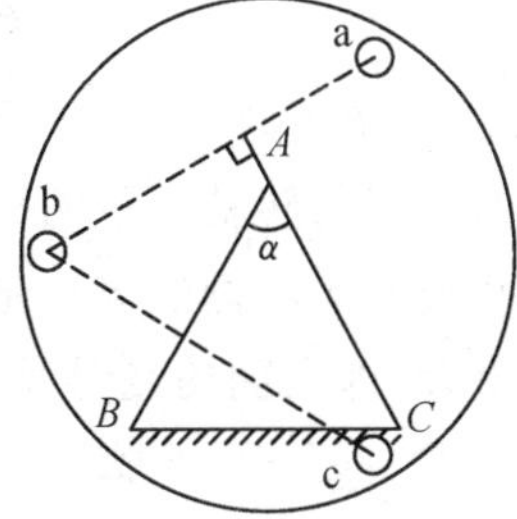

图 2.13.13　三棱镜的放置

2. 测量三棱镜的顶角

本实验采用棱脊分束法测三棱镜的顶角.

(1) 将棱镜按图 2.13.13 所示放置在载物台上. 图中 ABC 表示三棱镜的横截面，AB，AC，BC 是三棱镜的 3 个侧面. 其中，AB，AC 两个侧面是透光的光学表面(称为折射面)，BC 面是毛玻璃面(称为底面). 三棱镜两折射面的夹角 α 为顶角. 放置三棱镜时，顶角要靠近载物台中央，折射面要与载物台下调平螺丝的连线垂直.

(2) 转动载物台，使顶角正对平行光管，即使三棱镜顶角的角平分线与平行光管的光轴重合，用压片压住.

(3) 转动狭缝调节手轮，将狭缝尽量调细. 将转轴与刻度盘止动螺钉拧紧，使载物台与游标盘连接在一起. 转动望远镜，在目镜里找到被棱镜 AB 面反射的狭缝的像，如图 2.13.2 中 T_3 位置. 用望远镜微调装置进行调节，使狭缝的像与分划板中心竖线重合，记下左右游标的读数 ν_1 和 ν_1'. 再转动望远镜，在目镜里找到由棱镜 AC 面反射的狭缝的像(图 2.13.2 中 T_4 位置)，分别记下左右游标的读数 ν_2 和 ν_2'. 重复 5 次，将读数填入表 2.13.1 中，则被测三棱镜顶角为

$$\alpha=\frac{1}{2}\left[\frac{1}{2}(\nu_2-\nu_1)+\frac{1}{2}(\nu_2'-\nu_1')\right]=\frac{1}{4}[(\nu_2+\nu_2')-(\nu_1+\nu_1')]. \qquad (2.13.4)$$

3. 测量光栅常数及光波波长

(1) 调整放置光栅

① 调节光栅平面，使其与平行光管和望远镜的光轴垂直.

将装有光栅的光栅支架按图 2.13.14(a)所示置于载物台上. 在调节好分光计的基础上，先用汞灯照亮平行光管的狭缝，使望远镜目镜中分划板上的中心垂线对准狭缝的像，然后固定望远镜，使其一端对准调平螺丝 a，另一端置于调平螺丝 b 和 c 的中点. 旋转游标盘并调节调平螺丝 b 或 c，当从光栅平面反射回来的“十”字像与分划板上方的“十”字线重合时(如图 2.13.14(b))，光栅已垂直于入射光，固定游标盘.

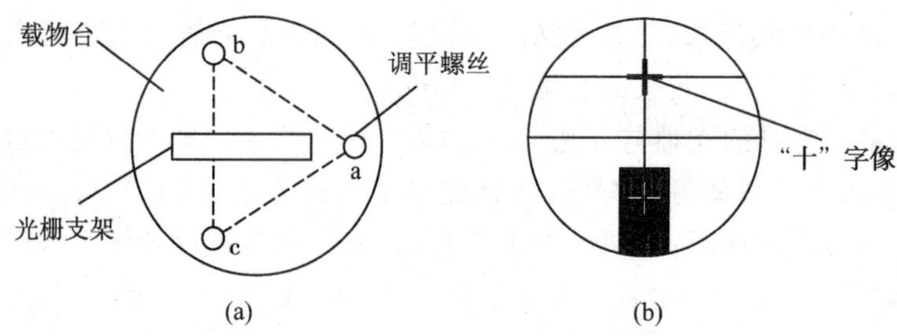

图 2.13.14　光栅支架的放置及调节

② 调节光栅刻痕与转轴平行.

光栅刻痕与转轴平行的标志:用汞灯照亮狭缝,松开望远镜紧固螺钉,转动望远镜可观察到 0 级光谱两侧的±1、±2 级衍射光谱,两侧光谱线的光谱中心线与分划板水平线的中心重合,即两侧的光谱线等高.

如果左右两侧的光谱线相对目镜中叉丝的水平线高低不等(如图 2.13.15 所示),说明光栅刻痕与转轴不平行,这时可调节调平螺丝 a(不得动调平螺丝 b 和 c).

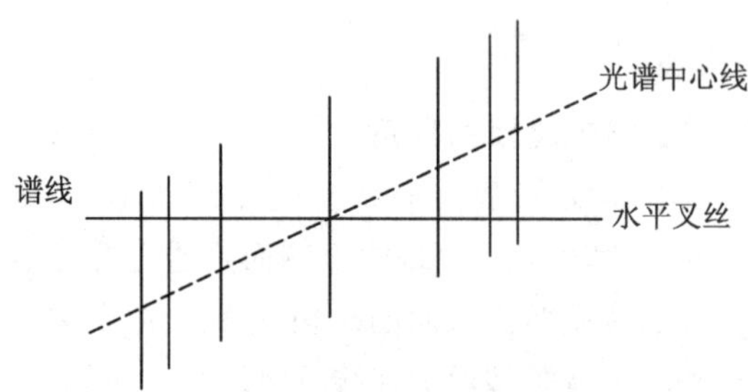

图 2.13.15　左右两侧光谱线相对目镜叉丝不等高

③ 重复上述的调节步骤,直到两个条件均满足为止.

(2) 测汞灯绿光谱线的衍射角,计算光栅常数

① 转动望远镜,观察汞灯绿线($\lambda=546.1$ nm)的各级衍射光谱(谱线),熟悉谱线的分布规律.

② 由于衍射光谱的分布位置对称于中央明纹,所以对称的两条光谱线之间夹角的一半为该级光谱的衍射角. 先将望远镜对准中央明纹,然后转动对准第一级光谱线($k=+1$)的绿光谱线,锁紧望远镜. 借助望远镜微调螺丝微调望远镜位置,使分划板的垂直刻线对准待测谱线(为避免螺距误差,应先向黄光谱线方向多移动一些,再返回绿光谱线). 从左、右游标上分别读取数据 ν 和 ν',记录在表 2.13.2 中.

③ 用同样的方法测出 $k=-1$ 的绿光谱线的角位置,由公式 $\varphi=\frac{1}{4}(|\nu_2-\nu_1|+|\nu_2'-\nu_1'|)$计算衍射角 φ.

④ 将绿光波长 $\lambda=546.1$ nm 和衍射角 φ 代入式(2.13.3)中,求出光栅常数 d.

(3) 测定双黄光的波长

① 用上述同样的方法分别测出汞灯两条黄光谱线 $k=1$ 和 $k=-1$ 的角位置,求出两条黄光谱线的衍射角,记录在表 2.13.2 中.

② 将已知光栅常数 d 和衍射角 φ 代入式(2.13.3)中,计算两条黄光谱线的波长 λ.

实验数据记录

角游标的最小分度值：__________；分光计的最大允差 $\Delta_{仪}$ = ____________；极限误差 Δ= __________.

表 2.13.1　三棱镜顶角观测数据记录表

项目 / 次数	棱镜角				顶角 α
	棱镜角折射面 AB		棱镜角折射面 AC		
	左游标读数 ν_1	右游标读数 ν'_1	左游标读数 ν_2	右游标读数 ν'_2	
1					
2					
3					
4					
5					

表 2.13.2　各谱线衍射角的观测数据记录表

	$k=1$ 光谱位置		$k=-1$ 光谱位置		$\varphi=\frac{1}{4}(\lvert\nu_2-\nu_1\rvert+\lvert\nu'_2-\nu'_1\rvert)$
黄光Ⅰ	左	ν_1	左	ν_2	
	右	ν'_1	右	ν'_2	
黄光Ⅱ	左	ν_1	左	ν_2	
	右	ν'_1	右	ν'_2	
绿光	左	ν_1	左	ν_2	
	右	ν'_1	右	ν'_2	

数据处理与分析

1. 三棱镜顶角的计算

(1) 由表 2.13.1 数据和式(2.13.4)，计算三棱镜顶角 α_i 的平均值.

(2) 计算三棱镜顶角的不确定度，并给出实验结果的完整表达式：

$$U_\alpha=\sqrt{\left(\frac{1}{4}\right)^2(U_{\nu_1}^2+U_{\nu_2}^2+U_{\nu'_1}^2+U_{\nu'_2}^2)}\quad(\alpha\text{ 取弧度}).$$

2. 光栅常数和光波波长的计算

(1) 由绿光波长 $\lambda_{绿}=546.1$ nm 和绿光一级光谱衍射角 φ 计算光栅常数 d.

(2) 根据 $\lambda=\frac{\sin\varphi_x}{\sin\varphi_{绿}}\lambda_{绿}$ 求出黄光Ⅰ和黄光Ⅱ的波长.

(3) 根据不确定度传递公式求出黄光Ⅰ和黄光Ⅱ波长的相对不确定度，并给出实验结果的完整的表达式：

$$U_\varphi=\sqrt{\left(\frac{1}{4}\right)^2(U_{\nu_1}^2+U_{\nu_2}^2+U_{\nu'_1}^2+U_{\nu'_2}^2)}=\frac{1}{2}U_\nu,$$

$$U_\lambda=\sqrt{\left(\frac{\partial\lambda}{\partial\varphi_x}\right)^2U_\varphi^2+\left(\frac{\partial\lambda}{\partial\varphi_{绿}}\right)^2U_\varphi^2}.$$

注意事项

1. 分光计的调节十分费时，调节好后不要随意变动，以免需重新调节而影响实验的进行.

2. 不要将平面双面镜碰落或打碎.

3. 分光计是较精密的光学仪器，要加倍爱护，不应在止动螺钉锁紧时强行转动望远镜，调节狭缝时不要用力过大.

4. 在测量数据前务必检查分光计的几个止动螺丝是否锁紧，若未锁紧，则取得的数据不可靠.

5. 测量中应正确使用望远镜的微调螺丝，以便提高工作效率和测量准确度.

6. 在调节平行光管前打开钠灯或汞灯，勿频繁开关.

7. 记录与计算角度时，应对左、右游标读数分别进行计算，以防止混淆而出错.

8. 在测量顶角时，应将三棱镜的折射棱靠近载物台的中心放置，否则由棱镜两折射面反射的光将不能进入望远镜.

9. 在游标读数过程中，由于望远镜可能位于任何方位，故应注意望远镜转动过程中是否过了刻度的零点.

10. 实验用的光栅是由明胶制成的复制光栅，不得用手触摸或用纸擦拭衍射光栅玻璃片上的明胶部位，以免损坏其表面刻痕.

11. 光栅位置调好后，在实验中不应移动.

12. 汞灯紫外线很强，不可直视，以免灼伤眼睛.

思考题

1. 望远镜光轴与分光计中心轴不垂直时，应如何调节？

2. 调节望远镜观察平行光(即无穷远调焦)时，目镜视场中看到的绿“十”字像和“丰”形叉丝应满足什么要求？如何调节？

3. 当狭缝过宽或过窄时，将会出现什么现象？为什么？

4. 读取两游标读数为什么能消除仪器的偏心误差？如果游标由位置 1 转到位置 2 时，中间经过了刻度盘的 0°(360°)，该对数据如何处理？

5. 分析光栅面和入射平行光不严格垂直对实验的影响.

6. 设某光栅缝数 $N=4\,000$，对一级光谱在波长 590 nm 附近，它刚能辨认的两谱线的波长差为多少？

实验十四　用扭摆法测物体的转动惯量

转动惯量是刚体转动时惯性大小的量度，是表征刚体特性的一个物理量．它与物体质量、转动位置和质量分布（即形状、大小和密度分布）有关．如果刚体形状简单，且质量分布均匀，可以直接计算出它绕特定轴的转动惯量．对于形状复杂，质量分布不均匀的刚体（如机械零部件、电机转子以及炮弹的弹丸等），要计算转动惯量非常困难，往往需要用实验方法测定．学会刚体转动惯量的测量方法，具有重要的现实意义，它被广泛应用于动力装置的传动、惯性制导、弹体和飞行器的姿态以及动力性能研究和船舰技术等方面．

测量刚体转动惯量的方法很多，如扭摆法、三线摆法、单线扭摆法以及塔轮法等．本实验采用扭摆法测量物体的转动惯量．

实验目的

1. 熟悉扭摆的构造及使用方法．
2. 测量扭摆弹簧的扭转常数 K．
3. 测量不同形状物体的转动惯量，与理论值进行比较．
4. 验证转动惯量的平行轴定理．

预习题

1. 为什么质量相同的物体其转动惯量不相同？转动惯量与哪些因素有关？
2. 实验中，在称细杆的质量时为什么必须将支座和安装夹具取下？
3. 一个质量不均匀的物体，如何测量绕某特定转轴的转动惯量？

实验原理

转动惯量的测量，一般是使刚体以一定形式转动，通过表征这种运动特征的物理量与转动惯量的关系，进行转换测量．本实验使物体作扭转摆动，由摆动周期及其他参数的测定计算出物体的转动惯量．

1. 扭摆的简谐振动

扭摆的构造如图 2.14.1 所示，在垂直轴上装有一根薄片状的螺旋弹簧，用来产生恢复力矩．轴上方可以安装各种待测刚体．垂直轴与支座间装有轴承，使摩擦力矩尽可能降低．为了保持垂直轴与水平面垂直，可通过底脚螺丝来调节．水准仪用来指示系统的水平调节．

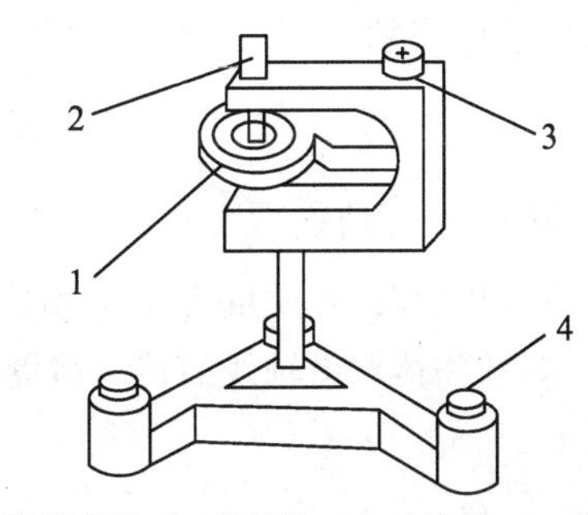

1—螺旋弹簧；2—垂直轴；3—水准仪；4—底脚螺丝

图 2.14.1　扭摆的结构示意

将刚体放在载物盘上，使其在水平面内

偏离平衡位置转过 θ 角，弹簧发生形变，产生一个恢复形变的力矩. 在弹簧恢复力矩的作用下，物体开始绕垂直轴做往返扭转运动，当 $\theta<5°$ 时，根据胡克定律，弹簧受扭转而产生的恢复力矩 M 与所转过的角度 θ 成正比，即

$$M=-K\theta, \tag{2.14.1}$$

式中，K 为弹簧的扭转常数.

根据刚体的定轴转动定律 $M=I\beta$（其中，I 为刚体绕转轴的转动惯量，β 为角加速度），得

$$\beta=\frac{M}{I}. \tag{2.14.2}$$

忽略轴承的摩擦阻力矩，令 $\omega^2=\frac{K}{I}$，则由式(2.14.1)和(2.14.2)有

$$\frac{\mathrm{d}^2\theta}{\mathrm{d}t^2}+\omega^2\theta=0. \tag{2.14.3}$$

此方程表明在忽略轴承的摩擦阻力矩的条件下，扭摆运动是简谐振动. 角加速度与角位移成正比，且方向相反. 该方程的解为

$$\theta=A\cos(\omega t+\Phi), \tag{2.14.4}$$

式中，A 为简谐振动的角振幅(最大角位移)；Φ 为初相位角；ω 为角速度. 简谐振动的周期为

$$T=\frac{2\pi}{\omega}=2\pi\sqrt{\frac{I}{K}}. \tag{2.14.5}$$

由式(2.14.5)可知，只要测得物体的摆动周期，已知 I 和 K 中任何一个量时，即可计算出另一个量.

2. 扭摆常数的测量

通过一个已知转动惯量的刚体的转动可以测量所用扭摆的 K 值. 实验中，可先测量一个几何形状规则物体(如标准的圆柱体)的质量和几何尺寸，根据理论公式计算出它的转动惯量. 再将该物体装到扭摆(即金属载物盘)上，测出它们一起转动摆动周期 T. 由式(2.14.5)计算出扭摆弹簧的扭转常数 K.

设空盘绕转轴的转动惯量为 I_0，转动的周期为 T_0，标准圆柱体绕转轴的转动惯量的理论值为 I_1，和空盘一起转动的周期为 T_1，由式(2.14.5)可得

$$T_0=2\pi\sqrt{\frac{I_0}{K}},\quad T_1=2\pi\sqrt{\frac{I_0+I_1}{K}},$$

由上面两式联立消去 I_0，可得

$$K=4\pi^2\frac{I_1}{T_1^2-T_0^2}. \tag{2.14.6}$$

3. 验证平行轴定理

理论分析证明，若质量为 m 的物体绕通过质心轴的转动惯量为 I_0，当转轴平行移动距离为 x 时，此物体对新轴线的转动惯量变为(I_0+mx^2)，这称为转动惯量的平行轴定理.

实验仪器

TH-2 型转动惯量测试仪，天平，游标卡尺，直尺，塑料圆柱体，金属圆筒，金属细杆，金属滑块(2 个).

实验内容

1. 仪器调节

(1) 水平调节:调节扭摆底座螺钉,使水准仪中的小气泡位于中间.水平一旦调节好,扭摆不可移位,否则要重新调节.

(2) 安装金属载物盘.

(3) 调整光电门的位置:使载物盘处于平衡位置时,挡光杆处于光电门中央,并能自由往返通过光电门,但不能碰撞.

2. 测量各物体的质量和几何尺寸

测出塑料圆柱体的直径、金属圆筒的内外径、金属细杆的长度以及它们的质量,各测3次,将数据填入表2.14.1中.

3. 测量摆动周期,计算转动惯量

(1) 测定载物盘的摆动周期 T_0,将数据填入表2.14.2中.

(2) 将塑料圆柱体安装在载物盘上,测它们共同的摆动周期 T_1,将数据填入表2.14.2中.

(3) 将金属圆筒安装在载物盘上,测它们共同的摆动周期 T_2,将数据填入表2.14.2中.

(4) 取下载物盘,装上金属细杆及杆夹具,测定金属细杆和杆夹具共同的摆动周期 T_3,将数据填入表2.14.2中.

(5) 计算塑料圆柱体、金属圆筒以及金属细杆绕中心轴的转动惯量的理论值和实验值,并计算出百分差.

注:多功能计时计数器的使用方法参见本实验附录.

4. 验证平行轴定理

将滑块对称放置在细杆两边的凹槽内,如图2.14.2所示,取滑块的质心离转轴的距离 x_i 分别为5.00,10.00,15.00,20.00,25.00 cm,测出各位置对应的摆动周期 T_i,验证转动惯量平行轴定理.

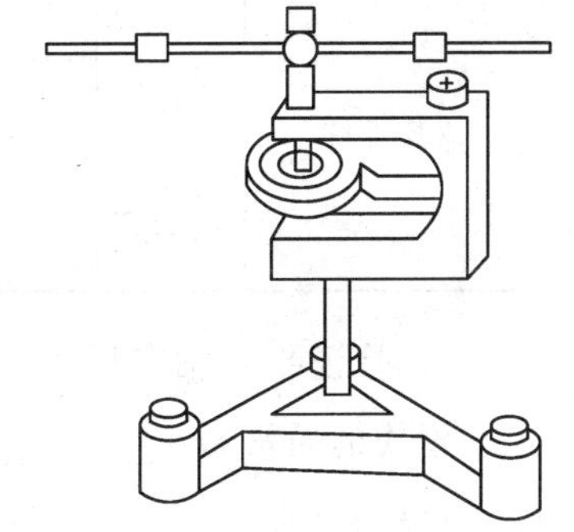

图 2.14.2 滑块放置图

实验数据记录

1. 测量塑料圆柱体、金属圆筒、金属细杆的质量和尺寸

表 2.14.1 塑料圆柱体、金属圆筒、金属细杆的质量和尺寸数据记录表

次数	塑料圆柱体		金属圆筒			金属细杆	
	质量/kg	D/cm	质量/kg	$D_{外}$/cm	$D_{内}$/cm	质量/kg	L/cm
1							
2							
3							
平均值							

2. 测量摆动周期

表 2.14.2 测量摆动周期数据记录表

物体名称	周期/s		转动惯量理论值 /$(10^{-4}\ \mathrm{kg}\cdot\mathrm{m}^2)$	实验值/$(10^{-4}\ \mathrm{kg}\cdot\mathrm{m}^2)$	百分差
金属载物盘	T_0			$I_0=\dfrac{I_1'\overline{T_0}^2}{\overline{T_1}^2-\overline{T_0}^2}$ $=$	
	$\overline{T_0}$				
塑料圆柱体	T_1		$I_1'=\dfrac{1}{8}m\overline{D_1}^2$ $=$	$I_1=\dfrac{K\overline{T_1}^2}{4\pi^2}-I_0$ $=$	
	$\overline{T_1}$				
金属圆筒	T_2		$I_2'=\dfrac{1}{8}m(\overline{D_{外}}^2+\overline{D_{内}}^2)$ $=$	$I_2=\dfrac{K\overline{T_2}^2}{4\pi^2}-I_0$ $=$	
	$\overline{T_2}$				
金属细杆	T_3		$I_3'=\dfrac{1}{12}mL^2$ $=$	$I_3=\dfrac{K}{4\pi^2}\overline{T_3}^2-I_{夹具}$ $=$	
	$\overline{T_3}$				

3. 验证平行轴定理

滑块的质量 $m=$__________ kg；$L_{滑块}=$__________ cm；

$D_{滑块外}=$__________ cm；$D_{滑块内}=$__________ cm.

表 2.14.3 验证平行轴定理数据记录表

X_i/cm	5.00	10.00	15.00	20.00	25.00
摆动周期 T_i/s					
$\overline{T_i}$/s					
实验值/$(10^{-4}\ \mathrm{kg}\cdot\mathrm{m}^2)$ $I_4=\dfrac{K}{4\pi^2}\overline{T_i}^2$					
理论值/$(10^{-4}\ \mathrm{kg}\cdot\mathrm{m}^2)$ $I_4'=I_3'+2mx^2+I_5'+I_{夹具}$					
百分差					

已知两个滑块绕过质心轴的转动惯量理论值为

$$I'_5=2\times\left[\frac{1}{16}m(D^2_{滑块外}+D^2_{滑块内})+\frac{1}{12}mL^2_{滑块}\right]=0.753\times10^{-4}\ \mathrm{kg}\cdot\mathrm{m}^2.$$

数据处理与分析

根据表 2.14.1 及 2.14.2 中的数据，计算以下数据.

1. 塑料圆柱体、金属圆筒、金属杆绕中心轴转动的转动惯量的理论值.

2. 金属载物盘绕中心轴的转动惯量.

3. 扭摆弹簧的扭转常数 K.

4. 塑料圆柱体、金属圆筒、金属杆绕中心轴转动的转动惯量的实验值，与理论值比较计算百分差.（在计算金属杆转动惯量时，应扣除夹具的转动惯量）

已知金属细杆夹具转动惯量实验值为 $I_{夹具}=0.321\times10^{-6}\ \mathrm{kg}\cdot\mathrm{m}^2$.

5. 根据表 2.14.3 中的数据，计算滑块质心在不同位置处的转动惯量的实验值及理论值，并对结果作出分析说明.

注意事项

1. 由于弹簧的扭转常数 K 值不是固定常数，它与摆动角度有关系，摆角在 $40°\sim90°$ 范围内基本相同，在小角度时变小. 为了减少系统误差，在测各种物体的摆动周期时，摆角应基本保持在同一范围内.

2. 光电探头宜放置在挡光杆的平衡位置处，挡光杆不能与它相接触，以免增大摩擦力矩.

3. 光电探头不能放置在强光下，实验时采用窗帘遮光，确保计时准确.

4. 基座应保持水平状态.

5. 在安装待测物体时，其支架必须全部套入扭摆主轴，并将止动螺丝旋紧，否则扭摆不能正常工作.

6. 在称金属细杆的质量时，必须将支架取下，否则会带来较大误差.

思考题

1. 如果标准圆柱体的材料由塑料改为金属或其他材料，对实验的结果是否会产生影响？

2. 如何利用本实验仪来测定任意形状物体绕特定轴的转动惯量？

3. 弹簧的扭转常数越大，物体的摆动周期是否越大？为什么？

4. 验证滑块不对称时的平行轴定理.

5. 本实验除了用光电门和数字计时器来测量摆动周期外，还可以用什么方法来测量周期？

附录

多功能计时计数器的使用方法.

(1) 调节光电门的高度，使被测物体上的挡光杆能自由往返通过光电门.

(2) 将光电门的信号传输线与主机输入端(位于测试仪背面)相连.

(3) 开启主机电源,“摆动”指示灯亮,参量指示为 P_1,数据显示为“----”.若情况异常(如死机),按“复位”键即可恢复正常,或关机重新启动.

(4) 开机后默认扭摆的周期累计数为 10,也可以根据需要重新设置.

按“置数”键,显示为“n=10”,按“上调”键,周期数依次加 1;按“下调”键,周期数依次减 1,调至所需的周期累计数后,再按“置数”键确认,显示“F1end”(摆动周期预置确定)或“F2end”(转动周期预置确定).周期累计数只能在 1~20 范围内任意设定.更改后的周期数不具有记忆功能,一旦切断电源或按“复位”键,便恢复默认周期累计数.

(5) 按“功能”键,可以选择转动、摆动两种功能(开机默认值为摆动).

(6) 按“执行”键,数据显示为“000.0”,表示仪器已处于待测状态.此时,当被测物体上的挡光杆第一次通过光电门时,仪器开始计时,直至所设定的周期数自动停止计时.由“数据显示”给出累计的时间,同时仪器自行计算周期 C1 予以存储,以供查询和作多次测量求平均值,至此 P_1(第 1 次测量)测定完毕.

(7) 重复步骤(6),按“执行”键,这时“P_1”变为“P_2”,数据显示又回到“000.0”,仪器处在第 2 次待测状态,该仪器最多重复测量的次数为 5,即 $P_1,P_2,\cdots,P_5$.“执行”键还具有修改功能,如要修改第 2 次测量数据,可按“执行”键出现“P_2 000.0”后,即可重复测量第 2 组数据.

(8) 按“查询”键可知各次测量的周期值 $T_i(i=1,2,\cdots,5)$以及它们的平均值 $\overline{T}$.

(9) 按“返回”键,系统将无条件回到最初状态,清除当前状态的所有执行数据,但预置的周期数不改变.

(10) 按“复位”键,实验所得的数据全部清除,所有参量恢复到初始的默认值.

实验十五　霍尔效应及磁场的测定

近年来，在科研和生产实践中，霍尔传感器被广泛应用于磁场的测量，它的测量灵敏度高，体积小，易于在磁场中移动和定位. 本实验利用霍尔传感器测量通电螺线管内直流电流与霍尔传感器输出电压之间的关系，证明霍尔电势差与螺线管内的磁感应强度成正比，从而掌握霍尔效应的物理规律；用通电长直螺线管中心点磁感应强度的理论计算值作为标准值来校准霍尔元件的灵敏度；用霍尔元件测螺线管内部的磁场沿轴线的分布.

实验目的

1. 了解霍尔传感器的工作原理，学习测定霍尔传感器灵敏度的方法.
2. 掌握用霍尔传感器测量螺线管内磁感应强度沿轴线方向分布的方法.

预习题

1. 当磁感应强度 $\boldsymbol{B}$ 的方向与霍尔元件的平面不完全垂直时，测得的磁感应强度实验值比实际值大还是小？为什么？请作图说明.

实验原理

1. 霍尔效应

把矩形的金属或半导体薄片放在磁感应强度为 $\boldsymbol{B}$ 的磁场中，薄片平面垂直于磁场方向，如图 2.15.1 所示. 在横向方向通以电流 I，那么就会在纵向方向的两端面间出现电位差，这种现象称为霍尔效应，两端的电位差称为霍尔电压，其正负取决于载流子的类型. 图 2.15.1 中载流子为带负电的电子，是 N 型半导体或金属，这一金属或半导体薄片称为霍尔元件. 假设霍尔元件由 N 型半导体制成，当霍尔元件上通有电流时，自由电子运动的方向与电流 I 的流向相反. 由于洛仑兹力 $\boldsymbol{F}_m=-e\boldsymbol{v}\times\boldsymbol{B}$ 的作用，电子向一侧偏转，在半导体薄片的横向两端面间形成电场，称为霍尔电场 $\boldsymbol{E}_H$，对应的电势差称为霍尔电压 U_H. 电子在霍尔电场 $\boldsymbol{E}_H$ 中所受的电场力为 $\boldsymbol{F}_H=-e\boldsymbol{E}_H$，当电场力与磁场力达到平衡时，有

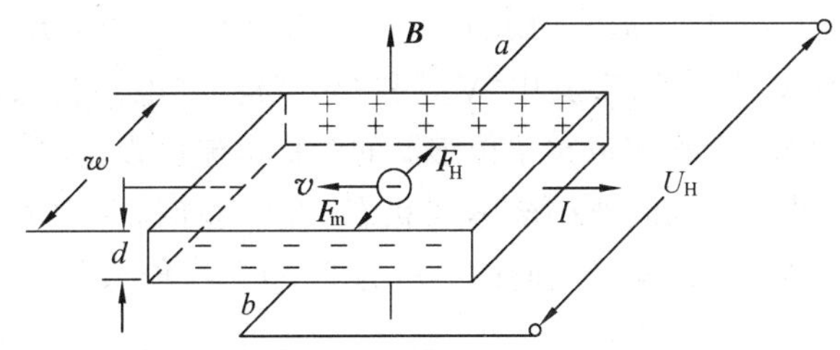

图 2.15.1　霍尔效应原理图

$$(-e\boldsymbol{E}_H)+(-e\boldsymbol{v}\times\boldsymbol{B})=\boldsymbol{0},$$

即

$$\boldsymbol{E}_H=-\boldsymbol{v}\times\boldsymbol{B}.$$

若只考虑大小，不考虑方向，有

$$E_H=vB,$$

因此霍尔电压为

$$U_H = wE_H = wvB. \tag{2.15.1}$$

根据经典电子理论，霍尔元件上的电流 I 与载流子运动的速度 v 的关系为

$$I = nevwd, \tag{2.15.2}$$

式中，n 为单位体积中的自由电子数；w 为霍尔元件纵向宽度；d 为霍尔元件的厚度. 由式(2.15.1)和式(2.15.2)可得

$$U_H = \frac{IB}{end} = \left(\frac{R_H}{d}\right)IB = K_H IB, \tag{2.15.3}$$

即

$$B = \frac{U_H}{K_H I}, \tag{2.15.4}$$

式中，$R_H = \frac{1}{en}$是由半导体本身电子迁移率决定的物理常数，称为霍尔系数；K_H 称为霍尔元件的灵敏度. 在半导体中，电荷密度比在金属中低得多，因而半导体的灵敏度比金属导体大得多，半导体能产生很强的霍尔效应. 对于一定的霍尔元件，K_H 是一个常数，可用实验方法测定.

虽然从理论上讲霍尔元件在无磁场作用($B=0$)时，$U_H=0$，但是实际情况中用数字电压表测量电势差并不为零，这是由于半导体材料结晶不均匀、各电极不对称等引起附加电势差，该电势差 U_{HO} 称为剩余电压. 随着科技的发展，新的集成化(IC)器件不断被研制成功，本实验采用的 SS95A 型集成霍尔传感器(结构如图 2.15.2 所示)是一种高灵敏度传感器，它由霍尔元件、放大器和薄膜电阻剩余电压补偿器组成. 其特点是输出信号大，并且已消除剩余电压的影响. SS95A 型集成霍尔传感器有 3 根引线，分别是“V_+”、“V_-”、“V_{out}”. 其中“V_+”和“V_-”构成“电流输入端”，“V_{out}”和“V_-”构成“电压输出端”. SS95A 型集成霍尔传感器的工作电流已设定，称为标准工作电流，在使用传感器时，必须使工作电流处在该标准状态. 在实验时，只要在磁感应强度为零($B=0$)的条件下，且“V_{out}”和“V_-”之间的电压为 2.500 V，传感器就处在标准工作状态下.

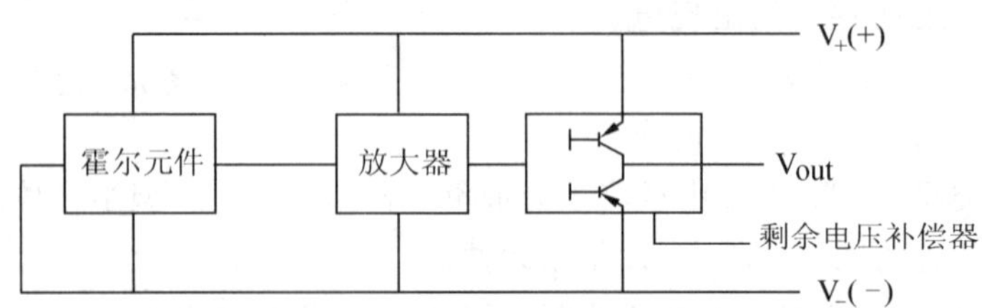

图 2.15.2　SS95A 型集成霍尔传感器结构图

当螺线管内有磁场且集成霍尔传感器在标准工作电流时，传感器所在处磁感应强度为

$$B = \frac{(U - 2.500)}{K} = \frac{U'}{K},$$

式中，U 为传感器补偿前的输出电压；K 为该传感器的灵敏度；U'为经 2.500 V 外接电压补偿后传感器的输出电压.

2. 载流密绕螺线管的磁感应强度的分布

若长为 l、半径为 R 的载流密绕直螺线管的总匝数为 N，通有励磁电流 I_m，当 $l \gg R$ 时，螺线管中部附近轴线上的磁场均匀，磁感应强度 $B=\mu_0 \frac{N}{l} I_m$，其中 $\mu_0=4\pi\times10^{-7}\ \mathrm{T\cdot m\cdot A^{-1}}$ 为真空磁导率. 端口的磁感应强度 B_0 为中部磁感应强度 B 的一半，由于存在漏磁现象，实际测量出的 $B_0<\frac{1}{2}B$.

实验仪器

SS95A 型集成霍尔传感器，长直螺线管，安培表，滑线变阻器，电源组和数字电压表.

图 2.15.3 为螺线管磁场测量电路示意图，它的主要部件有集成霍尔传感器探测棒、螺线管、传感器工作电源和补偿电源、数字电压表、励磁电源、安培表、滑线变阻器等.

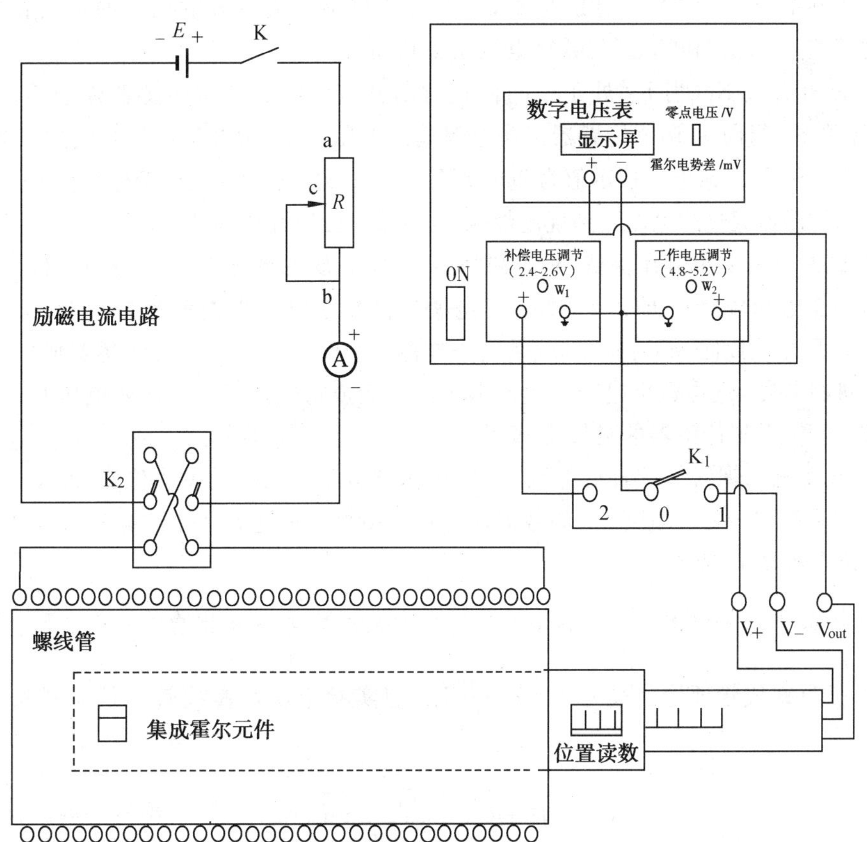

图 2.15.3 螺线管磁场测量电路

1. SS95A 型集成霍尔传感器

工作电压：5.000 V(DC)；磁场测量范围：−67～+67 mT；在 $B=0$ 时，零点电压：(2.500±0.075) V；该传感器内含激光修正的薄膜电阻，提供精确的灵敏度和温度补偿，不必考虑剩余电压影响.

2. 螺线管

螺线管长 26.0 cm，管内径 $\phi 2.5$ cm，外径 $\phi 4.5$ cm；螺线管层数：10 层；螺线管匝数：3 000±20 匝；螺线管中央均匀磁场长度大于 10.0 cm.

3. 电源组和数字电压表

传感器工作电源可在 4.750～5.250 V 作精细微调，传感器补偿电源可在 2.400～2.600 V 作精细微调. 四位半数字电压表有 0～19.999 V 和 0～1 999.9 mV 两挡.

实验内容

1. 必做内容

(1) 电路补偿调节

① 按图 2.15.3 接好电路. 螺线管通过双刀换向开关 K_2 与励磁电流电路相接. 集成霍尔传感器的“V_+”和“V_-”分别与 4.8～5.2 V 可调直流电源输出端的正负相接（正负极请勿接错）. “V_{out}”和“V_-”与数字电压表正负相接.

② 断开开关 K_2（当 K_2 处于中间位置时断开），使集成霍尔传感器处于零磁场条件下，把开关 K_1 指向 1，调节传感器工作电源输出电压（4.8～5.2 V 电源），使数字电压表显示的“V_{out}”和“V_-”的电压指示值为 2.500 V，这时集成霍尔元件便处于标准化工作状态，即集成霍尔传感器通过的电流达到规定数值，且剩余电压恰好达到补偿，$U_0=0$ V.

③ 仍断开开关 K_2，在保持“V_+”和“V_-”电压不变的情况下，把开关 K_1 指向 2，调节传感器补偿电源输出电压（2.4～2.6 V 电源），使数字电压表指示值为 0（这时应将数字电压表量程开关拨向 mV 挡），也就是用一外接 2.500 V 的电位差与传感器输出 2.500 V 电位差进行补偿，这样数字电压表读出电压就是集成霍尔传感器的霍尔电压 U'.

(2) 测定霍尔传感器的灵敏度 K

① 改变输入螺线管的直流电流 I_m，将传感器置于螺线管的中央位置（即 $x=13.0$ cm 左右），测量 U'-I_m 关系，记录 10 组数据，I_m 在 0～500 mA 范围内可每隔 50 mA 测一次. 将数据记录在表 2.15.1 中.

② 用最小二乘法求 U'-I_m 的相关方程和相关系数 γ，并求出直线的斜率 $K'=\frac{\Delta U'}{\Delta I_m}$.

③ 长直螺线管理论公式为 $B=\mu_0 \frac{N}{l} I_m$，但实验中所用螺线管不是无限长，因此用公式

$$B=\mu_0 \frac{N}{\sqrt{L^2+\overline{D}^2}} I_m$$

计算出磁感应强度 B，式中 $L=26.0$ cm 为螺线管长度；$\overline{D}=3.5$ cm 为螺线管的平均直径；$N=3\,000$ 匝是线圈匝数. 集成霍尔传感器的灵敏度为

$$K=\frac{\Delta U'}{\Delta B}=\frac{\sqrt{L^2+\overline{D}^2}}{\mu_0 N}\cdot\frac{\Delta U'}{\Delta I_m}=\frac{\sqrt{L^2+\overline{D}^2}}{\mu_0 N}K'.$$

(3) 测量通电螺线管中的磁场分布

① 当螺线管通恒定电流（如 $I_m=250$ mA）时，测量 U'-x 的关系. 将数据记录在表

2.15.2 中.x 范围为 0～26.0 cm,螺线管端口附近的测量点应比中央部位的测量点密一些.

② 利用上面所得的传感器灵敏度 K 计算 B-x 关系,并作出 B-x 的分布图.

2. 选做内容

设计一个实验,用 SS95A 型霍尔传感器测量地磁场水平分量.

实验数据记录

表 2.15.1　霍尔传感器灵敏度测定的数据记录表

霍尔传感器位置 x=__________ cm.

励磁电流 I_m/mA										
U'/mV										

表 2.15.2　螺线管磁场沿轴线的分布的测量数据记录表

励磁电流 I_m=__________.

X/cm										
U'/mV										

数据处理与分析

1. 用最小二乘法求 U'-I_m 相关方程和相关系数 γ(写出计算过程),并求出直线的斜率 K'.

2. 计算霍尔传感器的灵敏度 $K=\dfrac{\sqrt{L^2+\overline{D}^2}}{\mu_0 N}K'$.

3. 计算 B-x 关系并列表表示,用坐标纸作出整个螺线管的 B-x 分布图.

注意事项

1. 集成霍尔元件的 V_+ 和 V_- 不能接反,否则将损坏元件.

2. 仪器应预热 10 min 后测量数据.

3. 实验中检查当 $I_m=0$ 时,传感器输出电压是否为 2.500 V.

4. 应用 mV 挡读 U'值.当 $I_m=0$ 时,mV 指示应该为 0.

5. 拆除接线前应先将螺线管工作电流调至零,再关闭电源,以防止电感电流突变引起高电压.

6. 实验完毕后,请逆时针旋转仪器上的 3 个调节旋钮,使恢复到起始位置(最小的位置).

思考题

1. 如果螺线管在绕制中两边的单位匝数不相同或绕制不均匀,将出现什么情况?

2. 为什么 SS95A 型集成霍尔传感器的工作电流必须标准化?如果该传感器工作电流增大些,对其灵敏度有无影响?

实验十六　非良导热材料导热系数的测定

导热系数是表征物质热传导性质的物理量. 材料结构与所含杂质对导热系数值有明显的影响,因此材料的导热系数常常需要由实验具体测定. 测量导热系数的方法一般分为两类:一类是稳态法,另一类是动态法. 在稳态法中,先利用热源在待测样品内部形成一个稳定的温度分布,然后进行测量;在动态法中,待测样品温度分布是随时间变化的. 本实验采用稳态法测非良导热体的导热系数.

实验目的

1. 学习热学实验的基本知识和技能.
2. 掌握用稳态法测定非良导热材料的导热系数的方法.
3. 学习用热电偶测量温度的方法.
4. 学习通过作物理曲线求物理参数的方法.

预习题

1. 关于本实验中稳恒态的标志,以下说法正确的有(　　).

① T_A 和 T_C 都不变;

② T_A 和 T_C 都变,但 $\Delta T=|T_A-T_C|$ 不变;

③ T_C 不变,T_A 在变;

④ $T_A=T_C$.

实验原理

热传导是热量传播的 3 种方式之一,它是通过物体直接接触而产生的. 导热系数是反映物体热传导性能的一个物理量,导热系数大的物体具有良好的导热性能,称为热的良导体,导热系数小的物体则称为热的非良导体. 一般说来,金属的导热系数比非金属大,固体的导热系数比液体大,气体的导热系数最小. 测定物体的导热系数对于了解物体的传热性能具有重要意义.

设有一厚度为 l,底面积为 S_0 的薄圆板上、下两底面的温度 T_1 和 T_2 不相等,且 $T_1>T_2$,则热量自上底面传向下底面(如图 2.16.1 所示),其热流速率可表示为

$$\frac{dQ}{dt}=-KS_0\frac{dT}{dl},\tag{2.16.1}$$

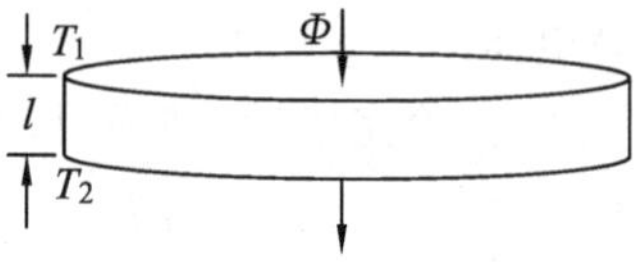

图 2.16.1　薄圆板

式中,$\frac{dQ}{dt}=\Phi$ 为热流速率,代表单位时间内流过薄圆板的热量;$\frac{dT}{dl}$ 为薄板内热流方向上的温度梯度,负号表示热流方向与温度梯度的方向相反;

K 为待测薄圆板的导热系数，它是由薄圆板的传热性质所决定的常数.

如果能保持上、下两底面的温度不变(这种状态称为稳恒态)和传热面均匀(当 l 很小时，薄圆板侧面的散热可以忽略)，则

$$\frac{dT}{dl}=\frac{\Delta T}{\Delta l}=\frac{T_2-T_1}{l},$$

于是，热流速率为

$$\Phi=\frac{dQ}{dt}=-KS_0\frac{T_2-T_1}{l}, \tag{2.16.2}$$

由式(2.16.2)即得

$$K=-\frac{\Phi}{S_0(T_2-T_1)/l}. \tag{2.16.3}$$

因此，测量 K 的关键是：① 使待测薄圆板中的热传导过程保持稳恒态，即在样品中形成稳定的温度分布；② 测出稳恒态时的 Φ 值.

1. 建立稳恒态

为了实现稳恒态，在实验中将待测薄圆板 B 置于两个直径与 B 相同的铝圆柱 A 和 C 之间，且紧密接触，如图 2.16.2 所示. C 内有加热用的电阻丝和用作温度传感器的热敏电阻，电阻丝被用作热源. 首先，可由 EH-3 热学实验仪将 C 内的电阻丝加热，并将其温度稳定在设定的温度值上. 尽管 B 的导热系数很小，但并不为 0，故热量通过 B 传递给 A，使 A 的温度 T_A 逐渐升高，当 T_A 高于周围空气的温度时，A 将向四周空气散发热量. 由于 C 的温度恒定，随着 A 的温度升高，一方面从 C 通过 B 流向 A 的热流速率不断减小，另一方面 A 向周围空气散热的速度不断增加. 当单位时间内 A 从 B 获得的热量等于它向周围空气散发的热量时，A 的温度就稳定不变了，这样就建立了所需要的稳恒态.

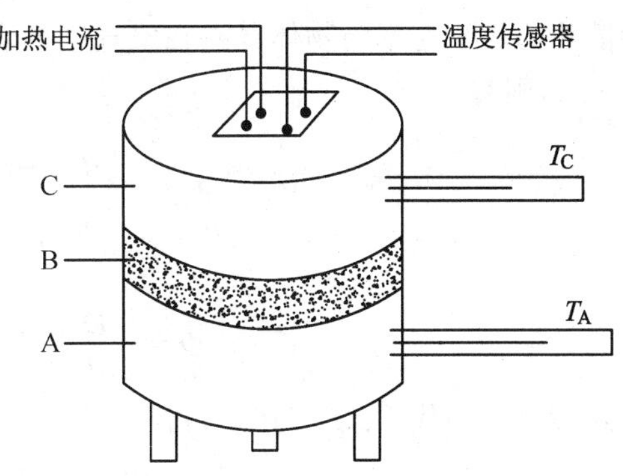

图 2.16.2 稳恒态装置

2. 测量稳恒态时的 Φ

因为流过 B 的热流速率 Φ 就是 A 从 B 获得热量的速率，而稳恒态时流入 A 的热流速率与它散热的热流速率相等，所以，可以通过测 A 在稳恒态时散热的热流速率来测 Φ. 当 A 单独存在时，它在稳恒温度下向周围空气散热的速率为

$$u=\frac{dQ}{dt}=\frac{d(cmT_A)}{dt}\bigg|_{T_A=T_2}=cm\frac{dT_A}{dt}\bigg|_{T_A=T_2}=cmn, \tag{2.16.4}$$

式中，c 为 A 的比热容；m 为 A 的质量；$n=\frac{dT_A}{dt}\bigg|_{T_A=T_2}$ 为 A 在稳恒温度 T_2 时的冷却速率. 因此，只要测出 n，就可得到 Φ.

A 的冷却速度可通过作冷却曲线的方法求得. 具体测法是：当 A 和 C 已达到稳恒态后，记下它们各自的稳恒温度 T_2 和 T_1 后，再断电并将 B 移开，使 A 和 C 接触数秒种，将 A 的温度升高至 $T_2+2.00$ ℃以上，再移开 C，任 A 自然冷却. 当 T_A 降到比 T_2 约高 1.50 ℃时开

始计时读数，每隔 30 秒测一次温度 T_A，直到 T_A 低于 T_2 约 1.50 ℃时止. 然后，以时间 t 为横坐标，以 T_A 为纵坐标作 A 的冷却曲线(如图 2.16.3 所示)，过曲线上纵坐标为 T_2 的点作此冷却曲线的切线，则此切线的斜率就是 A 在 T_2 时的自然冷却速率，即

$$n=\left.\frac{\mathrm{d}T_A}{\mathrm{d}t}\right|_{T_A=T_2}=\frac{T_a-T_b}{t_a-t_b}, \qquad (2.16.5)$$

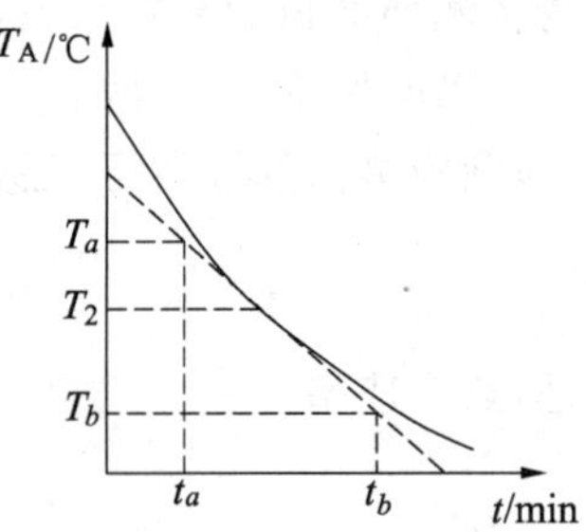

图 2.16.3 A 的冷却曲线

于是有

$$u=-cm\frac{T_a-T_b}{t_a-t_b}. \qquad (2.16.6)$$

但要注意，A 自然冷却时测出的 u 与实验中稳恒态时 A 散热的热流速率 Φ 是不同的. 因为 A 在自然冷却时，它的所有外表面都暴露在空气中，都可以散热，而在实验中的稳恒态时，A 的上表面是与 B 接触的，故上表面不散热. 由传热学定律：物体因空气对流而散热的热流速率与物体暴露在空气中的表面积成正比，设 A 的上、下底面直径为 D，厚度为 d，则有

$$\frac{\Phi}{u}=\frac{\frac{\pi}{4}D^2+\pi dD}{2\times\frac{\pi}{4}D^2+\pi dD}=\frac{D+4d}{2D+4d},$$

$$\Phi=u\frac{D+4d}{2D+4d}=cmn\frac{D+4d}{2D+4d}, \qquad (2.16.7)$$

将式(2.16.7)代入式(2.16.3)得

$$K=-\frac{\Phi}{S_0(T_2-T_1)/l}=\frac{2cml(D+4d)}{\pi D^2(D+2d)}\cdot\frac{n}{T_1-T_2}. \qquad (2.16.8)$$

若用热电偶测温度，则有

$$T_1-T_2=\frac{1}{\alpha}(\varepsilon_1-\varepsilon_2),$$

式(2.16.8)变为

$$K=\frac{2cml(D+4d)}{\pi D^2(D+2d)}\cdot\frac{1}{\varepsilon_1-\varepsilon_2}\cdot\left.\frac{\Delta\varepsilon}{\Delta t}\right|_{\varepsilon=\varepsilon_2}, \qquad (2.16.9)$$

式中，$\left.\frac{\Delta\varepsilon}{\Delta t}\right|_{\varepsilon=\varepsilon_2}$ 为散热盘 A 冷却时温差电动势在 $\varepsilon=\varepsilon_2$ 时的变化速率；ε_1，ε_2 分别对应于样品上、下表面的温度 T_1 和 T_2 保持不变时，加热盘与散热盘对冰点的温差电动势.

实验仪器

温度传感器，加热盘，散热盘，样品，热电偶，数字电压表，EH-3 热学实验仪.

1. EH-3 热学实验仪

本实验中用来加热和控制热源温度的 EH-3 数字化热学实验仪，是一种最新研制的多用实验仪，其面板结构如图 2.16.4 所示. 它的 6 V 稳压输出，可输出 1.25～8 V 直流电压；控温输出电压的大小可由采样讯号自动调节. EH-3 实验仪配有测量探头，测量范围为 10～100 ℃，测量分辨率为 0.01 ℃. 实验时，将 C 上加热盘连接电缆接到实验仪背面加热盘

电缆连接插座，再将测温探头与面板上的测温探头插座相连. C的恒稳温度值可由“温度设定选择开关”设定：按下“显示1”切换开关，再按下“温度设定选择开关”中某一键，此时“显示1”显示设定温度，“显示1”切换开关弹起，“显示1”显示热源温度.“显示2”切换开关弹起，“显示2”显示探头温度. 显示时，对应的指示灯亮. EH-3实验仪首先用最大电压(约30 V)对C进行加热，当C的温度达到设定值时，温度传感器给EH-3实验仪传送一个讯号，加热电压会自动降下来，最后稳定在一个能保持C的温度等于设定值的电压上.

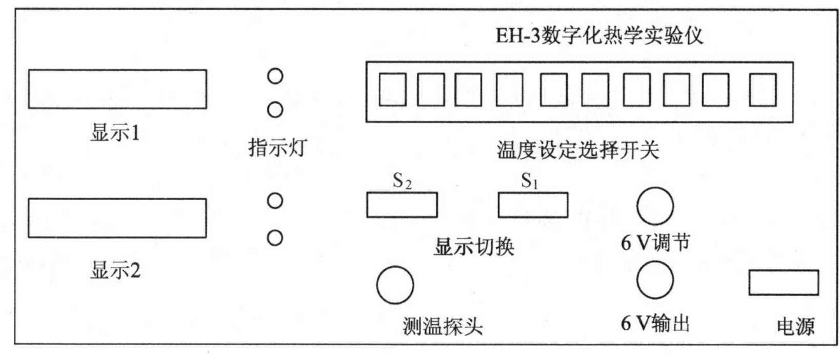

图 2.16.4　数字化热学实验仪面板

2. 测量装置

导热系数测量装置如图2.16.5所示. 在A和C的侧面有小孔，插入热电偶探头，测量A和C的温度与冰点的温差电动势 ε_2 和 ε_1. 温度也可用EH-3热学实验仪的测温探头测量.

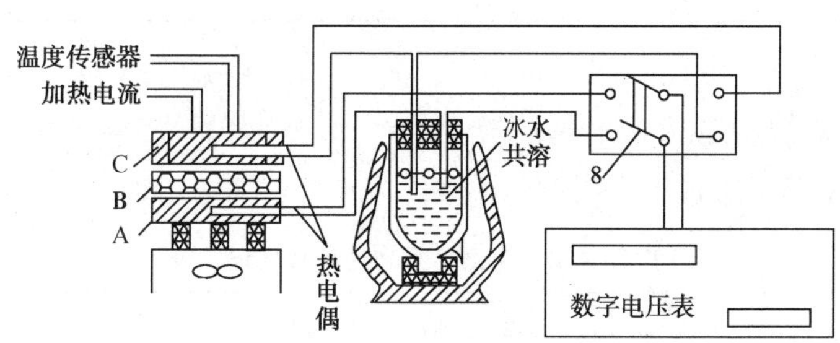

图 2.16.5　导热系数测量装置

实验内容

1. 热电偶温差热电系数的测定

(1) 配制冰水混合物，按图2.16.5安装好实验装置，将单刀单掷开关置测C盘位置.

(2) 将测温探头插入C盘的测温孔中.

(3) 打开加热控温装置开关分别置于1～6挡，当C盘达到各挡设定温度值并稳定时，测出C盘的温差电动势值，将数据记入表2.16.1中.

(4) 绘制 ε_1-t 关系曲线，求其斜率，所得值即为热电偶的温差热电系数 α.

2. 导热系数的测定

(1) 建立稳恒态：将温度设定选择开关置于10挡(或7,8,9挡)，C盘通过样品B对

A 盘传热，观察 A 盘温差电动势值的变化（单刀单掷开关置测 A 盘位置），若在 10 min 内的变化小于 0.02 mV 即可认为已达到稳恒态，分别记下 C 盘、A 盘的温差电动势值 ε_1，ε_2，将数据记入表 2.16.2 中.

(2) 移去样品，使 C 盘对 A 盘继续加热（数秒钟）至 A 盘温差电动势值高于 ε_2 值 0.30 mV为止.

(3) 测 A 盘温差电动势随时间的变化：关掉加热源，移去 C 盘，让 A 盘自然冷却，从 $\varepsilon_2+0.25$ mV 开始，直至 $\varepsilon_{20}-0.25$ mV 为止，每 30 s 记一个数据，并将数据记入表 2.16.3 中.

(4) 作 A 盘冷却曲线，过曲线上的纵坐标为 ε_2 的点作切线，此切线的斜率就是 $\left.\frac{d\varepsilon_2}{dt}\right|_{\varepsilon=\varepsilon_{20}}$.

(5) 用游标卡尺测量样品的高度 l 和 A 盘的直径 D、高度 d. A 盘的质量 m 已称量（见 A 盘标注），散热 A 盘的比热 $c_{铝}=8.80\times10^2$ J/kg · ℃，利用公式计算导热系数 K.

实验数据记录

1. 热电偶温差热电系数的测定

表 2.16.1　C 盘温差电动势数据记录表

挡次	1	2	3	4	5	6
t/℃						
ε_1/mV						

温差热电系数 $\alpha=$

2. 导热系数的测定

1. 建立稳态传热过程

表 2.16.2　建立稳恒态过程数据记录表

t/min	0	5	10	15	20	25	30
加热盘 ε_1/mV							
散热盘 ε_2/mV							

稳态时，$\varepsilon_1=$________mV；$\varepsilon_2=$________mV.

表 2.16.3　A 盘温差电动势数据记录表

t/s								
ε_2/mV								

散热盘 A 的质量 $m=$

散热盘的比热 $c=$

散热盘的厚度 $d=$

样品盘厚度 $l=$

样品盘直径 $D=$

数据处理与分析

以时间 t 为横坐标，散热盘的温度示值 ε_2 为纵坐标，作 ε_2-t 曲线；

从 ε_2-t 曲线上求出 $\left.\frac{d\varepsilon_2}{dt}\right|_{\varepsilon_2=\varepsilon_{20}}$，代入公式(2.16.9)，求出导热系数 K.

该测量结果的误差主要是由于材料形状、实验方法本身造成的，比较复杂，所以不再由上式导出和计算测量的误差.

注意事项

1. 热源温度设定.

(1)“显示 1”切换按下，“显示 1”指示热源当前设定温度(通过组合开关选择所需热源温度).

(2)“显示 1”切换弹起，“显示 1”指示加热盘的当前温度.

(3)“显示 2”切换弹起，“显示 2”指示测温探头所测温度值.

2. 实验中移动加热盘时请拿盘上的两个塑料接线柱，不要直接拿金属上盖，以免烫伤. 切勿提拿电缆移动加热盘，以免损坏电缆.

3. 热电偶的热端端头应始终插入加热盘和散热盘的小孔深处，冷端端头应始终插入玻璃试管底部的硅油中，实验过程中应经常查看.

思考题

1. 在本实验中，测量结果的误差来自哪些方面？

实验十七　迈克尔逊干涉仪的调节和使用

迈克尔逊干涉仪是美国物理学家迈克尔逊和莫雷为进行著名的“以太漂移实验”于1881年精心设计的,他们试图用迈克尔逊干涉仪测量出地球相对于以太的运动.他们预计这种相对运动会导致将仪器旋转90°后能观察到4/10个条纹的移动,但实际观察到的结果却少于1/100,于是实验得出了否定结果,却因此创制了一个精密度达2.5×10^{-9} m的测长仪器.迈克尔逊也因为“创制精密的光学仪器并用于一系列光谱学及基本度量学研究”而荣获1907年度的诺贝尔物理学奖.迈克尔逊干涉仪在近代物理和计量技术中有着广泛的应用。例如,测量光波的波长、微小长度、光源的相干长度,用相干性较好的光源对较大的长度作精密测量,以及用来研究温度、压力对光传播的影响等.

实验目的

1. 了解迈克尔逊干涉仪的原理及其结构.
2. 掌握迈克尔逊干涉仪的调节方法.
3. 学会测量激光的波长或钠光双线的波长及波长差.

预习题

1. 迈克逊干涉仪中为什么要引进补偿板?如果用单色光作光源,是否仍需要补偿板?

2. 在实验过程中,如何避免回程误差?为什么要进行多次测量?

3. 在调节等倾干涉条纹时,左右移动眼睛,看到圆环从中心“冒出”或“缩进”,则应调节M_2镜座下的水平拉簧螺丝还是垂直拉簧螺丝.

实验原理

1. 等倾和等厚干涉

一束平行单色光照射在薄膜上,经薄膜的上下表面反射后形成两束反射光.它们在薄膜的上表面相遇时,发生干涉现象并形成干涉条纹,如图2.17.1所示.

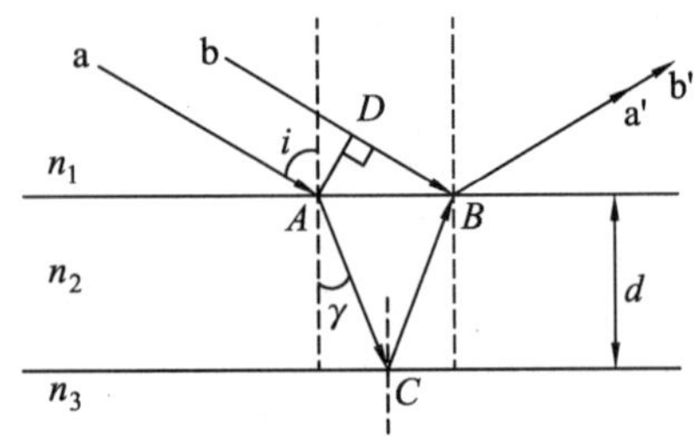

图2.17.1　光的薄膜干涉

在入射光束中选取两束光线a和b,当光线a到达A点时,b光线到达B点,两光线在到达A,D之前光程差为零.a经过AC后在C点处反射,再经过CB后在B点处透射,b在B点处反射,反射光线a′和b′之间存在光程差.a′和b′之间的光程差取决于两个方面,一是两束光线的实际光程差,二是半波损失带来的附加光程差.当光从光疏介质射向光密介质界面反射时,在反射过程中光波有了半个波长的损失.

第一种情况:如果 $n_1>n_2>n_3$ 或 $n_1<n_2<n_3$,那么两束光线都没有半波损失或者都有半波损失,这样两束光线的半波损失可以相互抵消,即无半波损失.

第二种情况:如果 $n_1>n_2$ 且 $n_2<n_3$,那么光线 a 有一次半波损失;如果 $n_1<n_2$ 且 $n_2>n_3$,那么光线 b 有一次半波损失,这两种情况均称为有一次半波损失.

作辅助线 AD 垂直于 bB 光线,光线 a′和 b′之间的光程差有两种情况:

一种是无半波损失情况,有

$$\delta=n_2(AC+BC)-n_1(BD)=2d\sqrt{n_2^2-n_1^2(\sin i)^2}; \tag{2.17.1}$$

二种是有半波损失情况,有

$$\delta=n_2(AC+BC)-n_1(BD)+\frac{\lambda}{2}=2d\sqrt{n_2^2-n_1^2(\sin i)^2}+\frac{\lambda}{2}. \tag{2.17.2}$$

当光程差 $\delta=k\lambda(k=1,2,3,\cdots)$时,出现明纹;当光程差 $\delta=(2k+1)\frac{\lambda}{2}(k=1,2,3,\cdots)$时,出现暗纹.

(1) 等倾干涉

当薄膜的厚度均匀时,d 为常数,由式(2.17.1)和(2.17.2)知,光线 a′和 b′之间的光程差仅与入射倾角有关,相同入射倾角的光线对应同一条干涉条纹,因此这种干涉条纹的形状是一个个明暗相间的同心圆环,而且内疏外密,称为等倾干涉.

(2) 等厚干涉

当薄膜的厚度不均匀时,保持光束的入射角不变,由式(2.17.1)和(2.17.2)知,光线 a′和 b′之间的光程差仅与薄膜的厚度有关,入射点具有相同厚度的光线光程差相同,这些光线对应同一条纹,这种干涉条纹的形状是一个个平行于劈尖的、明暗相间的、等间距的直线,称为等厚干涉.

2. 迈克尔逊干涉仪等倾干涉和等厚干涉的实现

如图 2.17.2 所示,从光源 S 发出的光射到分束板 P_1 上,P_1 将入射光分成振幅几乎相等的反射光束 1′、透射光束 2′;光束 1′经 M_1 反射后由原路返回再次穿过分光板 P_1 后成为光束 1″,到达观察点 E 处;光束 2′经 P_2 到达 M_2 被反射后按原路返回,在 P_1 的第二面上反射形成光束 2″,也到达观察点 E 处.如果 M_1 和 M_2 垂直,从 E 处向 M_1 看去,在 M_1 的附近(上部或下部)形成一个 M_2 的虚像 M_2',且 M_2'平行于 M_1.因而在迈克尔逊干涉仪中,从 M_1,M_2 获得的反射光束,就相当于从 M_1 和 M_2'组成的薄膜获得的反射光束.由于来自同一光源 S 的光束被 P_1 分成 1′,2′两光束,所以 1′,2′两光束是相干光.在迈克尔逊干涉仪中产生的干涉,相当于厚度为 d 的空气薄膜产生的干涉,即 $n_1=n_2=n_3=n$,代入式(2.17.1)和式(2.17.2),得经 M_1,M_2 反射的两光束的光程差为

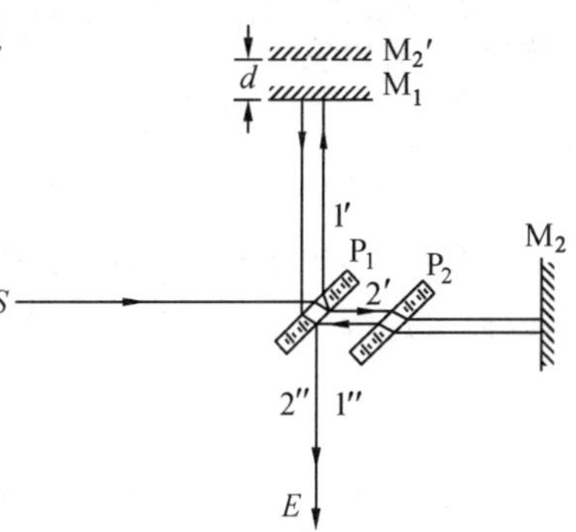

图 2.17.2　迈克尔逊干涉仪产生干涉的原理

$$\delta=2d\cos i, \tag{2.17.3}$$

产生明、暗条纹的条件为

$$\delta=2d\cos i_k=\begin{cases}k\lambda, & \text{明纹}\\ \left(k+\dfrac{1}{2}\right)\lambda, & \text{暗纹}\end{cases}\quad (k=1,2,3,\cdots). \tag{2.17.4}$$

式(2.17.4)中,i_k 为第 k 级明纹对应的入射角;λ 为光的波长;d 为空气薄膜的厚度.

(1) 迈克尔逊干涉仪等倾干涉的实现

当 M_1 垂直于 M_2 时,M_1 和 M_2' 平行,空气薄膜的厚度均匀,用单色扩展光源照射,S 发出的光束中入射角相同的光线有着相同的光程差,对应于同一条干涉条纹,因此在观察屏上看到一组明暗相间的同心圆环,如图 2.17.3 所示.

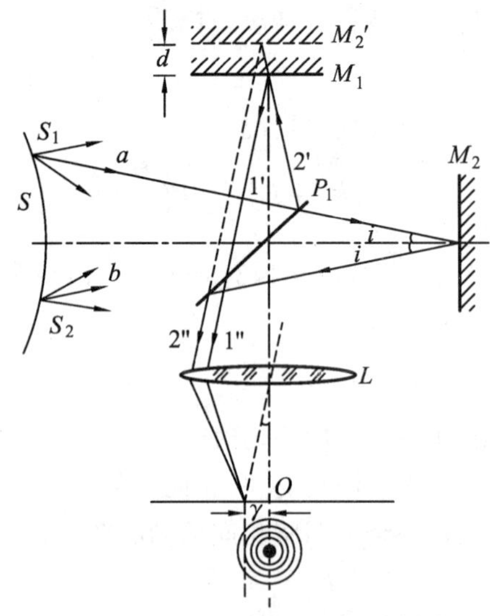

图 2.17.3 迈克尔逊干涉仪产生的等倾干涉条纹

等倾干涉条纹的特点:

① 中心条纹的级次最高. 当 $i_k=0$ 时,因 $\cos\ i_k=1$ 为最大值,由式(2.17.4)知,$\delta=2d=k\lambda$,圆心处光程差最大,对应的干涉级次最高. 干涉条纹非中心区域,$i_k\neq 0$,$|\cos\ i_k|<1$,因此干涉条纹从中心到边缘的级次由高到低逐步减小.

② 当 M_1 和 M_2' 之间的距离 d 增大时,由式(2.17.4)知,$\delta=2d=k\lambda$,中心处干涉级次越来越高,可以看到圆环从中心向外"冒出",反之,当 d 减小时,圆环由外向中心"缩进". 每"冒出"或"缩进"一个圆环时,d 的改变量为 $\frac{\lambda}{2}$. 所以有

$$\Delta d=\frac{\lambda}{2}. \tag{2.17.5}$$

在实验中,由于每"冒出"或"缩进"一个圆环,对应 d 的改变量非常小,读数误差会很大,因此要连续"冒出"或"缩进" N 个圆环,求出相应变化的 Δd,再计算出光源的波长 λ,即有

$$\lambda=\frac{2\Delta d}{N}. \tag{2.17.6}$$

③ 干涉条纹的分布中心疏边缘密.

对于相邻的 k 级和 $k-1$ 级干涉纹,有

$$\begin{aligned}2d\cos i_k&=k\lambda,\\ 2d\cos i_{k-1}&=(k-1)\lambda.\end{aligned} \tag{2.17.7}$$

k 和 $k-1$ 级两相邻条纹的角距离 Δi_k 为

$$\Delta i_k=i_k-i_{k-1}\approx-\frac{\lambda}{2di_k}, \tag{2.17.8}$$

式中,负号表示随着入射角的增大,条纹的级次减小. 式(2.17.8)表明,当 d 一定时,视场

里干涉条纹间距中心较宽（i_k 小，Δi_k 大），边缘较窄（i_k 大，Δi_k 小）；当 i_k 一定时，d 越小，Δi_k 越大，即条纹间距随着薄膜厚度 d 的减小而变宽，所以干涉条纹内环宽而疏，外环细而密，呈现出非均匀状的环簇分布.

（2）迈克尔逊干涉仪等厚干涉的实现

如图 2.17.4 所示，如果 M_1 不垂直于 M_2，则 M_1 和 M_2' 有一很小的夹角 θ，且当入射角 i 也较小时，用单色平面光照明将产生等厚干涉条纹，定位于空气薄膜表面附近. 此时，由 M_1 和 M_2' 反射光线的光程差仍近似为

$$\delta = 2d\cos i = 2d\left(1-\frac{i^2}{2}\right) = 2d - di^2. \tag{2.17.9}$$

等厚干涉条纹的特点：

① 在靠近两镜面的交线处，因厚度 d 较小，可将 di^2 的影响略去，相干光的光程差主要由薄膜的厚度 d 决定，因而在空气薄膜厚度相同的地方光程差相等，即干涉条纹是一组平行于 M_1 和 M_2' 交线的等间距的直线条纹.

② 在离 M_1 和 M_2' 的交线较远处，因 d 较大，干涉条纹变成弧形，且条纹弯曲的方向背对两镜面交线，如图 2.17.5 所示. 这是式（2.17.9）中 di^2 作用的结果. 为满足 $2d\left(1-\frac{i^2}{2}\right)=k\lambda$，当用扩展光源照明时，随着 i 的逐渐增大，必须相应增大 d 值，以补偿因 i 增大而减小的光程差. 因此干涉条纹在 i 增大的地方要向 d 增加的方向移动，使条纹成为弧形. d 越大，条纹弯曲越厉害.

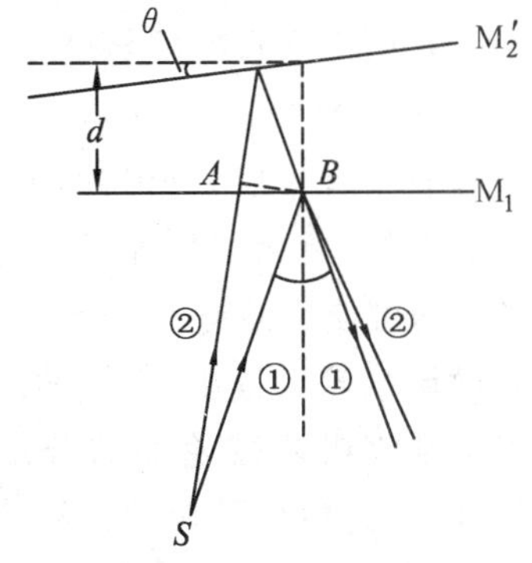

2.17.4　迈克尔逊干涉仪产生等厚干涉原理

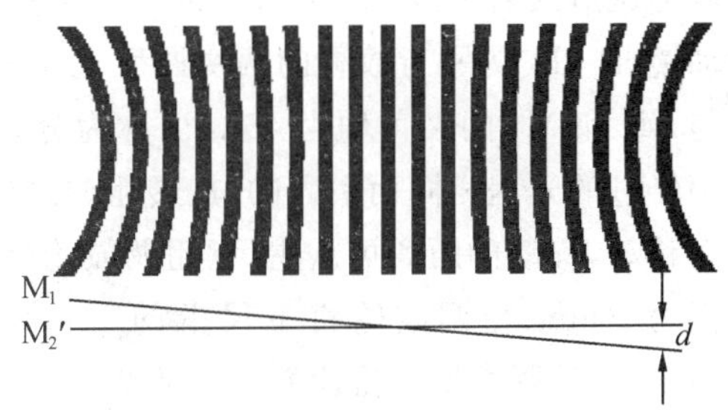

图 2.17.5　迈克尔逊干涉仪产生的等厚干涉条纹

实验仪器

迈克尔逊干涉仪，He-Ne 激光器，观察屏，扩束镜，钠光灯，望远镜.

迈克尔逊干涉仪的主体结构如图 2.17.6 所示.

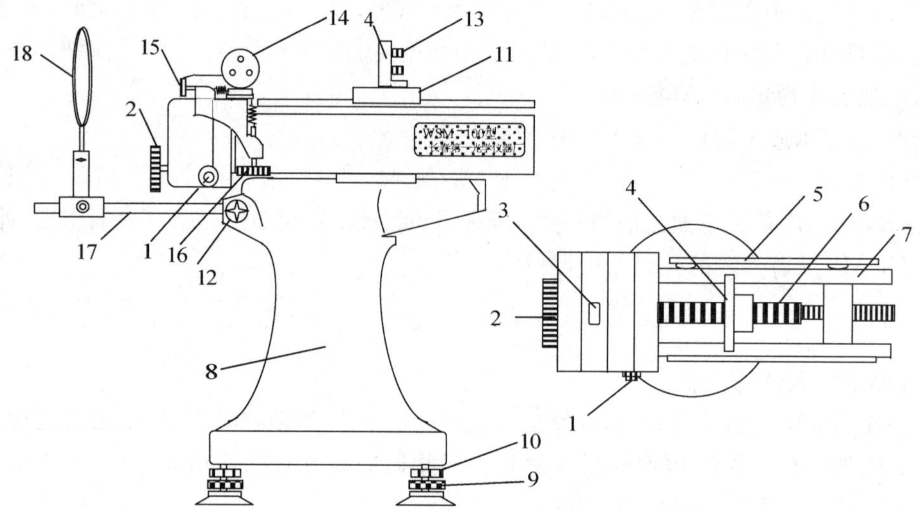

1—微调鼓轮（微分筒）；2—粗调鼓轮（微分筒）；3—读数窗口；4—动镜（M_1）；5—主尺（分度值1毫米）；6—框架和精密丝杆；7—导轨；8—底座；9—调平螺钉；10—锁紧圈；11—拖板（用于移动镜）；12—加紧螺钉；13—螺钉（用于平面镜调节）；14—定镜（M_2）；15—水平拉簧螺钉；16—垂直拉簧螺钉；17—支架杆；18—观察屏

图 2.17.6 迈克尔逊干涉仪的主体结构

M_1，M_2 为两个互相垂直放置的平面反射镜，每个反射镜背面各有 3 个螺钉，用来调节平面反射镜的方位. M_2 是正对着光源的定镜，下方有两个互相垂直的拉簧螺丝，可更细微地调节反射镜 M_2 的平面方位；M_1 正对着观察屏，与精密丝杆相连，是可以前后移动的动镜；P_1，P_2 为平行放置的两块厚度完全相同的材料，其上涂有半反射材料的平晶，它们与 M_1 和 M_2 的夹角均为 45°. P_1 称为分束板，P_2 称为补偿板，是为了保证两束光在平晶中经过的光程相同而引入的. 旋转粗调鼓轮或微调鼓轮，均可使平面镜 M_1 沿导轨方向前后移动，移动的距离可从主尺、粗调鼓轮（读数窗口）和微调鼓轮上读出. 主尺的最小分度值为 1 mm；粗调鼓轮将主尺上的 1 mm 分为 100 份，因此粗调鼓轮上的分度值为 0.01 mm；微调鼓轮将粗调鼓轮上的 0.01 mm 分为 100 份，因此微调鼓轮的最小分度值为 0.000 1（即 10^{-4}）mm，再加上估读位，可读到 10^{-5} mm.

（一）测量激光的波长

实验内容

1. 调节迈克尔逊干涉仪，观察等倾干涉

（1）激光器的调整.

打开激光器电源，调节其高度和方向，使激光束大致照到两个平面镜 M_1 和 M_2 及光屏的中部. 用挡板挡住反射镜 M_2，让激光束经分束板 P_1 反射到反射镜 M_1 上，再反射经分束板返回至激光器的出光口，仔细调整 M_1 背面的 3 个调节螺钉，使最后的反射光点像与激光器的出光口重合. 转动粗调鼓轮移动反射镜 M_1，要求反射光点像不随 M_1 的移动而产生漂移. 此后的实验过程中，不可再旋动 M_1 后的 3 个调节螺钉.

(2) 移动 M_1，使 M_1 和 M_2 距分束板的距离大致相等.

(3) 粗调 M_1 和 M_2 相互垂直.

撤去反射镜 M_2 的挡板，屏上可以看到两排光点，都以最亮者居中. 调节 M_2 背面的 3 个微调螺钉(注意：M_1 背面的 3 个微调螺钉不要动)，使反射光束再回到激光器的出光口处(最亮的那个点)；也可以稍微移动迈克尔逊干涉仪的底座，使由 M_1 和 M_2 反射的光束均回到激光器的出光口处，这时 M_1 和 M_2 大致垂直.

(4) 细调 M_1 和 M_2 相互垂直.

仔细调节 M_2 背面的 3 个微调螺钉，使两组小光斑对应重合(一般观察两个最亮的光斑重合)，这时 M_1 和 M_2 相互垂直，可以看到干涉条纹.

(5) 在激光器和迈克逊干涉仪之间，放上短焦距扩束透镜，观察屏上将出现等倾干涉条纹，再仔细缓慢地调节 M_2 背后的螺钉，使干涉条纹成圆形.

(6) 无视差调节.

一边用眼睛观察圆环，一边上下左右移动眼睛，看有没有圆环的"冒出"或"缩进"现象. 如果没有，说明迈克逊干涉仪已经调好，可以进行测量；如果眼睛移动时，有"冒出"或"缩进"现象，说明迈克逊干涉仪还没有调节好. 应再仔细调节 M_2 镜座下的水平拉簧螺丝和垂直拉簧螺丝，直到眼睛上下左右移动时，没有圆环"冒出"或"缩进"现象为止.

2. 测 He-Ne 激光波长

(1) 校正零点.

将微调鼓轮沿某一方向(测量移动方向)旋转至零点，然后沿相同方向旋转粗调鼓轮，使之与读数窗中的某一刻线对齐. 在后面的测量过程中，鼓轮只能沿这个方向旋转(转动微调鼓轮时，粗调鼓轮会随之转动，但是转动粗调鼓轮时微调鼓轮不会随之转动，因此读数前必须校正).

(2) 读数方法.

M_1 镜的位置＝主尺上的读数＋粗调鼓轮上的读数＋微调鼓轮上的读数(mm)

(3) 连续向一个方向转动微调鼓轮，使 M_1 移动，同时观察屏 E 上条纹的变化，从条纹的"冒出"或"缩进"，分析 M_1 和 M_2' 之间的距离 d 是变大还是变小. 掌握干涉条纹"冒出"或"缩进"与转动调节微调鼓轮方向的关系.

(4) 选择条纹的"冒出"或"缩进"作为计数的开始，记下 M_1 的位置(初始位置读数).

(5) 每"冒出"或"缩进"50 个条纹，记录一次 M_1 的位置，连续向一个方向转动微调鼓轮，共测 300 环，将数据记录在表 2.17.1 中.

实验数据记录

表 2.17.1　M_1 的位置读数记录表

次数 i	1	2	3	4	5	6
M_1 的位置 d_i/mm						

数据处理与分析

1. 由表 2.17.1 的数据，用逐差法计算每"冒出"或"缩进"150 个条纹时，M_1 位置的

改变量

$$\overline{\Delta d}=\frac{|d_4-d_1|+|d_5-d_2|+|d_6-d_3|}{3}.$$

2. 每“冒出”或“缩进”50 个条纹时，M_1 位置的改变量 $\overline{\Delta d'}=\frac{\overline{\Delta d}}{3}$，代入式(2.17.6)中计算出激光的波长 $\lambda=\frac{2\,\overline{\Delta d}}{3N}$.

3. 将测量值与公认值比较，计算百分差.

(二) 测钠光的波长

实验内容

1. 调节迈克尔逊干涉仪，观察等倾干涉

(1) 钠光灯放在迈克尔逊干涉仪的左侧，调节使钠光灯窗口的中心、分束板 P_1 中心、M_2 镜的中心大致等高，且它们的连线大致垂直于 M_2 镜(目测判断即可). 此时，沿着光轴(垂直于反射镜 M_1)看反射镜 M_1 的方向，可以观察到 3 个亮的毛玻璃片的像.

(2) 粗调 M_1 和 M_2 相互垂直.

调节 M_2 镜背后的螺钉(不要动 M_1 镜)，从 E 处观察，可以看到，这 3 个像其中有两个平行在一起不动，有一个是移动的. 继续调节 M_2 背后的螺钉，使移动的像和两个平行不动像的右边那个重合，这时应该看到干涉条纹. 接着调节这 3 个螺钉使条纹变粗变圆，直到沿着光轴方向看到圆形条纹为止，这时 M_1 和 M_2 大致垂直.

(3) 细调 M_1 和 M_2 相互垂直.

架上望远镜，从望远镜里看到干涉圆环后，再仔细调反射镜 M_2 背面的 3 个微调螺钉，直到能够看到清晰的圆环. 如果圆环较密，可以调节粗调鼓轮移动反射镜 M_1 使圆环变疏. 眼睛上下或左右移动，观察是否有圆环从中心“冒出”或“缩进”现象，有则表明 M_1 和 M_2' 还没有完全平行，还需继续仔细调节 M_2 镜座下的水平拉簧螺丝和垂直拉簧螺丝，直到眼睛上下或左右移动时，没有圆环从中心“冒出”或“缩进”为止，这时 M_1 和 M_2 完全垂直.

2. 选择测量区域

钠黄光是由 $\lambda_1=589.0$ nm，$\lambda_2=589.6$ nm(公认值)两个波长的光组成的. 当 M_1 和 M_2' 的间距 d 取某一定值时，λ_1 和 λ_2 有相同的光程差，但对应干涉条纹的级数不同，即

$$\delta=2d=k_1\lambda_1, \tag{2.17.10}$$

$$\delta=2d=k_2\lambda_2. \tag{2.17.11}$$

(1) 当光程差满足

$$\delta=k_1\lambda_1=\left(k_1+\frac{1}{2}\right)\lambda_2 \quad (k_1\text{ 为正整数}) \tag{2.17.12}$$

时，波长 λ_1 和 λ_2 的光在相同位置形成的干涉条纹一个是明的，一个是暗的，视场中的干涉条纹的对比度最佳(指在整个视场中条纹清晰可见的程度). 如果两光束的光强相等，视场中条纹的对比度为 0，即看不清条纹.

(2) 若继续改变 M_1 和 M_2' 的间距 d，当光程差不再满足上述条件时，条纹渐渐清晰.

直到光程差再次满足 $\delta'=k'_1\lambda_1=\left(k'_1+\frac{3}{2}\right)\lambda_2$ 时，又会出现视场中条纹的对比度等于零的情况.

(3) 慢慢转动微调鼓轮，观察条纹对比度的变化情况. 选择对比度好、干涉条纹疏密合适的区域作为初始位置，准备测量.

3. 测量钠光的波长

(1) 读数方法.

参照前面"测量 He－Ne 激光波长"的方法校正零点.

M_1 镜的位置＝主尺的读数＋粗调鼓轮的读数＋微调鼓轮的读数(mm).

(2) 连续向一个方向转动微调鼓轮，使 M_1 移动，同时观察屏 E 上条纹的变化，从条纹的"冒出"或"缩进"，判断 M_1 和 M_2' 之间的距离 d 是变大还是变小. 掌握干涉条纹"冒出"或"缩进"与转动调节微调鼓轮方向的关系.

(3) 选择条纹的"冒出"(或"缩进")作为计数的开始，记下 M_1 的位置(初始位置读数).

(4) 每"冒出"或"缩进"50 个条纹，记录一次 M_1 的位置，连续向一个方向转动微调鼓轮，共测 300 环，将数据记录在表 2.17.2 中.

4. 测钠光双线的波长差

沿同一个方向连续移动 M_1 的位置时，可观察到干涉条纹对比度发生周期性变化，即等倾干涉条纹由最清晰变为最暗，再由最暗变为最清晰. 读出视场中相邻两次条纹的对比度等于零(最暗)时 M_1 的位置，求出 M_1 位置的改变量 Δd.

(1) 视场中第一次条纹最暗

$$\delta_1=k\lambda_1, \tag{2.17.13}$$

$$\delta_2=\left(k+\frac{1}{2}\right)\lambda_2. \tag{2.17.14}$$

(2) 视场中第二次条纹最暗

$$\delta_1'=\left(k+m+\frac{1}{2}\right)\lambda_1, \tag{2.17.15}$$

$$\delta_2'=(k+m)\lambda_2. \tag{2.17.16}$$

由式(2.17.14)和式(2.17.16)求出视场中相邻两次条纹最暗时，波长为 λ_1 和 λ_2 的光的光程差改变量

$$\Delta\delta=\delta_1'-\delta_1=\delta_2'-\delta_2=\left(m+\frac{1}{2}\right)\lambda_1=\left(m-\frac{1}{2}\right)\lambda_2. \tag{2.17.17}$$

由式(2.17.17)得

$$\frac{\lambda_2-\lambda_1}{\lambda_1}=\frac{1}{m-\frac{1}{2}}=\frac{\lambda_2}{\Delta\delta},$$

于是，钠黄光的双线波长差

$$\Delta\lambda=\frac{\lambda_1\lambda_2}{\Delta\delta}=\frac{\bar{\lambda}^2}{\Delta\delta}, \tag{2.17.18}$$

式中，$\bar{\lambda}=\frac{\lambda_1+\lambda_2}{2}$.

M_1 在移动过程中，视场中相继两次出现条纹最暗（对比度为零）时，M_1 移过的距离 Δd 与引起的光程差之间的关系为

$$\Delta\delta=2\Delta d,$$

则

$$\Delta\lambda=\frac{\bar{\lambda}^2}{2\Delta d}. \tag{2.17.19}$$

测出等倾干涉圆条纹相邻两次最暗或最清晰时 M_1 镜对应的位置 d_1 和 d_2，求出 $\Delta d=|d_1-d_2|$，结合前面测出的钠光波长，即可计算出钠光双线的波长差. 重复测量 3 次，将数据记录在表 2.17.3 中.

实验数据记录

1. 测量钠光波长

表 2.17.2　测量钠光波长时 M_1 的位置读数

次数 i	1	2	3	4	5	6
M_1 的位置 d_i/mm						

2. 测量钠光双线的波长差

表 2.17.3　测量钠光双线的波长差时 M_1 的位置读数

次数 i	1	2	3
M_1 的位置 d_i/mm			

数据处理与分析

1. 计算钠光波长.

(1) 由表 2.17.2 的数据用逐差法计算每“冒出”或“缩进”150 个条纹时，M_1 位置的改变量 $\Delta\bar{d}$，有

$$\Delta\bar{d}=\frac{|d_4-d_1|+|d_5-d_2|+|d_6-d_3|}{3}.$$

(2) 每“冒出”或“缩进”50 个条纹时，M_1 位置的改变量 $\Delta\bar{d}'=\frac{\Delta\bar{d}}{3}$，代入式(2.17.6)中分别计算钠光波长 λ_1 或 λ_2，$\lambda=\frac{2\Delta\bar{d}}{3N}$.

(3) 与公认值比较，计算百分差.

2. 计算钠光双线的波长差

(1) 由表 2.17.3 的数据计算 M_1 位置的改变量 $\Delta d_i=|d_{i+1}-d_i|(i=1,2,3)$.

(2) 由式(2.17.19)分别计算钠光双线的波长差.

注意事项

1. 迈克尔逊干涉仪属于精密光学仪器，使用时应注意：

(1) 防震.震动对测量的影响甚大,会使调整好的仪器状态混乱,若出现震动必须重新调节.

(2) 防尘.不能用手触摸元件的光学面,不要对着仪器说话、咳嗽.

(3) 实验前和实验结束后,将所有调节螺钉放松,调节时应先使其处于中间状态,以便有双向调节的余地,调节动作要均匀缓慢.

2. 使用干涉仪前,必须对读数系统进行校零.

3. 测量时,微调鼓轮只能沿一个方向转动,途中不能倒退,否则会引起回程误差.

4. 用激光器作光源时,眼睛不能正视激光光束,以防伤眼.

思考题

1. 调出等倾干涉条纹的关键是什么?

2. 试估计,用某一单色红光作为光源,观察其等倾干涉条纹时,当干涉条纹"缩进"300 个条纹时,平面镜 M_1 在轨道上移动的距离有几位有效数字.

3. 从原理上来讲,测量钠光灯的波长差(精细结构)时,出现相邻两次最清晰与相邻两次最暗的情况是一样的,为什么实验中强调要测量相邻两次对比度最小的位置?

4. 旋转微调鼓轮,观察等倾干涉条纹"冒出"(或"缩进")300 个条纹所移动的距离.有 3 种方式:(1) 直接测条纹移动前平面镜 M_1 位置 d_0,移动 300 个条纹后平面镜 M_1 位置 d_1,得到 $\Delta d=d_1-d_0$;(2) 将 300 个条纹分 3 次,即记录每"冒出"(或"缩进")100 个条纹时平面镜 M_1 位置的改变量 Δd;(3) 将 300 个条纹分 10 次,即记录每"冒出"(或"缩进")30 个条纹时平面镜 M_1 位置,然后采用逐差法进行数据处理.试比较一下 3 种实验方法的特点,你认为采用哪种方法最好?

实验十八　非平衡电桥的原理和应用

非平衡电桥应用广泛，常见的有测量温度、测定应力应变、自动控制等.本实验内容是市场上各类电子数字温度计的雏形，具有一定的实用价值.

实验目的

1. 了解非平衡电桥的工作原理.
2. 对热敏电阻温度计进行定标.
3. 测量铜丝的电阻温度系数，学习用作图法处理数据.

预习题

1. 简述非平衡电桥的原理.

实验原理

1. 非平衡电桥与测温仪

当电桥处于平衡状态时，桥路上的检流计 G 中无电流通过，若某一桥臂上的电阻值变化，使电桥失去平衡，则 $I_G\neq 0$，I_G 的大小与该桥臂上电阻变化有关，如果该电阻的变化仅与温度的变化有关，就可以用电流 I_G 的大小来表示温度的高低，这就是利用非平衡电桥测温度的基本原理.

本实验的原理图如图 2.18.1 所示，根据基尔霍夫定律有

$$I_1R_1+I_GR_G=I_2R_3, \tag{2.18.1}$$

$$(I_1-I_G)R_2-(I_2+I_G)R_4=I_GR_G, \tag{2.18.2}$$

$$I_2R_3+(I_2+I_G)R_4=U_{AB}, \tag{2.18.3}$$

作为对称电桥有

$$R_1=R_2, \tag{2.18.4}$$

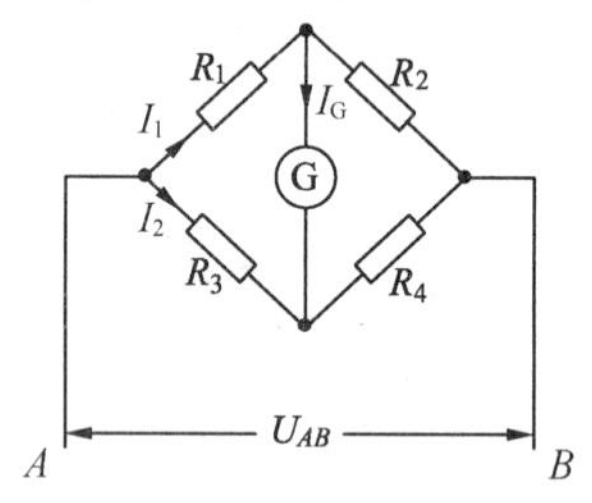

图 2.18.1　非平衡电桥原理图

上述 4 式联立后得

$$I_G=\frac{U_{AB}\left(1-\frac{2R_4}{R_3+R_4}\right)}{R_1+2R_G+2\frac{R_3R_4}{R_3+R_4}}. \tag{2.18.5}$$

I_G 随 R_4 单调变化的条件是 U_{AB}，R_1，R_2 和 R_3 必须是定值.R_4 为铜基热敏电阻；U_{AB}，R_1，R_2 和 R_3 数值的确定取决于两个因素：一是热敏电阻的温度特性；二是测温的上限温度 t_2(℃)和下限温度 t_1(℃).

2. 铜丝的电阻温度系数

任何物体的电阻都与温度有关.多数金属的电阻随温度升高而增大,有

$$R_t=R_0(1+\alpha t) \tag{2.18.6}$$

式中,R_t,R_0 分别是 t ℃、0 ℃时金属的电阻值;α 是电阻温度系数.严格地说,该量与温度有关,但对本实验所使用的纯铜材料来说,在−50~100 ℃的范围内,其变化很小,可当作常数,即 R_t 与 t 呈线性关系.于是有

$$\alpha=\frac{R_t-R_0}{R_0 t}=\frac{1}{R_0}\cdot\frac{\Delta R}{t}.$$

实验时测出不同温度 t 所对应的电阻 R_t,以 R_t 为纵轴,以 t 为横轴,作 R_t-t 的关系曲线,从图中求出电阻温度系数 α.

实验仪器

热敏电阻电桥测温仪,电阻温度系数装置,直流稳压电源,QJ-23 型惠斯通电桥.

实验内容

1. 非平衡电桥测温仪的定标及校准

(1) 测温计定 0 ℃点:按图 2.18.2 连接线路,铜基热敏电阻 R_T 探头置于冰水混合杯中,约 5 min 达到热平衡,再调节 R_N 使电桥平衡,即 $I_G=0\ \mu A$(若温度计不能降至 0 ℃,则检流计指针读数将与温度计读数相同,若温度计最低温度为2.0 ℃,则检流计指 2.0 μA).增大电源电压 E,再次调节 R_N 使电桥平衡.

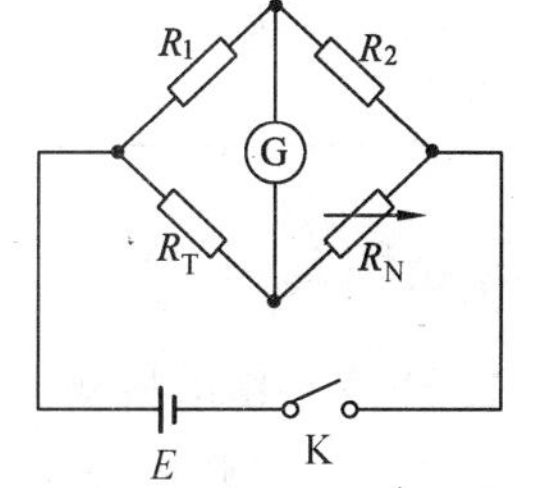

图 2.18.2 非平衡电桥测温仪电路图

(2) 测温计定 100 ℃点:将铜基热敏电阻探头置于 100 ℃的沸水(电热杯)中,待热平衡后,调节电桥的电源电压 E,使 $I_G=100\ \mu A$(当气压较低、沸水温度为 98 ℃时,I_G 调至 98 μA).

(3) 测温计定标:固定电桥的各参数不变,停止加热,使电热杯中的水温逐渐下降,每降 10 ℃记一次检流计 G 的读数.注意,应在探头与探测环境达到热平衡时读数.

(4) 将温度计和检流计 G 的读数记录在表 2.18.1 中,并作校正曲线,分析误差来源.

2. 铜丝电阻温度系数的测量

(1) 按图 2.18.2 连接线路.

(2) 设定温度控制仪的温度为 20 ℃,待铜电阻温度稳定后,调节 R_N 使检流计电流指示为零,测出对应温度下的铜电阻阻值$\left(R_T=\frac{R_2}{R_1}\cdot R_N\right)$.

(3) 重新设定温度为 30 ℃,重复步骤 2.以后每间隔 10 ℃测量铜电阻阻值 1 次,共测量 10 组数据,记录在表 2.18.2 中.

(4) 作图,用图解法求出铜电阻的电阻温度系数.

实验数据记录

1. 非平衡电桥测温仪的定标及校准

$R_1=R_2=380\ \Omega$;检流计量程__________;格数__________;

级别__________;温度计最小分度值__________.

表 2.18.1 非平衡电桥测温仪定标及校准数据记录表

t/℃	0.0	100.0								
$I_G/\mu A$										

2. 铜丝电阻温度系数的测量

$\frac{R_2}{R_1}=$__________.

表 2.18.2 铜丝电阻温度系数测量数据记录表

t/℃										
R_N/Ω										
R_T/Ω										

数据处理与分析

1. 作非平衡电桥测温仪校正曲线,分析误差来源.
2. 作 R_T-t 曲线,用图解法求出铜电阻的电阻温度系数 α.

思考题

1. 平衡电桥与非平衡电桥有哪些不同?本实验中两部分实验内容各采用的是什么电桥?

实验十九 用超声波法测声波的速度

声波是在弹性介质中传播的一种机械波，振动频率在 20～20 000 Hz 的声波为可闻声波，频率超过 20 000 Hz 的声波称为超声波. 声速是描述声波在媒质中传播特性的一个基本物理量. 测量声速最简单的方法之一就是利用声速与振动频率 f 和波长 λ 之间的关系（即 $v=f\lambda$）求出. 声速的测量在声波定位、探伤、测距中有广泛的应用，因此具有重要意义. 本实验利用超声波具有波长短、易于定向发射和会聚等优点，测量声波在空气中的传播速度.

实验目的

1. 了解超声波的发射和接收方法.
2. 加深对振动合成、波动干涉等理论知识的理解.
3. 掌握用干涉法和相位法测声速的方法.
4. 掌握逐差法处理数据.

预习题

1. 发射信号接 CH_1 通道、接收信号接 CH_2 通道，用驻波共振法时示波器各主要旋钮该如何调节？用相位法时又该如何调节？

2. 要在示波器屏上看到李萨茹图形，应如何调节示波器？

3. 在声速测量实验中，为什么要在换能器谐振状态下测定空气中的声速？为什么换能器的发射面和接收面要保持平行？

4. 用驻波共振法测量声波声速，如何测量其频率和波长？

实验原理

1. 压电陶瓷换能器

声速实验所采用的声波频率一般都在 20～60 kHz 之间. 在此频率范围内，采用压电陶瓷换能器作为声波的发射器、接收器，效果最佳. 压电陶瓷片是由一种多晶结构的压电材料（如石英、锆钛酸铅陶瓷等），在一定温度下经极化处理制成的. 它具有压电效应，即受到与极化方向一致的应力 T 时，在极化方向上产生一定的电场强度 E，且具有线性关系：$E=gT$，即力→电，称为正压电效应；当与极化方向一致的外加电压 U 加在压电材料上时，材料的伸缩形变 S 与 U 之间有简单的线性关系：$S=dU$，即电→力，称为逆压电效应. 其中，g 为比例系数；d 为压电常数，与材料的性质有关. 由于 E 与 T，S 与 U 之间有简单的线性关系，因此，可以将正弦交流电信号变成压电材料纵向的长度伸缩，使压电陶瓷片成为超声波的波源. 即压电换能器可以把电能转换为声能而作为超声波发生器，反过来也可以使声压变化转化为电压变化而作为声频信号接收器.

根据工作方式的不同，压电陶瓷换能器可分为纵向（振动）换能器、径向（振动）换能器及弯曲振动换能器.图 2.19.1 所示为纵向换能器的结构简图.

2. 声速测量原理

波在弹性连续介质中传播,设其传播速度为 v、波长为 λ、频率为 f,则三者之间的关系为 $v=f\lambda$. 实验中只要测出波长 λ 和频率 f,即可求得声波的传播速度 v. 常用的测量方法有共振干涉法(驻波)、相位比较法和时差法 3 种.

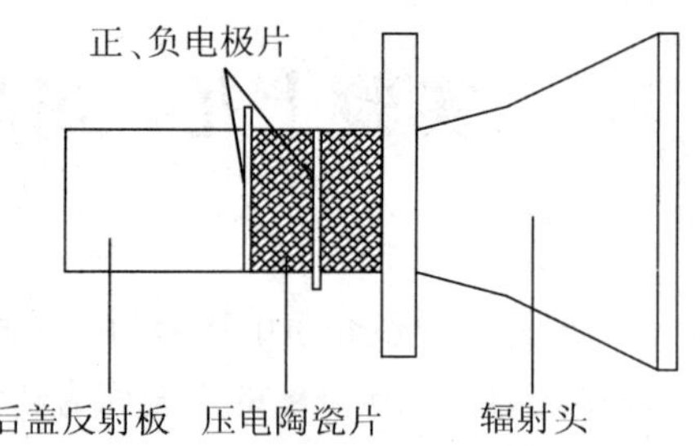

图 2.19.1 纵向换能器的结构

(1) 驻波法测量声速

频率、振动方向和振幅相同,相位差固定,沿同一条直线相向传播的两列波,在相遇区域使介质的质点同时参与两种振动,形成稳定分布,即产生干涉,形成驻波. 设两列波的波动方程为

$$\text{波束 }1: y_1=A_1\cos\left(\omega t-2\pi\frac{x}{\lambda}\right); \tag{2.19.1}$$

$$\text{波束 }2: y_2=A_2\cos\left(\omega t+2\pi\frac{x}{\lambda}\right). \tag{2.19.2}$$

在相遇区域,叠加后形成的合成波

$$\begin{aligned} y_3 &= y_1+y_2 \\ &=A_1\cos\left(\omega t+\frac{2\pi x}{\lambda}\right)+A_2\cos\left(\omega t-\frac{2\pi x}{\lambda}\right) \\ &=A_1\cos\left(\omega t+\frac{2\pi x}{\lambda}\right)+A_1\cos\left(\omega t-\frac{2\pi x}{\lambda}\right)+(A_2-A_1)\cos\left(\omega t-\frac{2\pi x}{\lambda}\right) \\ &=2A_1\cos\frac{2\pi x}{\lambda}\cos\omega t+(A_2-A_1)\cos\left(\omega t-\frac{2\pi x}{\lambda}\right), \end{aligned} \tag{2.19.3}$$

式中,ω 为声波的角频率;t 为经过的时间;x 为波传播的距离(接收换能器与发射换能器之间的距离). 由此可见,叠加后的声波振幅,在空间上随距离 x,按 $2A_1\cos\frac{2\pi x}{\lambda}$变化作周期性变化. 如果入射波和反射波的振幅相等,合成波的振幅在波节处振幅为 0,如图2.19.2(a)所示;如果入射波和反射波的振幅不等,合成波的振幅即使在波节处也不为 0,如图 2.19.2(b) 所示,且按 $(A_2-A_1)\cos\left(\omega t-\frac{2\pi x}{\lambda}\right)$变化. 图 2.19.2 所示波形显示了按 $2A_1\cos\frac{2\pi x}{\lambda}\cos\omega t+(A_2-A_1)\cos\left(\omega t-\frac{2\pi x}{\lambda}\right)$叠加后的声波波形,随距离$\frac{2\pi x}{\lambda}$在空间上作周期性变化的规律.

发射换能器将交流正弦电压信号转换为声波发射出去,接收换能器将接收到的声波转换成交流正弦电压信号输入到示波器,在示波器上可观察到正弦波. 当接收换能器和发射换能器的表面严格平行,入射波与反射波在两换能器之间区域相干叠加形成驻波. 因为入射波在接收换能器表面部分反射,反射波振幅小于入射波振幅,故在驻波的波节处,振幅不为 0,如图 2.19.2(b)所示.

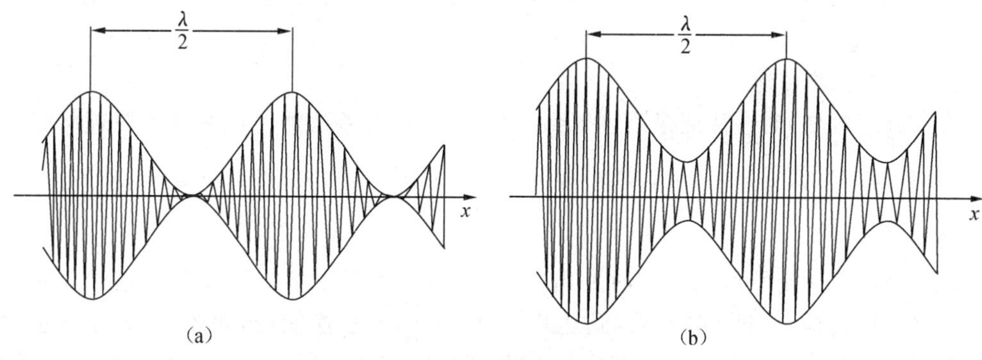

图 2.19.2　驻波波形示意图

在示波器上观察到的波形会周期性显示，在某些位置时振幅有最小或最大值. 根据波的干涉原理可知：任意两个相邻的振幅最大值的位置之间（或两个相邻的振幅最小值的位置之间）的距离均为$\frac{\lambda}{2}$. 实验时一边观察示波器上的波形变化，一边缓慢地改变两个换能器之间的距离，每当波幅最大时，记录接收换能器的位置，测出两相邻最大波幅之间距离（即接收换能器移动过的距离亦为$\frac{\lambda}{2}$），由 $v=f\lambda$ 公式即可算出声速.

（2）相位比较法

将发射交流正弦电压信号和接收正弦电压信号分别输入到示波器的“X 轴”和“Y 轴”，通过示波器来观察相位差. 互相垂直的两个谐振动的叠加，能得到李萨茹图形. 如果两个谐振动的频率相同，则李萨茹图形就很简单. 图 2.19.3 是两个互相垂直振动的相位差从 $0\to\pi$ 的变化图，图形从斜率为正的直线变为椭圆再变为斜率为负的直线.

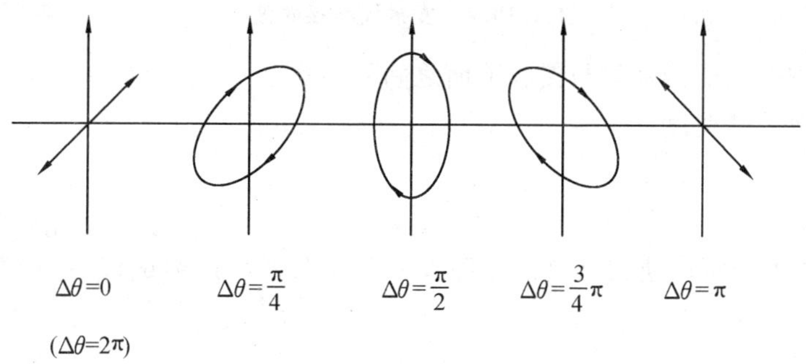

图 2.19.3　用李萨茹图形观测相位的变化

从发射换能器发出的超声波通过媒质达到接收换能器，在发射波和接收波之间产生了相位差，此相位差 $\Delta\theta$ 和角频率 $\omega(\omega=2\pi f)$、传播时间 t、声速 v、距离 Δx、波长 λ 之间服从

$$\Delta\theta=\omega t=2\pi f\frac{\Delta x}{v}=2\pi\frac{\Delta x}{\lambda}. \tag{2.19.4}$$

由上式可知，相位差 $\Delta\theta$ 每改变 2π，即发射换能器和接收换能器的间距 Δx 每改变一个波长，相同图形就重复出现一次. 选择判断比较灵敏的亦即李萨茹图形为直线的位置作为测量的起点，每移动一个波长的距离就会重复出现同样斜率的直线. 于是，根据相位

差的 2π 变化，便可以测量出波长. 声波频率由信号源读出，根据式(2.19.4)便可算出声速.

(3) 时差法测声速

在实际工程中，时差法测量声速得到广泛的应用. 时差法测声速的基本原理基于"速度=距离/时间"，即 $v=\frac{\Delta x}{t}$. 通过在已知的距离内计测声波传播的时间，从而计算出声波的传播速度.

连续波由控制电路调制后定时发出一个声脉冲，由发射换能器发射至被测介质中，声波在介质中传播，经过 t 时间后，到达相距 Δx 处的接收换能器，如图 2.19.4 所示. 接收到的信号经放大、滤波后，由高精度计时电路求出声波从发出到接收在介质中传播的时间，从而计算出声波在某一介质中的传播速度. 因为是由仪器进行计测，所以其测量精度比前面两种方法要高. 同样，声波在液体中传播时，由于只检测首先到达的声波传播的时间，而与其他发射波无关，这样反射波的影响可以忽略不计，因此测量的结果较为准确，所以工程中往往采用时差法来测量.

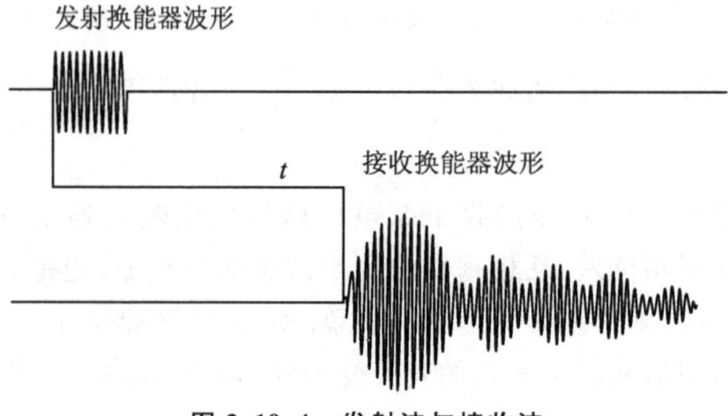

图 2.19.4　发射波与接收波

通过测量两个换能器发射与接收平面之间的距离 Δx 和传播时间 t，就可以计算出当前介质中的声波传播速度.

实验仪器

示波器，SVX-5 型声速测试仪信号源，SV-DH 系列声速测试仪(包括 2 个压电陶瓷换能器).

实验内容

按照图 2.19.5 连接电路，其中 S_1、S_2 为压电陶瓷换能器.

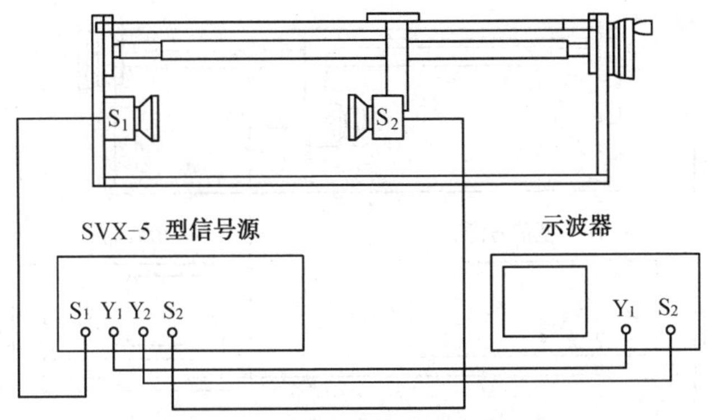

图 2.19.5　驻波法、相位法测量连线图

1. 共振频率调节

(1) 打开电源,开机预热 15 min.

(2) 信号源调节:选择连续波工作方式;发射强度旋钮指向时钟“7”点位置;输出频率调节为 34～35 kHz 之间的某一值.

(3) 接收换能器共振频率调节.

① 在示波器上,选择与信号源相连接的通道,调整时基旋钮和通道增益旋钮,至示波器显示稳定的正弦波形为止.

② 示波器转换到与接收换能器相连接的通道.

③ 调节信号源频率旋钮,同时观察示波器上正弦波幅值的变化,再配合时基旋钮和相应通道增益旋钮的调节,找出使正弦波幅值最大的频率,该频率即为接收换能器的共振频率.到此共振频率调节完成,且实验过程中保持不变.

2. 驻波(共振干涉)法测波长

(1) 在共振频率调节的基础上,转动测试架上调节鼓轮,使接收换能器沿一个方向移动(注意,发射换能器和接收换能器间的距离不能小于 5 cm).

(2) 观察示波器上正弦波的振幅变化,选择振幅极大值处为测量起点 x_1.

(3) 继续沿同一个方向移动接收换能器,每当正弦波的振幅为最大值时,记录一次接收换能器的位置坐标,共记录 12 次,数据填入表 2.19.1 中.

3. 相位法(李萨茹图法)测量声速

在前面调节的基础上,保持共振频率不变.

(1) 示波器的工作方式选用 X-Y 方式,在示波器上观察李萨茹图形.

(2) 转动测试架上调节鼓轮,使接收换能器沿一个方向移动,同时观察示波器上的图形变化,当出现一条斜线时为测量起点 x_1.

(3) 继续沿同一个方向移动接收换能器,每出现一次同样斜率的直线时,记录一次接收换能器的位置坐标,共记录 12 次,数据填入表 2.19.1 中.

4. 时差法测声速(选做)

(1) 按图 2.19.6 连接电路.

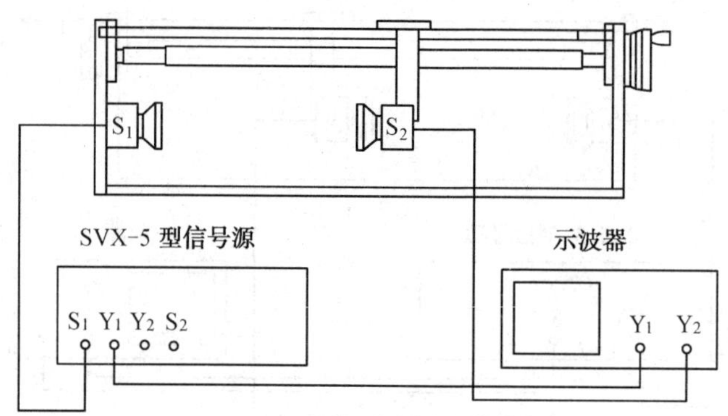

图 2.19.6 时差法测量连线图

(2) 信号源调节:选择脉冲方式.

(3) 将发射换能器和接收换能器之间的距离调到适当值(不小于 50 mm).

(4) 调节示波器接收通道增益和扫描时基旋钮,使显示的时间差值读数稳定,此时仪器内置的定时器处于最佳工作状态.

(5) 记录此时接收换能器的位置 x_1 和信号源上计时器显示的时间值 t_1;移动接收换能器,同时调节接收增益使接收信号振幅始终保持一致,记录此时的距离值和显示的时间 x_i,t_i.连续测量 5 次接收换能器的位置值和显示的时间,填入表 2.19.2 中.由公式 $v_i=\frac{x_i-x_{i-1}}{t_i-t_{i-1}}$ 计算速度 v_i 的值,取其平均值为测量结果.

实验数据记录

1. 驻波法、相位法测波长

室温 $t=$__________℃; 频率 $f=$__________ kHz.

表 2.19.1 接收换能器位置坐标数据记录表

i	驻波法 x_i/mm	相位法 x_i/mm
1		
2		
3		
4		
5		
6		
7		
8		
9		
10		
11		
12		

2. 时差法测声速

表 2.19.2　时差法测声速数据记录表

次　数	S_2 的位置		S_1 和 S_2 之间距离 Δx_i/mm	Δt_i/s	$v_i=\dfrac{\Delta x_i}{\Delta t_i}/(\text{m}\cdot\text{s}^{-1})$	$\bar{v}$
	x_i/mm	读数				
1						
2						
3						
4						
5						

数据处理与分析

1. 实验结果与理论值比较

记录室内环境温度 t(℃)，在室温 t 下，空气中声速的理论值为

$$v'=v_0\sqrt{1+\frac{t}{T_0}},\tag{2.19.5}$$

式中，$T_0=273.15\ \text{K}$；v_0 是温度为 T_0 时的声速，$v_0=331.45\ \text{m/s}$.

2. 驻波法测声速

(1) 根据表 2.19.1 中的数据，用逐差法数据处理，将 $x_1,x_2,\cdots,x_{12}$ 分为 $x_1\sim x_6$，$x_7\sim x_{12}$ 两组，求出 Δx_i.

$\Delta x_1=x_7-x_1$，$\Delta x_2=x_8-x_2$，$\Delta x_3=x_9-x_3$，$\Delta x_4=x_{10}-x_4$，$\Delta x_5=x_{11}-x_5$，$\Delta x_6=x_{12}-x_6$.

(2) 求出 Δx_i 的平均值.

(3) 求出波长的平均值：$\dfrac{\bar{\lambda}}{2}=\dfrac{\Delta\bar{x}}{6}$，$\bar{\lambda}=\dfrac{\Delta\bar{x}}{3}$.

(4) 由 $\bar{v}=\overline{f\lambda}$ 求出声速.

(5) 与声速的理论值比较，求出百分差 $E=\dfrac{|\bar{v}-v_0|}{v_0}\times100\%$.

3. 相位法测声速

(1) 根据表 2.19.1 中的数据，用逐差法数据处理，将 $x_1,x_2,\cdots,x_{12}$ 分为 $x_1\sim x_6$，$x_7\sim x_{12}$ 两组，求出 Δx_i.

$\Delta x_1=x_7-x_1$，$\Delta x_2=x_8-x_2$，$\Delta x_3=x_9-x_3$，$\Delta x_4=x_{10}-x_4$，$\Delta x_5=x_{11}-x_5$，$\Delta x_6=x_{12}-x_6$.

(2) 求出 Δx_i 的平均值.

(3) 求出波长的平均值：$\bar{\lambda}=\dfrac{\Delta\bar{x}}{6}$.

(4) 由 $\bar{v}=\overline{f\lambda}$ 求出声速.

(5) 与声速的理论值比较，求出百分差 $E=\dfrac{|\bar{v}-v_0|}{v_0}\times100\%$.

注意事项

1. 禁止无目的地乱拧仪器旋钮.

2. 换能器发射端与接收端间距一般要在 5 cm 以上,距离近时可减小信号源面板上的发射强度,随着距离的增大信号源发射强度可适当增大.

3. 示波器上图形失真时可适当减小发射强度.

思考题

1. 相位比较法为什么选直线图形作为测量起点？从斜率为正的直线变到斜率为负的直线相位改变了多少？

2. 在相位比较法中,调节哪些旋钮可改变直线的斜率？调节哪些旋钮可改变李萨茹图形的形状？

3. 本实验中的超声波是如何获得的？

4. 超声波信号能否直接用示波器观测,怎样实现？

5. 固定距离,改变频率,以求声速,是否可行？

6. 用逐差法处理数据的优点是什么？

附录

1. 测量声波在液体介质中的传播速度(选做)

(1) 将测试架放进盛有液体的测试槽中,液面高度以把换能器完全浸没为准.液面不要过高,以免溢出.

(2) 驻波法测声速(方法同测空气中的声速).

(3) 相位法测声速(方法同测空气中的声速).

(4) 时差法测声速(方法同测空气中的声速).

注意:使用时应避免液体接触到其他金属物件,以免金属物件被腐蚀.使用完毕,用干燥清洁的抹布将测试架及换能器清洁干净.

数据记录与处理参照“测量声波在空气介质中的传播速度”的方法.

2. 测量声波在固体介质中的传播速度(选做)

(1) 将测量固体介质中声速的专用测量装置接入测量线路,如图 2.19.7 所示.将发射换能器发射端面朝上竖立放置于托盘上,在换能器端面和固体块的端面上涂上适量的耦合剂,再把固体块放在发射面上,使其紧密接触并对准,然后将接收换能器接收端面置于固体块的上端面上并对准,利用接收换能器的自重与固体块端面接触.

(2) 实验提供两种固体测试介质:有机玻璃棒和铝棒.每种材料均有长 50,20,10 mm 的 3 种样品若干,将不同厚度样品组合成不同长度,置于两个换能器之间,用来改变 S_1 和 S_2 之间的距离进行测量,用不同的介质棒各测 3 次.

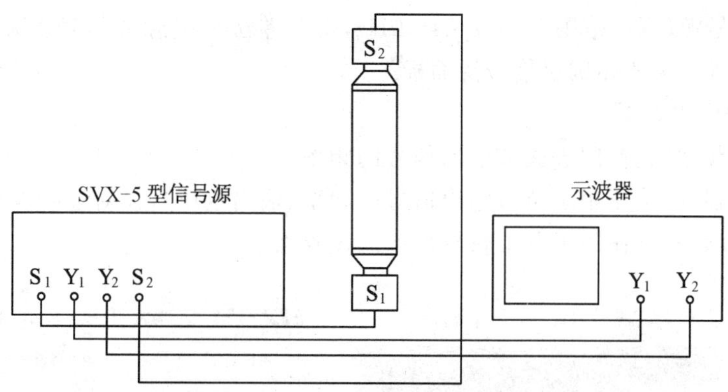

图 2.19.7　测量固体介质中声速的接线图

(3) 在 S_1 和 S_2 之间添加固体块时，第一个必须是厚度为 50 mm 的固体块，然后再加 20 mm 或 10 mm 厚度的固体块，一边加一边观察示波器上的波形变化，当出现与加厚度为 50 mm的固体块相同波形或图形时记录数据. 各记录 3 个 S_1 和 S_2 之间不同距离的数据.

(4) 时差法测声速(方法同测空气中的声速). 将接收增益调到适当位置(一般为最大位置)，以计时器不跳字为好. 将发射换能器发射端面朝上竖立放置于托盘上，在换能器端面和固体块的端面上涂上适量的耦合剂，再把固体块放在发射面上，使其紧密接触并对准，然后将接收换能器接收端面放置于固体块的上端面上并对准，利用接收换能器的自重与固体块端面接触. 这时计时器的读数为 t_{i-1}，固体块的长度为 L_{i-1}. 移开接收换能器，将另一固体块端面上涂上适量的耦合剂，置于下面固体块之上，并保持良好接触，再放上接收换能器，这时计时器的读数为 t_i，固体块的长度为 L_i.

数据记录与处理参照“测量声波在空气介质中的传播速度”的方法.

测量超声波在不同固体介质中传播的平均速度时，只要将不同的介质同时置于两换能器之间即可进行测量.

3. 仪器介绍

(1) 组合仪

SV-DH 系列声速测试仪由声速测试架和声速测试仪信号源两个部分组成，也可增加固体声速测量装置，用于固体声速的测量，如图 2.19.8 所示.

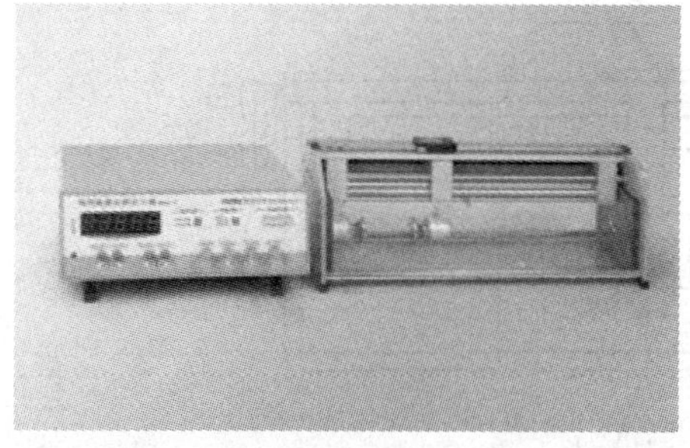

(a) 信号源、声音在气体、液化介质传播测量装置

(b) 声音在固体介质传播测量装置

图 2.19.8　SV-DH 系列声速测量组合仪

(2) SVX 声速测试仪信号源

SVX-5 型声速测定信号源(频率范围 25～45 kHz，带时差法测量脉冲信号源)；SVX-

7 型多功能信号源(频率范围 50 Hz～45 kHz,带时差法测量脉冲信号源).图 2.19.9 中为 SVX-5,SVX-7 声速测试仪信号源面板.

各旋钮的作用如下:

① “信号频率”旋钮用于调节输出信号的频率.

② “发射强度”旋钮用于调节输出信号电功率(输出电压),仅对连续波有效.

③ “接收增益”旋钮用于调节仪器内部的接收增益.

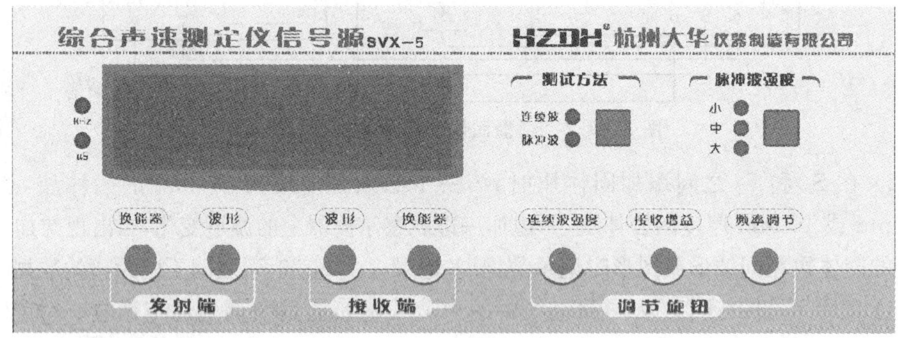

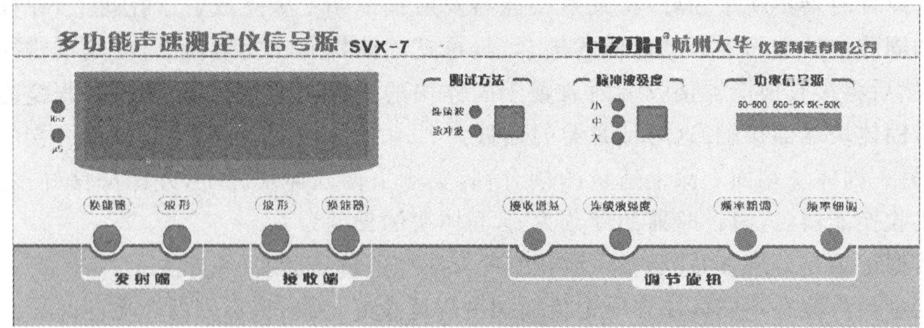

图 2.19.9 SVX-5,SVX-7 声速测试仪信号源面板

(3) 声速测试架

如图 2.19.10 所示,转动手摇鼓轮可以改变 S_1 和 S_2 之间的距离.S_2 与游标卡尺相连,S_2 每改变一次位置都可以通过游标卡尺读出.

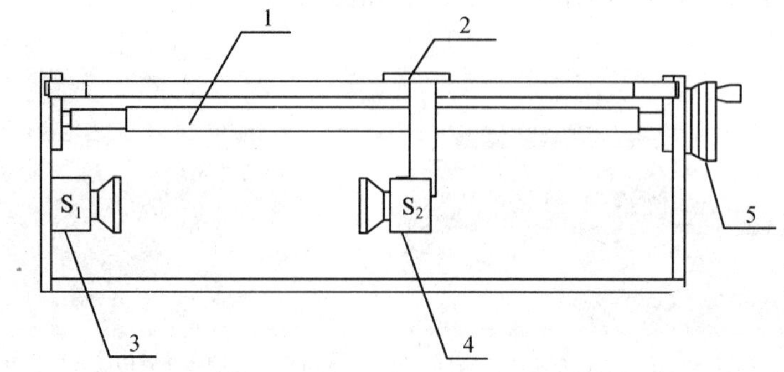

1—丝杆; 2—数显游标卡尺; 3—发射换能器; 4—接收换能器; 5—手摇鼓轮

图 2.19.10 声速测试架外形示意

数显表头上各按钮的作用如下：

① “inch/mm”按钮为英制/公制转换用，测量声速时用“mm”.

② “OFF”、“ON”按钮为数显表头电源开关.

③ “ZERO”按钮为表头数字回零.

④ S_2 在标尺范围内任意位置，数字显示窗都可设置“0”位. 摇动鼓轮，接收换能器移动的距离为数显表头显示的数字.

实验二十　普朗克常数的测定

量子论是近代物理学的基础之一，给予量子论直观、鲜明物理图像的是光电效应. 随着科学技术的发展，光电效应已广泛应用于工农业生产、国防和许多科技领域. 普朗克常数是自然界中一个很重要的普适常数，可以用光电效应法简单而又准确地求出. 进行光电效应实验并通过实验求普朗克常数，有助于了解量子物理学的发展，认识光的本性.

实验目的

1. 通过实验加深了解光的量子性.
2. 通过测量光电管对不同频率光的截止电压，测定普朗克常数.
3. 测量光电管的伏安特性曲线.

预习题

1. 何谓截止电压？
2. 怎样通过截止电压与截止频率的关系，求出普朗克常数？
3. 金属的截止频率(红限)是什么？
4. 研究光电管的伏安特性曲线有什么意义？
5. 光电管的反向电流是如何产生的？

实验原理

图 2.20.1 所示的是研究光电效应的一种简单的实验装置. 在光电管的阴极 K 和阳极 A 之间加上直流电压 U，当用单色光照射阴极 K 时，阴极上就会有光电子逸出，即为光电效应.

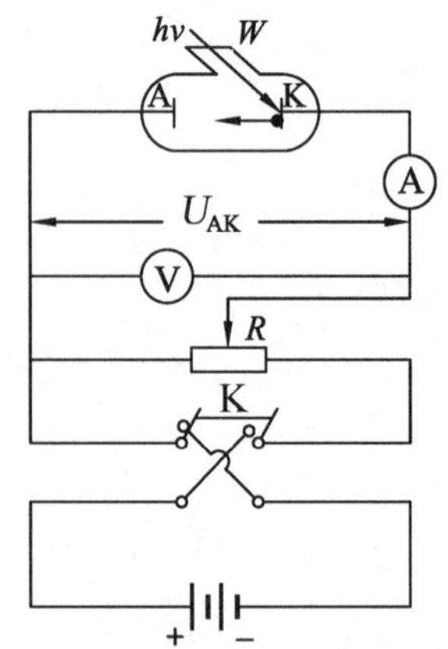

图 2.20.1　光电效应实验电路图

不同的金属或金属氧化物有不同的截止频率 ν_0. 光电效应是瞬时发生的，实验发现，只要入射光频率大于截止频率，无论光多么弱，从光照射阴极到光电子逸出时间间隔不超过 10^{-9} s；如果入射光的频率小于截止频率 ν_0，无论光多么强，都不会有光电子从金属表面逸出.

由于经典物理理论无法解释光电效应实验规律，1905 年爱因斯坦提出了"光量子"假说，设频率为 ν 的光束，其光子的能量为 $h\nu$，"光量子"假说成功的解释了光电效应实验规律.

爱因斯坦光电效应方程为

$$\frac{1}{2}mv_{\mathrm{m}}^{2}=h\nu-W, \tag{2.20.1}$$

式中，m 和 v_m 分别是光电子的质量和最大速度；W 为金属的逸出功；$\frac{1}{2}mv_m^2$ 是光电子逸出表面后所具有的最大动能.

截止电压与最大动能的关系为

$$eU_0=\frac{1}{2}mv_m^2, \tag{2.20.2}$$

且光电子的最大初动能与入射光光强无关.

当入射光频率 ν 逐渐增大时，截止电压 U_0 将随之线性增加. 由式(2.20.1)和式(2.20.2)可知

$$U_0=\frac{h\nu}{e}-\frac{W}{e}. \tag{2.20.3}$$

对于每一种金属，只有当入射光频率 ν 大于一定的截止频率 ν_0 时，才会产生光电效应. 截止频率 ν_0 与光电子摆脱金属原子对其束缚的逸出功 W 相对应，有

$$h\nu_0=W, \tag{2.20.4}$$

将式(2.20.4)代入式(2.20.3)得

$$U_0=\frac{h\nu}{e}-\frac{h\nu_0}{e}=\frac{h}{e}(\nu-\nu_0). \tag{2.20.5}$$

式(2.20.5)表明，对于由某种材料制成的光电管，其截止电压 U_0 和入射光频率 ν 呈线性关系，如图 2.20.2 所示，直线斜率为 $k=\frac{h}{e}$.

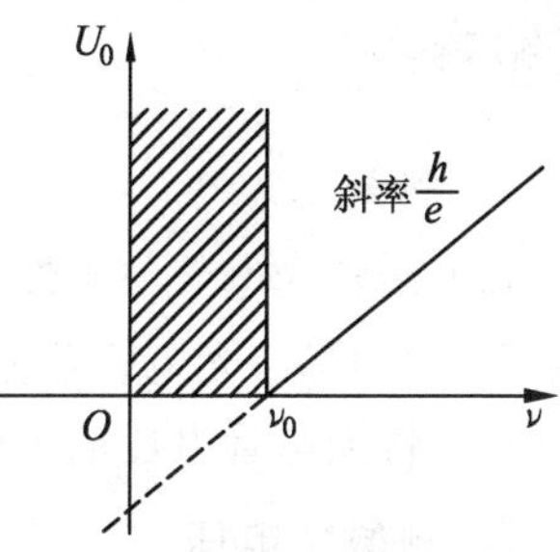

图 2.20.2 截止电压与入射光频率的关系

实验仪器

汞灯，光电管，ZKY-GD-4 智能光电效应（普朗克常数）测试仪，干涉滤光片(365，405，436，546，577 nm).

ZKY-GD-4 智能光电效应（普朗克常数）测试仪如图 2.20.3 所示，其调节面板如图 2.20.4 所示. 测试仪有手动和自动两种工作模式，具有数据自动采集、存储、实时显示采集数据、动态显示采集曲线（连接普通示波器，可同时显示 5 个存储区中存储的曲线）以及采集完成后查询数据等功能.

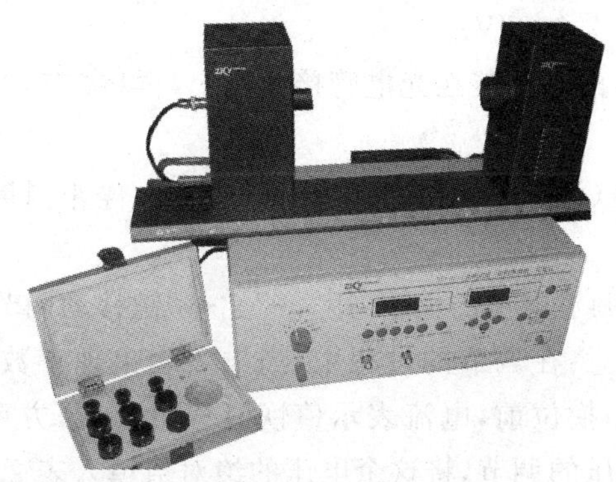

图 2.20.3 智能普朗克常数测试仪

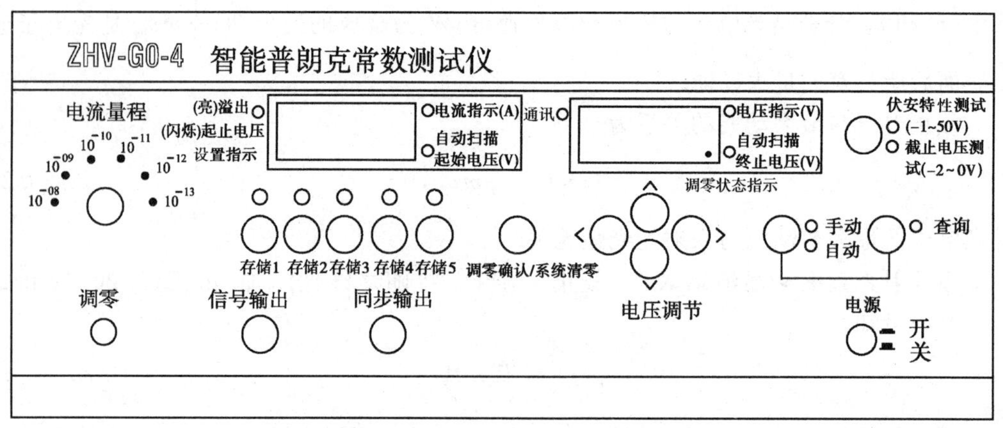

图 2.20.4 智能普朗克常数测试仪面板

实验内容

1. 准备

(1) 调整光电管与汞灯距离约 40 cm 并保持不变.

(2) 在汞灯、光电管盖上遮光盖的条件下,接通汞灯电源预热 20 min.

(3) 将光电管电压输入端与测试仪背板上电压输出端,红对红、蓝对蓝连接起来.

2. 测截止电压

(1) 选择手动工作模式.

(2) 电流量程选择 10^{-13} A 挡.

(3) 电流表调零(只要电流表量程换挡,就必须调零):

① 断开光电管与测试仪的连接线;

② 旋转"调零"旋钮,使电流表指示为"000.0";

③ 连接光电管与测试仪;

④ 按"调零确认/系统清零"键,系统进入测试状态;

⑤ 选择"截止电压测试"状态;

⑥ 电压表显示为"-1.998"V.

(4) 先把直径 4 mm 的光阑装在光电管接收口上,再将 365.0 nm 的滤色片装在光电管接收口上.

(5) 打开汞灯遮光盖(注意:汞灯遮光盖测量时打开,停止测量就盖上,以防长时间照射光电管,降低灵敏度).

(6) 用"↑"、"↓"键调节电压的大小,用"→"、"←"键移动调节位.从小数点后第一位开始调节电压的大小(注意:在调节的过程中,当电流表出现正数时,表明在这一位电压已调到极限,改换下一位;换位前,电流表示值恢复为负值后,方可换到下一位),直到电流表示值为零,停止对电压的调节,将这个电压的绝对值填入表 2.20.1 中.

(7) 依次更换 405,436,546,577 nm 的滤色片,重复步骤(5)~(6),分别测量它们对应的截止电压,将截止电压的绝对值填入表 2.20.1 中.

3. 测光电管的伏安特性曲线

(1) 电流量程选择 10^{-10} A 挡.

(2) 电流表调零(重复上述①～④步骤).

(3) 选择测"伏安特性测试"状态,这时电压表的显示为"－1.0 V".

(4) 用直径 2 mm 的光阑替换直径 4 mm 的光阑.

(5) 将 405 nm 的滤色片装在光电管暗箱光接收口上.

(6) 打开汞灯遮光盖.

(7) 用"→"、"←"键将光标移到电压表的最后一位,改变电压大小,在 0～6 V 内每增加1 V,记录一个电流值;在 6～50 V 内每增加 2 V,记录一个电流值,直到电压值为 36 V为止.将测得电压与电流对应值数据填入表 2.20.2 中.

(8) 在 365,436,546,577 nm 4 个滤色片中,任选其一,重复步骤(5)～(7),测量电压与电流对应值数据并填入表 2.20.2 中.

4. 验证饱和电流与入射光强成正比(选做)

(1) 电流量程选择 10^{-10} A 挡,并调零.

(2) 取 $U=36$ V.

(3) 在 5 个滤光片中,选择一个进行测量,记录分别用 2 ,4 ,8 mm 光阑时对应的电流,将数据填入表 2.20.3 中(注意,入射光的强度与入射面积也就是光阑的面积成正比).

5. 验证入射光的强度与入射距离平方成反正比(选做)

(1) 电流量程选择 10^{-10} A 挡,并调零.

(2) 取 $U=36$ V.

(3) 在 5 个滤光片和 3 个光阑中,分别任选择一个滤光片和一个光阑,在光电管与汞灯距离不同(如 300,400 mm)时,将对应的电流值填入表 2.20.4 中.

实验数据记录

1. 测量截止电压

表 2.20.1　测量截止电压数据记录表

波长 λ/nm	365.0	405.0	436.0	546.0	577.0
频率 $\nu/(10^{14}$ Hz)	8.22	7.41	6.88	5.49	5.20
截止电压 U_0/V					

2. 测量光电管伏安特性

表 2.20.2　测量光电管伏安特性数据记录表

电压 滤色片	－1.0	－0.0	1.0	2.0	3.0	4.0	5.0	6.0	8.0	10.0	…	…	…	36.0
365.0 nm														
405.0 nm														
436.0 nm														
546.0 nm														
577.0 nm														

3. 验证饱和电流与入射光强成正比

$U=$ ________ V，$\lambda=$ ________ nm，$L=$ ________ mm.

表 2.20.3　饱和电流与入射光强关系数据记录表

光阑孔 d/mm			
$I/(10^{-10}\ \mathrm{A})$			

4. 验证入射光强度与入射距离平方成反比

表 2.20.4　入射光强与入射距离关系数据记录表

入射距离 L/mm			
$I/(10^{-10}\ \mathrm{A})$			

数据处理与分析

1. 求普朗克常数

(1) 根据表 2.20.1 中的数据，以频率为横轴，以电压为纵轴，在坐标纸上绘制 U_0-ν 曲线.(频率的值从 4×10^{14} Hz 开始)

(2) 在直线上，距两端 1/4 处各取一点，分别向横轴和纵轴作垂线，求出点(ν_1, U_1)和(ν_2, U_2)的坐标.(注意，不能用实验测得的数据求斜率)

(3) 由 $k=\dfrac{U_2-U_1}{\nu_2-\nu_1}$ 求出直线的斜率.

(4) 由 $k=\dfrac{h}{e}$ 计算普朗克常数的值；与普朗克常数公认值作比较，求百分差.(普朗克常数的公认值是 $h=6.626\,176\times10^{-34}$ J·s)

2. 绘制光电管伏安特性曲线

根据表 2.20.2 中的数据，以电压为横轴，以电流为纵轴，在同一张坐标纸上绘制光电管对不同频率光的伏安特性 I-U 曲线图.

3. 验证饱和电流与入射光强成正比

根据表 2.20.3 中的数据，以光阑直径为横轴，以电流为纵轴，在同一张坐标纸上绘制光电管对不同频率光的伏安特性 I-d 曲线图，从曲线的特点分析饱和电流与入射光强的关系.

4. 验证饱和电流与入射距离平方成反比

根据表 2.20.4 中的数据，以入射距离平方的倒数 $\dfrac{1}{L^2}$ 为横轴，以电流为纵轴，在同一张坐标纸上绘制光电管对不同频率光的伏安特性 I-$\dfrac{1}{L^2}$ 曲线图，从曲线的特点分析入射光强与入射距离平方的倒数的关系.

注意事项

1. 不能使光直接照射在光电管上，在更换滤光片或光阑时要及时遮盖汞灯.

2. 滤光片切勿用手触摸.

3. 光电管不用时应保存在干燥暗箱内,如环境湿度较大,应将光电管和微电流放大器进行干燥处理,以减少漏电对实验的影响.

思考题

1. 何谓光电效应? 如果一种物质逸出功为 2.0 eV,那么将它做成光电管阴极时能探测的波长红限是多少?

2. 光电子的能量随光强变化吗? 光电流的大小随光强变化吗?

3. 光电管的阴极选用逸出功小的光敏材料,阳极选用逸出功大的金属制造,为什么?

4. 光电管的暗电流是如何产生的? 本底电流是如何产生的?

实验二十一　动力学法测定材料的杨氏弹性模量

杨氏弹性模量(杨氏模量)是固体材料的重要力学参量,它标志着材料抵抗外力产生拉伸(或压缩)形变的能力,是选择机械构件材料的依据之一.测定杨氏模量的方法有静态拉伸法和动力学共振法.前者常用于大变形、常温下的测量,但由于静态拉伸法载荷大、加载速度慢、有驰豫过程,而不能真实地反应材料内部结构的变化,它既不适用于对脆性材料的测量,也不能测量材料在不同温度时的杨氏模量.动力学共振法不仅克服了前者的缺陷,而且更具实用价值,是国家GB/T2105-91推荐使用的测量方法.

本实验采用当前工程技术上常用的动力学共振法测量杨氏弹性模量.其基本方法是:将一根截面均匀的试样(棒)悬挂在两只传感器(一只激振,一只拾振)下面,在两端自由的条件下,使之作自由振动,测出试样的固有基频,并根据试样的几何尺寸、密度参数,测得材料的杨氏弹性模量.

实验目的

1. 学会用动力学共振法测定材料的杨氏模量.
2. 学习用内插法测量、处理实验数据.
3. 了解压电陶瓷换能器的功能,熟悉信号源和示波器的使用.
4. 培养学生综合运用知识和使用常用实验仪器的能力.

预习题

1. 内插测量法有什么特点?使用时应注意什么问题?
2. 悬丝的粗细对共振频率有何影响?

实验原理

杨氏弹性模量是固体材料在弹性形变范围内正应力与相应正应变的比值,其数值大小与材料的结构、化学成分和加工制造方法有关.根据试样(棒)的横向振动方程

$$\frac{\partial^4 y}{\partial x^4}+\frac{\rho S}{EJ}\cdot\frac{\partial^2 y}{\partial t^2}=0$$

及边界条件(棒的两端是自由端时,端部既不受正应力也不受切向相力),求解方程,对于圆形棒$\left(J=\frac{Sd^2}{16}\right)$,得

$$E=1.6067\times\frac{L^3 m}{d^4}f^2,\tag{2.21.1}$$

式中,E为杨氏模量,单位为牛顿/米^2,记作$\mathrm{N\cdot m^{-2}}$;S为棒的横截面积;J为棒的转动惯量;L为棒的长度;d为棒的横截面直径;m为棒的质量;f为棒的基频共振频率.如果在实验中测得式(2.21.1)右边的各量,即可计算出试样(棒)的杨氏模量E.

实验仪器

动态杨氏模量测定仪，通用示波器，电子天平，游标卡尺，米尺，试样(棒).

本实验的主要问题是测量试样(棒)的共振频率，因此，实验时采用如图 2.21.1 所示装置.

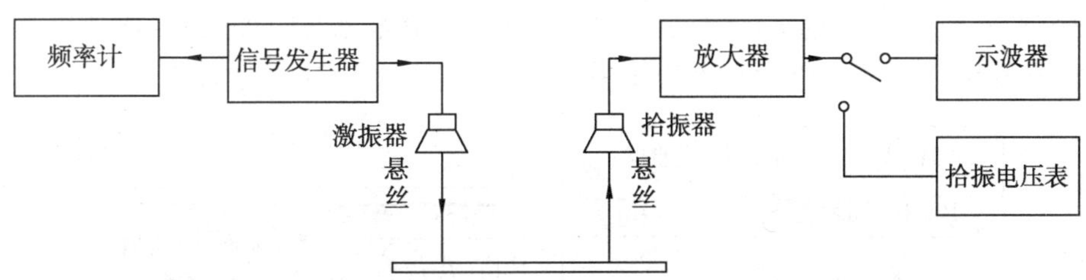

图 2.21.1　动力学法测量材料杨氏模量装置框图

由信号源输出的等幅正弦波信号，加在激振器(压电陶瓷换能器Ⅰ)上，通过换能器Ⅰ把电信号转变成机械振动，再由悬丝把机械振动传给试样(棒)，使试样(棒)受迫作横向振动，试样(棒)另一端的悬丝再把试样(棒)的机械振动传给拾振器(压电陶瓷换能器Ⅱ)，这时机械振动又转变成电信号，该信号经放大后送到示波器中显示.

当信号源的频率不等于试样(棒)的固有频率时，试样(棒)不发生共振，示波器上几乎没有电信号波形或波形很小. 而当信号源的频率等于试样(棒)的固有频率时，试样(棒)发生共振，这时示波器上的波形突然增大，频率计(或信号源的频率显示器)上读出的频率就是试样(棒)在该温度下的共振频率. 将该共振频率代入式(2.21.1)，即可计算出该温度下的杨氏模量. 如果有可控温加热炉，则可测出在不同温度时的杨氏模量.

在实验中，由于悬丝对试样(棒)振动的阻力，所检测到的共振频率大小随悬挂点的位置而变化. 由于压电换能器所拾取的是悬挂点的加速度共振信号，而不是振幅共振信号，所检测共振频率随悬挂点到节点的距离的增大而增大. 若要测量试样(棒)的基频共振频率，只有将悬丝挂在节点处，处于基频振动模式时，试样(棒)上存在两个节点，它们的位置分别在 $0.224\,L$ 和 $0.776\,L$ 处. 由于节点处的振动幅度几乎为零，很难检测，因此要想测得试样(棒)的基频共振频率需采取内插测量法. 所谓内插测量法，是指所需要的数据在测量数据范围之外，一般很难测量，为了求得这个数，采用作图内插求值的方法. 具体地说，就是先使用已测数据绘制出曲线，然后在曲线上插取待求点求出所要的值. 内插法只适用于在所研究范围内没有突变的情况，否则不能使用. 实验中，以悬挂点位置为横坐标，以所相对应的共振频率为纵坐标作出关系曲线图，求得曲线最低点(节点)所对应的频率即为试样(棒)的基频共振频率 f.

实验内容

1. 测量试样(棒)的长度 L、直径 d 和质量 m

(1) 用游标卡尺测量试样(棒)长度 L，用螺旋测微器测量试样(棒)不同部位处直径 d，测 6 次，将数据记录在表 2.21.1 中.

(2) 用电子天平测量试样(棒)质量 m，并将数据记录在表 2.21.1 中.

2. 测量试样(棒)在室温时的共振频率 f

(1) 安装试样(棒)

如图 2.21.2 所示,将试样(棒)小心悬挂于两悬丝之上,要求悬丝与试样(棒)轴向垂直,试样(棒)保持横向水平,两悬丝挂点到试样端点距离相同,并处于静止状态.

(2) 连机

按照图 2.21.2 所示连机,调整示波器处于正常工作状态(不同示波器的使用方法基本类似,请参看"实验十六　示波器的使用").

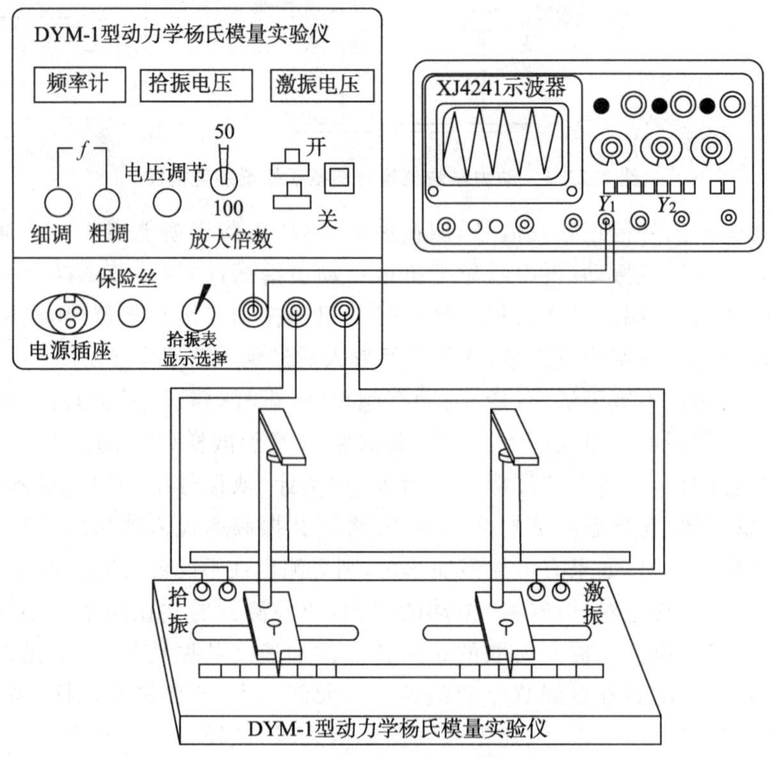

图 2.21.2　动力学法测量杨氏模量装置简图

(3) 测量

先将两悬丝挂在距试样(棒)端点 10 mm 处,调节信号发生器旋钮,在实验室提供的参考频率范围内扫描,寻找试样(棒)的共振频率.在示波器荧光屏上出现共振现象时(正弦波振幅突然变大),再微调信号发生器旋钮,当波形振幅达到极大值时,记下这时的频率值.然后将两悬丝同时向内侧移动,每次移动 5 mm,在节点左右各测 3 对以上悬点处的共振频率,并记录在表 2.21.2 中.

(4) 用内插测量法求试样(棒)的基频共振频率 f

以悬挂点位置为横坐标,以相对应的共振频率为纵坐标作出关系曲线图,求得曲线最低点(节点)所对应的频率,即为试样(棒)的基频共振频率 f.

(5) 计算样品的杨氏模量

将相关数据代入式(2.21.1),计算试样(棒)的杨氏模量.

实验数据记录

室温________℃

表 2.21.1　试样(棒)的长度 L、直径 d 和质量 m 测量记录表

样品材质	黄铜质量　$m=$________ g						
序号	1	2	3	4	5	6	平均值
截面直径 d/mm							
样品长度 L/mm							

螺旋测微器零点读数 $d_0=$________.

请自拟铁、铝或玻璃棒的测量,数据记录在相应的表格中.

表 2.21.2　黄铜试样(棒)的基频共振频率 f 的测量数据记录表

序号	1	2	3	4	5	6	7	8
悬挂点位置 x								
x/L								
共振频率 f/Hz								

数据处理与分析

1. 作各试样(棒)f-$\frac{x}{L}$关系曲线,求节点共振频率 f.

2. 利用公式计算试样(棒)的杨氏模量,$E=1.606\ 7\times\frac{L^3m}{d^4}f^2$.

注意事项

1. 试样(棒)不可随处乱放,一定要保持其清洁,拿放小心.

2. 安装试样(棒)时,应该先移动支架到既定位置,然后再悬挂试样(棒).

3. 更换试样(棒)一定要小心,轻拿轻放,避免把悬丝弄断,或将试样(棒)摔坏.实验时,一定要待试样(棒)稳定之后才可以正式进行测量.

思考题

1. 在实际测量过程中如何辨别共振峰真假?

2. 如何测量节点的共振频率?

实验二十二　夫兰克-赫兹实验

1913年，丹麦物理学家玻尔(N. Bohr)建立了一个氢原子模型，并指出原子存在能级. 1914年，德国物理学家夫兰克(J. Franck)和赫兹(G. Hertz)采用慢电子(几个到几十个电子伏特)与单元素气体原子碰撞的办法，直接证明了原子发生跃变时吸收和发射的能量是分立的、不连续的，证明了原子能级的存在，从而证明了玻尔理论的正确性.

夫兰克-赫兹实验至今仍是探索原子结构的重要手段之一，实验所用“拒斥电压”筛去小能量电子的方法，已成为广泛应用的实验技术.

实验目的

1. 通过测定氩原子等元素的第一激发电位(即中肯电位)，证明原子能级的存在.

预习题

1. 夫兰克-赫兹管的 I_A-U_{KG2} 曲线为什么是起伏上升的？

实验原理

玻尔提出的原子理论指出：原子只能较长地停留在一些稳定的状态(简称为定态). 原子在这些状态时，不发射或吸收能量. 各定态有一定的能量，其数值是彼此分隔的. 原子的能量不论通过什么方式发生改变，它只能从一个定态跃迁到另一个定态. 如果用 E_m 和 E_n 分别代表两定态的能量，则原子吸收或发射的能量由下式可得

$$h\nu=\Delta E=E_m-E_n, \tag{2.22.1}$$

式中，h 为普朗克常数，$h=6.63\times10^{-34}$ J·S.

原子从低能级向高能级的跃迁，可以通过具有一定能量的电子与原子相碰撞进行能量交换的办法来实现.

设初速度为零的电子在电位差为 U_0 的加速电场作用下，获得能量 eU_0. 当具有这种能量的电子与稀薄气体的原子(比如十几个托的氩原子)发生碰撞时，就会发生能量交换. 若以 E_1 代表氩原子的基态能量、E_2 代表氩原子的第一激发态能量，如果氩原子吸收从电子传递来的能量恰好为

$$eU_0=\Delta E=E_2-E_1, \tag{2.22.2}$$

氩原子就会从基态跃迁到第一激发态，相应的电位差称为氩的第一激发电位(或称氩的中肯电位). 测定出这个电位差 U_0，就可以根据式(2.22.2)求出氩原子的基态和第一激发态之间的能量差(其他元素气体原子的第一激发电位亦可依此法求得).

夫兰克-赫兹实验的原理如图 2.22.1 所示. 在充以氩的夫兰克-赫兹管中，电子由热阴极发出，阴极 K 和第二栅极 G2 之间的加速电压 U_{G2K} 使电子加速. 在板极 A 和第二栅极 G2 之间加有反向拒斥电压 U_{G2A}. 管内空间电位分布如图 2.22.2 所示. 当电子通过

KG2 空间进入 G2A 空间时，如果有较大的能量（不小于 eU_{G2A}），就能冲过反向拒斥电场到达板极形成板极电流，微电流计 μA 表可检出其电流. 如果电子在 KG2 空间与氩原子碰撞，把自己一部分能量传递给氩原子而使后者激发，则电子本身所剩余的能量就很小，以致通过第二栅极后已不足以克服拒斥电场而被折回到第二栅极，这时，通过微电流计 μA 表的电流将显著减小.

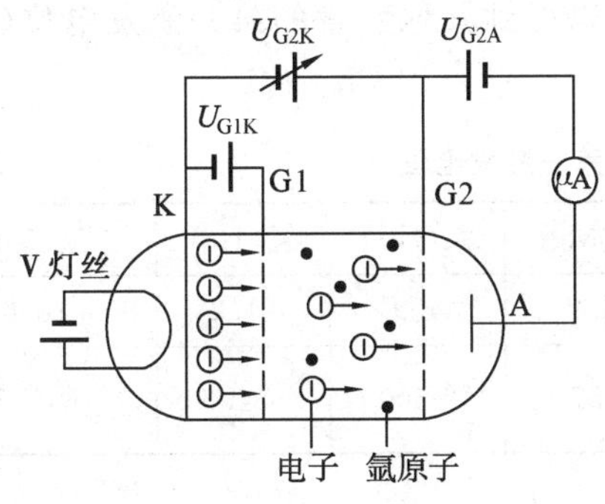

图 2.22.1　夫兰克—赫兹实验原理图

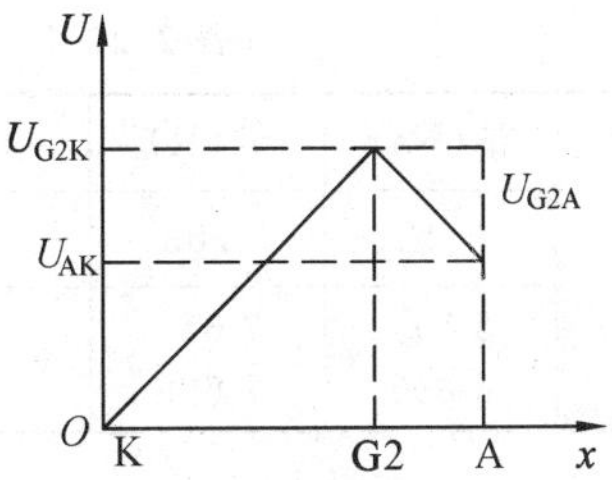

图 2.22.2　夫兰克—赫兹管内空间电位分布

实验时，使 U_{G2K} 电压逐渐增加并仔细观察微电流计的电流指示，如果原子能级确实存在，而且基态和第一激发态之间有确定的能量差的话，就能观察到如图 2.22.3 所示的 I_A-U_{G2K} 曲线.

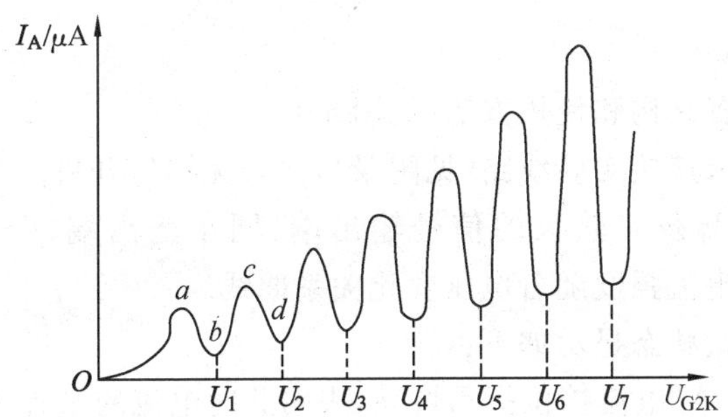

图 2.22.3　夫兰克—赫兹管 I_A-U_{G2K} 曲线

图 2.22.3 所示的曲线反映了氩原子在 KG2 空间与电子进行能量交换的情况. 当 KG2 空间电压逐渐增加时，电子在 KG2 空间被加速而获得越来越高的能量. 但起始阶段，由于电压较低，电子的能量较少，即使在运动过程中它与原子相碰撞也只有微小的能量交换（为弹性碰撞）. 穿过第二栅极的电子所形成的板流 I_A 将随第二栅极电压 U_{G2K} 的增加而增大（Oa 段）. 当 KG2 空间的电压达到氩原子的第一激发电位 U_0 时，电子在第二栅极附近与氩原子相碰撞，将自己从加速电场中获得的全部能量交给后者，并且使后者从基态跃迁到第一激发态. 而电子本身由于把全部能量给了氩原子，即使穿过了第二栅极也不能克服反向拒斥电场，因而被折回第二栅极（被筛选掉），使板极电流显著减小（ab 段）. 随着第二栅极电压的增加，电子的能量也随之增加，在与氩原子相碰撞后还留下足够的能量，可以克服反向拒斥电场而达到板极 A，这时电流又开始上升（bc 段）. 直到 KG2 间电压是 2 倍氩原子的第一激发电位时，电子在 KG2 间又会因二次碰撞而失去能量，造成第二次板极电流的下降（cd 段）. 同理，凡在

$$U_{G2K}=nU_0(n=1,2,3,\cdots) \tag{2.22.3}$$

的地方板极电流 I_A 都会相应下跌，形成规则起伏变化的 I_A-U_{G2K} 曲线. 而各次板极电流 I_A 达到峰值时相对应的阴、栅极电压差($U_{n+1}-U_n$)就是氩原子的第一激发电位 U_0.

本实验就是要通过实际测量来证实原子能级的存在，并测出氩原子的第一激发电位(公认值为 $U_0=11.5$ V).

如果夫兰克—赫兹管中充以其他元素，则可以得到其他元素的第一激发电位(见表 2.22.1).

表 2.22.1　几种元素的第一激发电位

元素	钠(Na)	钾(K)	锂(Li)	镁(Mg)	汞(Hg)	氦(He)	氖(Ne)
U_0/V	2.12	1.63	1.84	3.2	4.9	21.2	18.6
λ/Å	5 890 5 896	7 664 7 699	6 707.8	4 571	2 500	584.3	640.2

实验仪器

ZKY-FH 型智能夫兰克—赫兹实验仪(见附录)，示波器.

实验内容

1. 准备

(1) 熟悉实验装置结构和使用方法(见附录).

(2) 按照实验要求连接实验线路(见附录)，检查无误后开机.

(3) 将夫兰克—赫兹实验仪的信号输出端、同步输出端，分别接示波器 CH1 和 EXT. TRIG 端，观察电流强度随着电压变化关系曲线.

(4) 开机后的初始状态显示如下：

① 实验仪的“1 mA”电流挡位指示灯亮，表明此时电流的量程为 1 mA 挡.

② 实验仪的“灯丝电压”挡位指示灯亮，表明此时修改的电压为灯丝电压；电压显示值为“000.0 V”，最后一位在闪动，表明现在修改位为最后一位.

③ “手动”指示灯亮，表明仪器工作正常.

2. 氩元素的第一激发电位测量

(1) 手动测试

设置仪器为“手动”工作状态，按“手动/自动”键，“手动”指示灯亮. 按下电流量程 10 μA键，对应的量程指示灯点亮. 设定灯丝电压 U_F、第一加速电压 U_{G1K}、拒斥电压 U_{G2A}. 设定状态参见随机提供的工作条件(见机箱). 按下“启动”键，实验开始. 从 0.0 V 起按步长 1 V(或 0.5 V)调节 U_{G2K} 电压值，仔细观察夫兰克—赫兹管的板极电流值 I_A 的变化(可用示波器观察)，读出 I_A 的峰值、谷值和对应的 U_{G2K} 值(一般取 I_A 的谷值 4～5 个为佳). 详细记录实验条件和相应的 I_A，U_{G2K} 的值.

重新启动：在手动测试的过程中，按下启动按键，U_{G2K} 的电压值将被设置为零，内部存储的测试数据被清除，示波器上显示的波形被清除，但 U_F，U_{G1K}，U_{G2A} 电流挡位等的状态不发生改变.在该状态下操作者可以重新进行测试,或修改状态后再进行测试.

(2) 自动测试

首先,将"手动/自动"测试键按下,使"自动"指示灯亮.自动测试时 U_F,U_{G1K},U_{G2A} 及电流挡位等状态设置的操作过程、夫兰克—赫兹管的连线操作过程与手动测试操作过程一样.进行自动测试时,实验仪将自动产生 U_{G2K} 扫描电压,实验仪默认的初始值为零,U_{G2K} 扫描电压大约每 0.4 s 递增 0.2 V,直至扫描终止电压.按下 U_{G2K} 电压源选择键,完成 U_{G2K} 电压值的具体设定.将电压源选择选为 U_{G2K},再按面板上的"启动"键,自动测试开始.在自动测试过程中,观察扫描电压 U_{G2K} 与夫兰克—赫兹管板极电流的相关变化情况.在自动测试过程中,为避免面板按键错误操作,导致自动测试失败,面板上除"手动/自动"按键外的所有按键都被屏蔽禁止.当扫描电压 U_{G2K} 的电压值大于设定的测试终止电压值后,实验仪将自动结束本次自动测试过程,进入数据查询工作状态.这时面板按键除测试电流指示区外,都已开启.改变电压源 U_{G2K} 的指示值,就可查阅对应的夫兰克—赫兹管板极电流值 I_A 的大小,读出 I_A 的峰值、谷值和对应的 U_{G2K} 值(为便于作图,在 I_A 的峰值、谷值附近需多取几个点).

在自动测试过程中和需要结束查询时,只要按下"手动/自动键",实验仪就回复到开机初始状态.所有按键都被再次开启,这时可进行下一次的测试.

实验数据记录

1. 自拟表格,详细记录实验条件和相应的 I_A,U_{GK2} 的值.

数据处理与分析

1. 在坐标纸上作出 I_A-U_{G2K} 曲线,用曲线的峰或谷位置电势差求平均值,求得氩的第一激发电位 U_0 值.

注意事项

1. 连接面板上的连接线后,务必反复检查.虽然仪器内置有保护电路,面板连线接错在短时间内不会损坏电器,但时间稍长会影响仪器的性能甚至损坏仪器,确认无误后再打开主机电源.当仪器出现异常时,应立即关断主机电源.

2. 夫兰克-赫兹管很容易因电压设置不合适而损坏,因此一定要按照规定的实验步骤并在适当的状态下进行实验.

3. 贴在机箱上盖的标牌参数是在出厂时"自动测试"工作方式下的设置参数(手动方式、自动方式都可参照),如果在使用过程中波形不理想,可适当调节灯丝电压 U_F、U_{G1K} 电压、U_{G2K} 电压(灯丝电压的调节建议控制在标牌参数的±0.3 V 范围内),以获得较理想的波形.但灯丝电压不宜过高,否则会加快夫兰克-赫兹管老化;U_{G2K} 不宜超过 82 V,否则管子易被击穿.

4. 当各组电源输出端自身短路时,在面板上虽能显示设置电压,但此时输出端已无电压输出.若及时排除短路故障,则输出端电压应与其设置的电压一致.

思考题

1. 考察 I_A-U_{G2K} 周期变化与能级关系,如果出现差异,会是什么原因?

附录

智能夫兰克-赫兹实验仪面板及基本操作说明.

1. 智能夫兰克-赫兹实验仪前面板功能说明

智能夫兰克-赫兹实验仪前面板如图 2.22.4 所示，以功能划分为 8 个区：

区[1]是夫兰克-赫兹管各输入电压连接插孔和板极电流输出插座.

区[2]是夫兰克-赫兹管所需激励电压的输出连接插孔，其中左侧输出孔为正极，右侧为负极.

区[3]是测试电流指示区，四位七段数码管指示电流值；4 个电流量程挡位选择按键用于选择不同的最大电流量程挡，每一个量程选择同时备有一个选择指示灯指示当前电流量程挡位.

区[4]是测试电压指示区：四位七段数码管指示当前选择电压源的电压值；4 个电压源选择按键用于选择不同的电压源，每一个电压源选择都备有一个选择指示灯指示当前选择的电压源.

区[5]是测试信号输入输出区：电流输入插座输入夫兰克-赫兹管板极电流；信号输出和同步输出插座可将信号送示波器显示.

区[6]是调整按键区，用于改变当前电压源电压设定值；设置查询电压点.

区[7]是工作状态指示区：通信指示灯指示实验仪与计算机的通信状态；启动按键与工作方式按键共同完成多种操作，详细说明见相关栏目.

区[8]是电源开关.

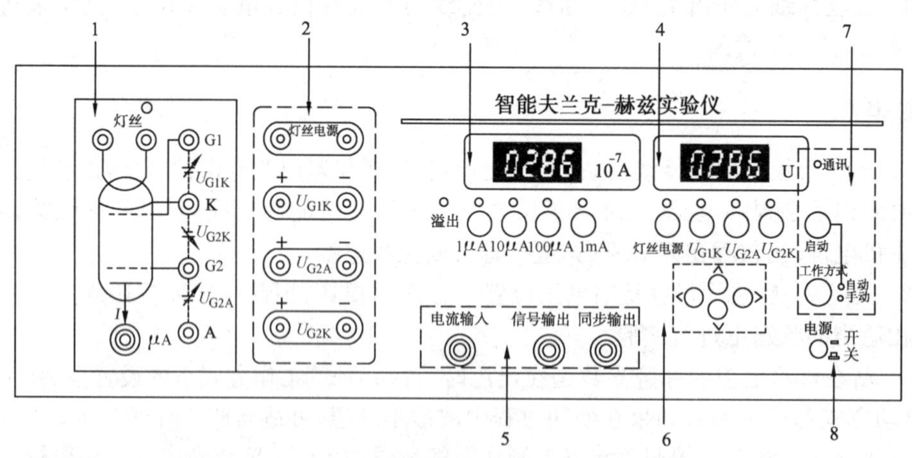

图 2.22.4 智能夫兰克-赫兹实验仪前面板图

2. 智能夫兰克-赫兹实验仪后面板说明

智能夫兰克-赫兹实验仪后面板上有交流电源插座，插座上自带有保险管座，如果实验仪已升级为微机型，则通信插座可连计算机，否则，该插座不可使用.

3. 智能夫兰克-赫兹实验仪连线说明

在确认供电电网电压无误后，将随机提供的电源连线插入后面板的电源插座中，连接面板上的连接线.

智能夫兰克-赫兹实验仪前面板接线如图 2.22.5 所示.

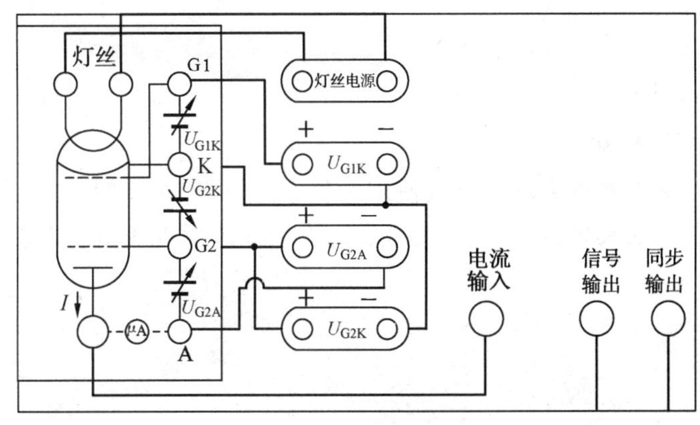

图 2.22.5　前面板接线图

4. 开机后的初始状态

开机后,实验仪面板状态显示如下:

(1) 实验仪的"1 mA"电流挡位指示灯亮,表明此时电流的量程为 1mA 挡;电流显示值为"000.0 μA".

(2) 实验仪的"灯丝电压"挡位指示灯亮,表明此时修改的电压为灯丝电压;电压显示值为"000.0 V";最后一位在闪动,表明现在修改位为最后一位.

(3) "手动"指示灯亮,表明此时实验操作方式为手动操作.

5. 变换电流量程

如果想变换电流量程,则按下区[3]中的相应电流量程按键,对应的量程指示灯点亮,同时电流指示的小数点位置随之改变,表明量程已变换.

6. 变换电压源

如果想变换不同的电压,则按下区[4]中的相应电压源按键,对应的电压源指示灯随之点亮,表明电压源变换选择已完成,可以对选择的电压源进行电压值设定和修改.

7. 修改电压值

按下前面板区[6]中的"←/→"键,当前电压的修改位将进行循环移动,同时闪动位随之改变,以提示目前修改的电压位置.

按下面板上的"↓"/"↑"键,电压值在当前修改位递增/递减一个增量单位.

注意:

(1) 如果当前电压值加上一个单位电压值的和超过了允许输出的最大电压值,再按下"↑"键,电压值只能修改为最大电压值.

(2) 如果当前电压值减去一个单位电压值的差小于零,再按下"↓"键,电压值只能修改为零.

8. 建议工作状态范围

夫兰克-赫兹管很容易因电压设置不合适而遭到损害,因此一定要按照规定的实验步骤并在适当的状态进行实验.

电流量程：1 μA 或 10 μA 挡；

灯丝电源电压：3～4.5 V；

U_{G1K}电压：1～3 V；

U_{G2A}电压：5～7 V；

U_{G2K}电压：不大于 80.0 V.

由于夫兰克-赫兹管的离散性以及使用过程中的衰老，每一只夫兰克-赫兹管的最佳工作状态是不同的，对具体的夫兰克-赫兹管应在上述范围内找出它理想的工作状态.

实验二十三　用波尔共振仪研究受迫振动

机械制造和建筑工程等科技领域中,受迫振动所导致的共振现象引起工程技术人员的极大注意.共振既有破坏作用,也有许多实用价值.众多电声器件,是运用共振原理设计制作的.此外,在微观科学研究中,“共振”也是一种重要手段,如利用核磁共振和顺磁共振研究物质结构等.

表征受迫振动性质的是受迫振动的振幅—频率特性和相位—频率特性(简称幅频和相频特性).

本实验采用波尔共振仪定量测定机械受迫振动的幅频和相频特性,并利用频闪方法测定动态的物理量——相位差.

实验目的

1. 研究波尔共振仪中弹性摆轮受迫振动的幅频、相频特性;
2. 研究不同阻尼力矩对受迫振动的影响,观察共振现象;
3. 学习用频闪法测定运动物体的某些量,如相位差.

预习题

1. 受迫振动的振幅和相位差与哪些因素有关?
2. 实验中采用什么方法来改变阻尼力矩的大小?利用了什么原理?
3. 实验中采用哪些方法测定 β 值?

实验原理

物体在周期外力的持续作用下发生的振动称为受迫振动,这种周期性的外力称为强迫力.如果外力是按简谐振动规律变化,那么稳定状态时的受迫振动也是简谐振动.此时,振幅保持恒定,振幅的大小与强迫力的频率、原振动系统无阻尼时的固有振动频率和阻尼系数有关.在受迫振动状态下,系统除了受到强迫力的作用外,还受到回复力和阻尼力的作用.故在稳定状态时物体的位移、速度变化与强迫力变化不是同相位的,存在一个相位差.当强迫力频率与系统的固有频率相同时产生共振,此时振幅最大,相位差为 $\pi/2$.

实验通过摆轮在弹性力矩作用下的自由摆在电磁阻尼力矩作用下作受迫振动来研究受迫振动特性,可直观地显示机械振动中的一些物理现象.

当摆轮受到周期强迫外力矩 $M=M_0\cos\omega t$ 的作用,并在有空气阻尼和电磁阻尼的媒质中运动时$\left(\text{阻尼力矩为}-b\dfrac{d\theta}{dt}\right)$,其运动方程为

$$J\frac{d^2\theta}{dt^2}=-k\theta-b\frac{d\theta}{dt}+M_0\cos\omega t, \tag{2.23.1}$$

式中,J 为摆轮的转动惯量;$-k\theta$ 为弹性力矩;M_0 为强迫力矩的振幅;ω 为强迫力矩的圆

频率.

令
$$\omega_0^2=\frac{k}{J},2\beta=\frac{b}{J},m=\frac{M_0}{J},$$
则式(2.23.1)可写成
$$\frac{d^2\theta}{dt^2}+2\beta\frac{d\theta}{dt}+\omega_0^2\theta=m\cos\omega t. \tag{2.23.2}$$

当 $m\cos\omega t=0$ 时,式(2.23.2)即为阻尼振动方程.

当 $\beta=0$ 时,即在无阻尼情况时,式(2.23.2)变为简谐振动方程,ω_0 即为系统的固有频率.

方程(2.23.2)的通解为
$$\theta=\theta_1 e^{-\beta t}\cos(\omega_f t+\alpha)+\theta_2\cos(\omega t+\varphi), \tag{2.23.3}$$
式中,$\omega_f=\sqrt{\omega_0^2-\beta^2}$.

由式(2.23.3)可知,受迫振动可分为两部分:$\theta_1 e^{-\beta t}\cos(\omega_f t+\alpha)$表示阻尼振动,经过一段时间后衰减消失;$\theta_2\cos(\omega t+\varphi)$说明强迫力矩对摆轮做功,向振动体传送能量,最终达到一个稳定的振动状态.此时振幅为
$$\theta_2=\frac{m}{\sqrt{(\omega_0^2-\omega^2)^2+4\beta^2\omega^2}}, \tag{2.23.4}$$
它与强迫力矩之间的相位差
$$\varphi=\arctan\frac{-2\beta\omega}{\omega_0^2-\omega^2}=\arctan\frac{-\beta T_0^2\ T}{\pi(T^2-T_0^2)}. \tag{2.23.5}$$

由式(2.23.4)和式(2.23.5)可看出,振幅与相位差的数值取决于强迫力矩 m、频率 ω、系统的固有频率 ω_0 和阻尼系数 β 四个因素,而与振动起始状态无关.

由极值条件$\frac{\partial}{\partial\omega}[(\omega_0^2-\omega^2)^2+4\beta^2\omega^2]=0$ 可得出,当强迫力的圆频率 $\omega=\sqrt{\omega_0^2-2\beta^2}$时,产生共振,$\theta$ 有极大值.若共振时圆频率和振幅分别用 ω_r,θ_r 表示,则
$$\omega_r=\sqrt{\omega_0^2-2\beta^2}; \tag{2.23.6}$$
$$\theta_r=\frac{m}{2\beta\sqrt{\omega_0^2-\beta^2}}. \tag{2.23.7}$$

式(2.23.6)和式(2.23.7)表明,阻尼系数 β 越小,共振时圆频率越接近于系统固有频率,振幅 θ_r 也越大.图 2.23.1 和图 2.23.2 表示不同 β 时受迫振动的幅频特性和相频特性.

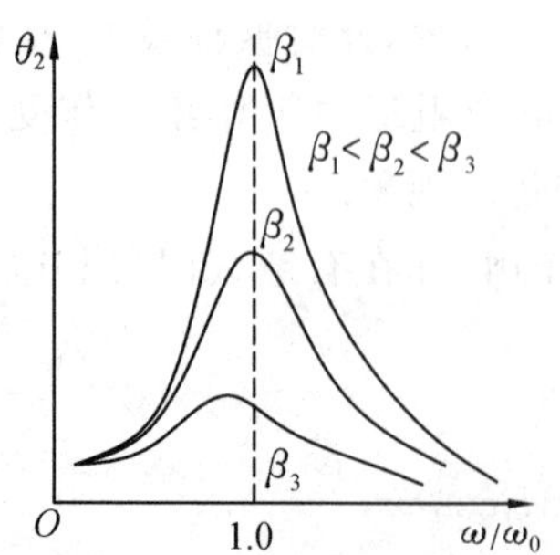

图 2.23.1　受迫振动幅频特性曲线

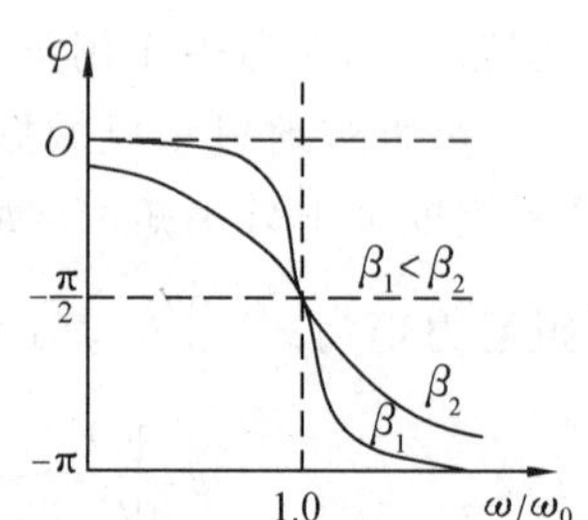

图 2.23.2　受迫振动相频特性曲线

实验仪器

BG-3型波尔共振仪由振动仪和电气控制箱两部分组成.

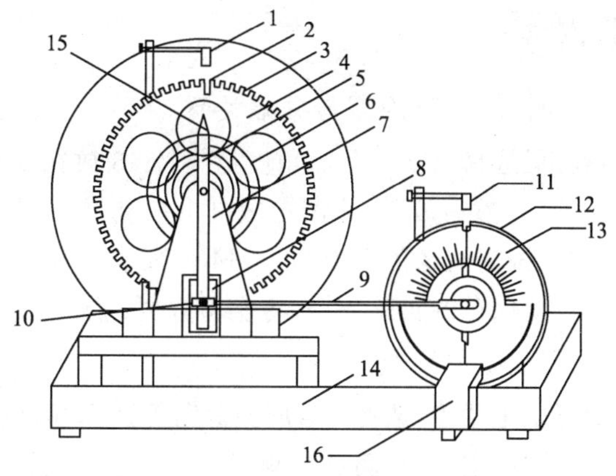

1—光电门；2—长凹槽；3—短凹槽；4—铜质摆轮；5—摇杆；6—蜗卷弹簧；7—支承架；8—阻尼线圈；9—连杆；10—摇杆调节螺丝；11—光电门；12—角度盘；13—有机玻璃转盘；14—底座；15—弹簧夹持螺钉；16—闪光灯

图 2.23.3　振动仪结构图

振动仪部分如图 2.23.3 所示. 铜质圆形摆轮 4 安装在机架上，弹簧 6 的一端与摆轮 4 的轴相连，另一端可固定在机架支柱上，在弹簧弹力的作用下，摆轮可绕轴自由往复摆动. 在摆轮的外围有一卷槽型缺口，其中一个长凹槽 2 比其他凹槽 3 长出许多. 在机架上对准长形缺口有一个光电门 1，它与电气控制箱相连接，用来测量摆轮的振幅(角度值)和振动周期. 在机架下方有一对带有铁芯的线圈 8，摆轮 4 恰巧嵌在铁芯的空隙. 利用电磁感应原理，当线圈中通过直流电流后，摆轮受到一个电磁阻尼力的作用，改变电流数值即可使阻尼大小相应变化. 为使摆轮 4 作受迫振动，在电机轴上装有偏心轮，通过连杆 9 带动摆轮 4. 在电动机轴上装有带刻度线的有机玻璃转盘 13，随电机一起转动，由它可以从角度读数盘 12 读出相位差 φ. 调节控制箱上的十圈电机转速旋钮，可以精确改变加于电机的电压，使电机的转速在实验范围(30～45 转/分)内连续可调，即可改变外加强迫力矩的大小. 由于电路中采用特殊稳速装置，电动机采用惯性很小的带有测速发电机的特种电机，故转速极为稳定. 电机的有机玻璃转盘 G 中央上方 90°处也装有光电门用以检测强迫力矩信号，并与控制箱相连，以测量强迫力矩的周期.

实验中利用小型闪光灯来测量受迫振动时摆轮与外力矩的相位差. 闪光灯 16 受摆轮信号光电门 1 控制，每当摆轮上长凹槽 2 通过平衡位置时，光电门 1 接受光，引起闪光. 闪光灯放置位置如图 2.23.3 所示，要搁置在底座上，切勿拿在手中直接照射刻度盘. 在稳定情况下，由闪光灯照射可以看到有机玻璃指针好像一直“停”在某一刻度处，这一现象称为频闪现象，刻度数值可直接从刻度盘上读出，误差不大于 2°.

摆轮振幅是利用光电门测出摆轮读数圈上凹型缺口个数，并有数显装置直接显示出此值，精度为 2°.

波尔共振仪电气控制箱的构造和使用方法见本实验附录.

注意：① 当摆轮缺口经过平衡位置时按下闪光灯按钮便产生频闪现象，从相位差刻度盘上可看到刻度线似乎静止不动的读数，就是对应的相位差大小. 闪光灯按钮仅在摆轮受强迫力矩作用达到稳定以后测量相位差时才需按下；② 在测定摆轮固有周期与振幅关系、阻尼系数时不需打开电机，而在测定受迫振动的幅频和相频特性曲线时需打开.

实验内容

1. 测摆轮固有周期与振幅关系

将阻尼选择放在“0”处，角度盘指针 13 放在 0°位置，用手把摆轮拨到振幅较大处（约 140°～160°），然后放手，让摆轮做自由振动，将“测量”置于“开”状态，此时仪器自动记录实验数据，振幅测量范围为 50°～140°. 实验结束后，“测量”置于“关”，按“回查”菜单可调出仪器自动保存的实验数据，将实验数据记录在表 2.23.1 中.

2. 测定阻尼系数 β

回复至主菜单，选择“ 阻尼振荡”，可选择“阻尼 1”、“阻尼 2”、“阻尼 3”中任意一种阻尼实验，按“确定”进行测量，“测量”置于“开”. 仪器自动记录 10 次实验数据，实验结束后按“回查”并将数据记入表 2.23.2. 利用公式

$$\ln\frac{\theta_0 e^{-\beta t}}{\theta_0 e^{-\beta(t+nT)}}=n\beta T=\ln\frac{\theta_0}{\theta_n} \tag{2.23.8}$$

求出 β 值，式中 n 为阻尼振动的周期次数；θ_n 为第 n 次的振幅；T 为阻尼振动周期的平均值. 实验测出 10 个摆轮振动周期，然后取其平均值. 将数据记录在表 2.23.2 中.

3. 测定受迫振动的幅频和相频特性曲线

回复至主菜单，选择“ 受迫振荡”→“确定”，“电机”→“开”，等待 5 min 后，比较实验中“电机”和“摆轮”的数值，在达到稳定状态时，进行 10 次“周期”的比较，若 10 次测量的周期相等，则可以利用频闪现象测定受迫振动位移与强迫力之间的相位差，并与理论值进行比较. 实验数据记录在表 2.23.3 中.

实验数据记录

1. 测定摆轮固有周期(T_0)与振幅关系

阻尼开关位置：“__________”挡

表 2.23.1 测定摆轮固有周期(T_0)与振幅关系数据记录表

振幅/(°)												
T_0/s												
$\omega_0=\frac{2\pi}{T_0}$/rad·s^{-1}												

2. 测定阻尼系数 β

阻尼开关位置：“__________”挡

表 2.23.2 测定阻尼系数 β 数据记录表

θ_i	θ_0	θ_1	θ_2	θ_3	θ_4
振幅/(°)					
θ_{i+5}	θ_5	θ_6	θ_7	θ_8	θ_9
振幅/(°)					
$\ln\frac{\theta_i}{\theta_{i+5}}$					

$\ln \frac{\theta_i}{\theta_{i+5}}$的平均值为________；

摆轮 10 次振动周期 $10T=$________；

平均周期 $\overline{T}=$________；

阻尼系数 $\beta=\frac{\ln \frac{\theta_i}{\theta_{i+5}}}{5\overline{T}}=$________.

3. 测定受迫振动的幅频和相频特性曲线

作幅频特性曲线 θ-(ω/ω_0)和相频特性曲线 φ-(ω/ω_0).

表中第一行为共振点，以下为共振点两侧各测 4 个点.

阻尼开关位置："__________"挡

表 2.23.3　测定受迫振动的幅频和相频特性

摆轮 10 次受迫振动周期 $10T$/s	强迫力矩 10 次振动周期 $10T$/s	振幅 θ/(°)	摆轮对应的固有振动周期 T_0/s	φ 测量值/(°)	φ 计算值/(°)	$\frac{\omega}{\omega_0}$	$\frac{\theta}{\theta_r}$

4. 由$(\theta/\theta_r)^2-\omega$ 曲线求 β 值

在阻尼系数较小($\beta^2 \ll \omega_0^2$)时和共振位置附近($\omega \approx \omega_0$)，由于 $\omega+\omega_0 \approx 2\omega_0$，由式(2.23.4)和(2.23.7)可得出

$$\left(\frac{\theta}{\theta_r}\right)^2=\frac{4\beta^2\omega_0^2}{4\omega_0^2(\omega-\omega_0)^2+4\beta^2\omega_0^2}=\frac{\beta^2}{(\omega-\omega_0)^2+\beta^2}. \qquad (2.23.9)$$

当 $\theta=\frac{1}{\sqrt{2}}\theta_r$，即$\left(\frac{\theta}{\theta_r}\right)^2=\frac{1}{2}$时，由上式可得

$$\omega-\omega_0=\pm\beta, \qquad (2.23.10)$$

此 ω 对应于$\left(\frac{\theta}{\theta_r}\right)^2=\frac{1}{2}$处两个值 ω_1，ω_2，故

$$\beta=\frac{\omega_2-\omega_1}{2}. \qquad (2.23.11)$$

注意事项

1. 波尔共振仪各部分都是精确装配，不能随意乱动. 控制箱功能与面板上旋钮、按键较多，请在弄清功能后，按规则操作.

思考题

1. 实验中如何用频闪原理来测量相位差 φ?

2. 为什么实验时，选定阻尼电流后，要求阻尼系数和幅频特性、相频特性的测定一起完成，而不能先测定不同电流时的 β 值，再测定相应阻尼电流时的幅频和相频特性?

附录

波尔共振仪控制箱的使用方法.

1. 开机介绍

按下电源开关几秒钟后，屏幕上显示的“NO. 00001”为控制箱与主机相连的编号如图 2.23.4(a)所示，过几秒钟后屏幕上显示如图 2.23.4(b)所示“按键说明”字样. 符号“<”为向左移动；“>”为向右移动；“∧”为向上移动；“∨”为向下移动.

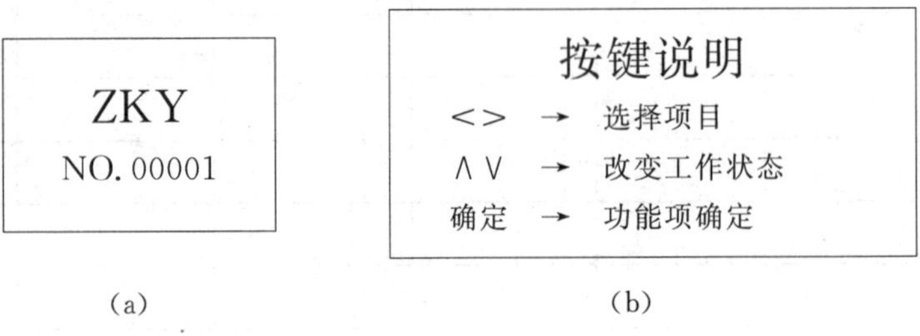

图 2.23.4 波尔共振仪开机显示

2. 自由振荡

在图 2.23.4(b)状态按“确认”键，显示如图 2.23.5(a)所示的实验类型，默认选中项为自由振荡，字体反白为选中(注意做实验前必须先做自由振荡，其目的是测量摆轮的振幅和固有振动周期的关系). 再按“确认”键，显示如图 2.23.5(b)所示，用手转动摆轮 160°左右，放开手后按“∧”或“∨”键，测量状态由“关”变为“开”，控制箱开始记录实验数据，振幅的有效数值范围为50°～160°(振幅小于 50°测量关，小于 160°测量开). 测量显示关时，数据已保存并发送到主机.

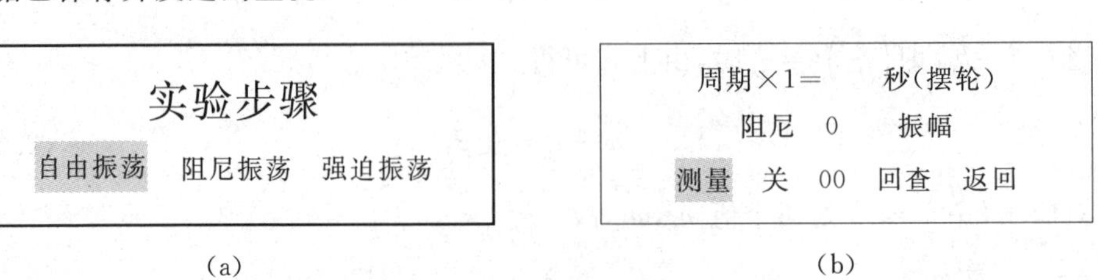

图 2.23.5 自由振荡显示

查取实验数据，可按“＜”或“＞”键，选中“回查”，再按“确认”键如图 2.23.6(a)所示，表示第一次记录的振幅为 134，对应的周期为 1.442 秒，然后按“∧”或“∨”键查看所有记录的数据，这些数据为每次测量振幅相对应的周期数值，回查完毕，按“确认”键，返回到图 2.23.5(b)状态，若进行多次测量可重复操作，自由振荡完成后，选中“返回”，按“确认”键回到图 2.23.5(a)状态进行其他实验.

3. 阻尼振荡

在图 2.23.5(a)状态下，根据实验要求，按“＞”键选中阻尼振荡，按“确认”键显示阻尼，如图 2.23.6(b)所示. 阻尼分 3 个档次，阻尼 1 最小. 根据实验的要求选择阻尼挡，例如选择阻尼 1 挡，按“确认”键显示如图 2.23.6(c)所示，用手转动摆轮 160°左右，放开手后按“∧”或“∨”键，测量由“关”变为“开”并记录数据，仪器测量 10 组数据后，测量自动关闭，此时振幅大小还在变化，但仪器已经停止记录数据. 阻尼振荡的回查同自由振荡类似，请参照上面操作. 若改变阻尼挡测量，重复阻尼 1 的操作步骤即可.

周期×1= 01.442　秒(摆轮)
阻尼　0　振幅　134
测量　查 01　↑↓　按确定键返回

(a)

阻尼选择
阻尼 1　阻尼 2　阻尼 3

(b)

周期×10/0=　秒(摆轮)
阻尼　1　振幅
测量　关　00　回查　返回

(c)

周期×1　=　秒(摆轮)
　　　　=　秒(电机)
阻尼　1　振幅
测量　关　00　周期 1　电机关　返回

(d)

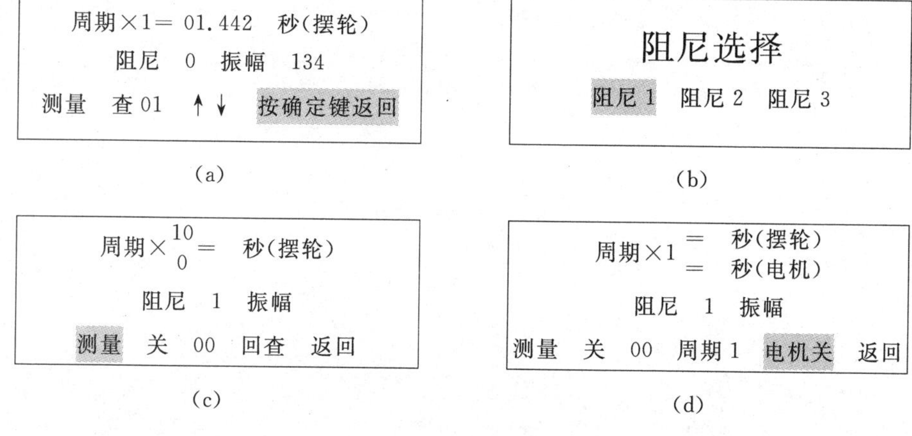

图 2.23.6　阻尼振荡显示

4. 强迫振荡

仪器在图 2.23.5(a)状态下，选中强迫振荡，按“确认”键显示如图 2.23.6(d)所示(注意，在进行强迫振荡前必须选择阻尼档，否则无法实验). 默认状态选中“电机”，按“∧”或“∨”键，电机启动. 但不能立即进行实验，因为此时摆轮和电机的周期还不稳定，待稳定后即周期相同时，再开始测量. 测量前应该先选中“周期”，按“∧”或“∨”键把周期由 1(如图 2.23.6(d)所示)改为 10(如图 2.23.7 所示)，目的是减少误差，若不改周期，测量无法打开. 待摆轮和电机的周期稳定后，再选中“测量”，按“∧”或“∨”键，测量打开并记录数据，如图 2.23.7 所示. 仪器可进行同一阻尼下不同振幅的多次测量，每次实验数据都进行保留.

周期×1　=　秒(摆轮)
　　　　=　秒(电机)
阻尼　1　振幅
测量关　00　周期 10　电机关　返回

图 2.23.7　强迫振荡显示

测量相位时应该把闪光灯放在电动机转盘前下方，按下闪光灯按钮，根据频闪现象来测量，仔细观察相位位置.

强迫振荡测量完毕，按“＜”或“＞”键，选中“返回”，按“确认”键，重新回到图 2.23.5(a)

状态.

5. 关机

在图 2.23.5(a)状态下,按下复位按钮,此时,所做实验数据全部清除(注意,实验过程中不要错误操作复位按钮,但在实验过程中如果操作错误要清除数据,可按此按钮),然后按下电源按钮,结束实验.

实验二十四 太阳能电池基本特性的测定

能源的重要性人人皆知，由于煤、石油、天然气等主要能源的大量消耗，能源危机已成为世人关注的全球性问题.为了经济持续发展及环境保护，人类正大量开发其他能源，如水能、风能及太阳能的利用.其中，硅太阳能电池作为绿色能源开发和利用大有前景.太阳能的利用和研究是21世纪新型能源开发的重点课题之一.目前硅太阳能电池除应用于人造卫星和宇宙飞船外，还应用于许多民用领域，如太阳能汽车、太阳能游艇、太阳能收音机、太阳能计算机、太阳能乡村电站等.太阳能是一种绿色能源，因此，世界各国十分重视对太阳能电池的研究和利用.

实验目的

1. 了解太阳能电池的基本结构和工作原理.
2. 掌握太阳能电池基本特性参数测试原理与方法.
3. 通过分析太阳能电池基本特性参数测试数据，进一步熟悉实验数据分析与处理的方法，理解实验数据与理论结果不完全一致的原因.

预习题

1. 太阳能电池的工作原理是什么？
2. 为了得到较高的光电转化效率，太阳能电池在高温下工作有利还是低温下工作有利？

实验原理

太阳能电池在没有光照时其特性可视为一个二极管，其正向偏压 U 与通过电流 I 的关系式为

$$I=I_0(e^{\beta U}-1), \tag{2.24.1}$$

式中，I 为通过二极管的电流；I_0 和 β 是常数，I_0 为反向饱和电流.

由半导体理论可知，二极管主要是由能隙为 E_C-E_V 的半导体构成，如图2.24.1所示.E_C 为半导体导电带，E_V 为半导体价电带.当入射光子能量大于能隙时，光子会被半导体吸收，产生电子和空穴对.电子和空穴对会受到二极管内电场的影响而产生光电流，如图2.42.1所示.

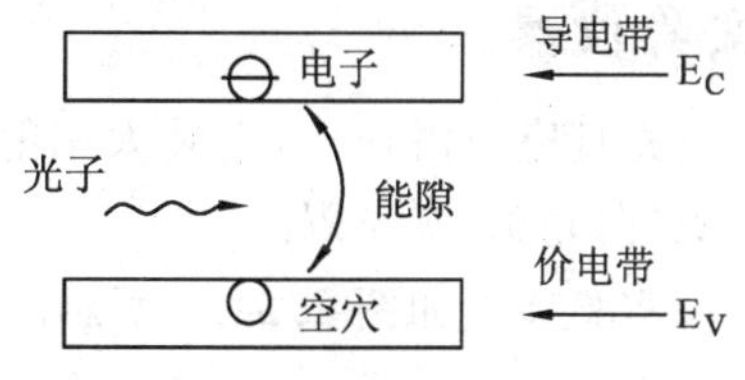

图2.24.1 二极管示意图

假设太阳能电池的理论模型由一个理想电流源（光照产生光电流的电流源）、一个理想二极管、一个并联电阻 R_{sh} 与一个电阻 R_s 组成，如图2.24.2所示.

图2.24.2中，I_{ph} 为太阳能电池在光照时等效电源的输出电流；I_d 为光照时通过太阳能电池内部二极管的电流.由基尔霍夫定律得

$$IR_s+U-(I_{ph}-I_d-I)R_{sh}=0, \tag{2.24.2}$$

式中，I 为太阳能电池的输出电流；U 为输出电压. 由式(2.24.2)可得

$$I\left(1+\frac{R_s}{R_{sh}}\right)=I_{ph}-\frac{U}{R_{sh}}-I_d. \tag{2.24.3}$$

假定 $R_{sh}=\infty$ 和 $R_s=0$，太阳能电池可简化为图 2.24.3 所示电路.

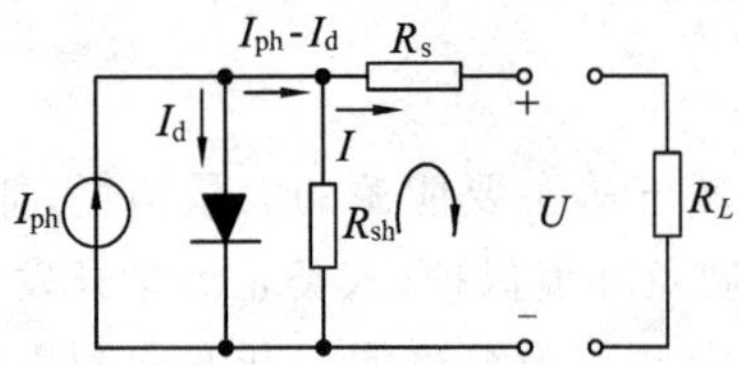

图 2.24.2 太阳能电池理想电路

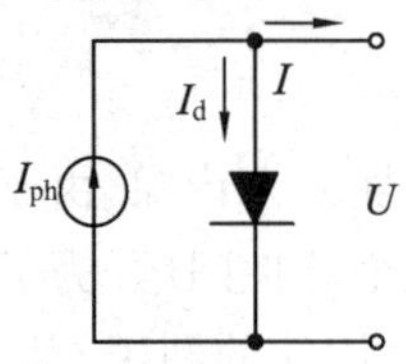

图 2.24.3 太阳能电池简化电路

这里，$I=I_{ph}-I_d=I_{ph}-I_0(e^{\beta U}-1)$.

在短路时，

$$U=0, I_{ph}=I_{sc};$$

而在开路时，

$$I=0, I_{sc}-I_0(e^{\beta U_{oc}}-1)=0;$$

所以

$$U_{oc}=\frac{1}{\beta}\ln\left[\frac{I_{sc}}{I_0}+1\right]. \tag{2.24.4}$$

式(2.24.4)即为在 $R_{sh}=\infty$ 和 $R_s=0$ 的情况下，太阳能电池的开路电压 U_{oc} 和短路电流 I_{sc} 的关系式.

本实验主要探讨太阳能电池的基本特性，并测量太阳能电池的下述特性：

(1) 在没有光照时，测量该太阳能电池在正向偏压时的伏安特性曲线.

(2) 测量太阳能电池在光照时的输出特性并求得它的短路电流 I_{sc}、开路电压 U_{oc}、输出功率 $P(P=IU)$ 的最大值 P_m 及填充因子 $FF\left(FF=\frac{P_m}{I_{sc}U_{oc}}\right)$. 填充因子 FF 是代表太阳能电池性能优劣的一个重要参数.

(3) 光照效应

① 测量短路电流 I_{sc} 和输出功率 P 之间的关系，画出 I_{sc} 与 P 的关系图.

② 测量开路电压 U_{oc} 和输出功率 P 之间的关系，画出 U_{sc} 与输出功率 P 的关系图.

实验仪器

光具座及滑块座，盒装太阳能电池，数字万用表(2 只)，电阻箱，光功率计，可调直流电源，白光源，遮光罩.

实验装置如图 2.24.4 所示.

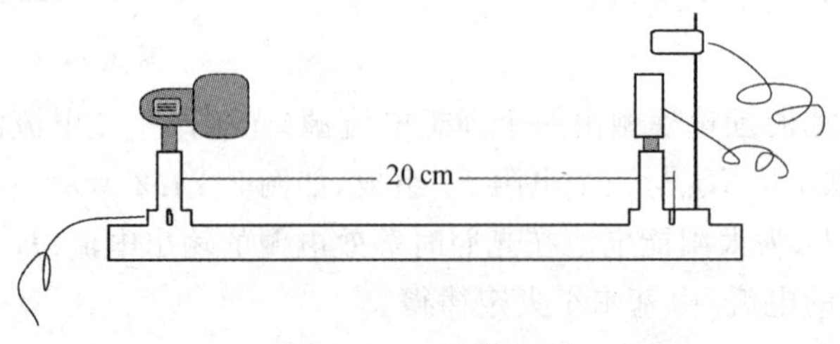

图 2.24.4 实验装置

实验内容

1. 必做内容

(1) 在没有光照(全黑)的条件下,测量太阳能电池正向偏压时的伏安特性

全暗情况下(闭合太阳能电池前方的遮光板),测量太阳能电池正向偏压下流过太阳能电池的电流 I 和太阳能电池的输出电压 U,测量电路如图 2.24.5 所示,注意正负极不要接错.电源输出调至最大,调节电阻箱 R 使太阳能电池的正向偏压为 2.4 V.

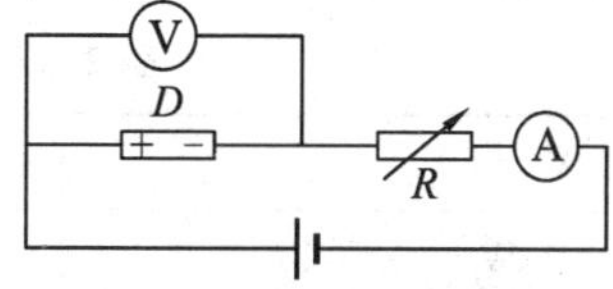

图 2.24.5 测量电路图

改变电阻 R 的阻值,测得不同正向偏压时 U-I 关系数据(若正向偏压调不到 0,可调小电源输出),记录在表 2.24.1 中.画出 U-I 曲线.

(2) 不加偏压时,测量太阳能电池的基本特性

在不加偏压、使用遮光罩条件下,用光源照射,测量太阳能电池的输出电流 I 与输出电压 U 的关系(此时太阳能电池可视作电源,改变负载测量相应的 I,U 值,可使 U 值变化范围为 0~3.5 V.注意,光源到太阳能电池距离保持为 30 cm).

① 画出测量线路图.

② 测量太阳能电池的短路电流 I_{sc} 和开路电压 U_{oc}.

③ 测量太阳能电池在不同负载下的 I 和 U,将数据记录在表 2.24.2 中.计算其输出功率(在输出功率最大值附近多测几组值),画出 U-I 曲线图.

④ 作太阳能电池在光照时输出功率 P 与电压 U 的关系曲线,求最大输出功率 P_m 及对应的电压.

⑤ 计算填充因子 $FF=\frac{P_m}{I_{sc}U_{oc}}$.

2. 选做内容

测量太阳能电池的光照效应与光电性质.

用遮光罩挡光,取太阳能电池与白光源水平距离 20 cm 为起始位置,用光功率计测量该处的光功率 P_0(光强度为标准强度 J_0),改变太阳能电池到光源的距离 X,用光功率计测量 X 处的光功率 P(光强度为 J,光的相对强度为 J/J_0,也即 P/P_0),可以得到光功率 P 与位置 X 的关系;同时测量太阳能电池在不同光功率值时相应的 I_{sc} 和 U_{oc} 的值.将测量数据记录在表 2.24.3 中.

(1) 描绘 I_{sc} 和光功率 P 的关系曲线,求 I_{sc} 和与光功率 P 之间近似关系函数.

(2) 描绘 U_{oc} 和光功率 P 的关系曲线,求 U_{oc} 与光功率 P 之间近似关系函数.

实验数据记录

表 2.24.1 全暗情况下太阳能电池在外加偏压时的伏安特性

U/V						
I/mA						

$I_{sc}=$________，$U_{oc}=$________

表 2.24.2　不加偏压时的太阳能电池特性

U/V						
I/mA						

表 2.24.3　太阳能电池的光照效应与光电性质

X/cm						
P/W						
U_{oc}/V						
I_{sc}/mA						

数据处理与分析

1. 作出无光照下太阳能电池正向偏压时的伏安特性曲线.

2. 绘制太阳能电池在光照时输出功率 $P=I\times U$ 与电压 U 的关系曲线，得出 $P_m=$________. 计算填充因子 $FF=\frac{P_m}{I_{sc}U_{oc}}=$________.

3. 分别绘制 I_{sc} 和光功率 P 之间的关系曲线、U_{oc} 和光功率 P 之间的关系曲线，并利用最小二乘法对数据进行拟合，求 I_{sc} 与 P/P_0、U_{oc} 与 P/P_0 的线性方程并求对应的相关系数 γ.

注意事项

1. 光源不用时，可通过直流电源后面板上的开关闭合；使用时间过久时光源发热剧烈，注意避免烫伤.

2. 使用光功率计测量时，注意将其调整到与太阳能电池中心对齐的位置；在不使用时应将光功率计的探头转向侧面，避免一直光照，损坏其使用寿命.

思考题

1. 实验中太阳能电池表面不垂直入射光束，对实验结果会产生什么影响？

下篇　物理实验总结与提高

在上篇的第一节“物理实验课的目的和任务”中明确指出：物理实验是学生进入大学后接受系统实验方法和实验技能训练的开端，肩负着培养和提高学生科学实验素质、实验设计思想、实验方法和实验创新意识的重任. 掌握与物理实验有关的基本实验方法和测量方法，对后续课程的学习以及未来从事技术、教学、科研等工作有着重要的意义. 为此，下篇着重将贯穿在各个实验中常用的实验方法、测量方法、测量仪器和测量条件的选择、仪器的基本调整与操作技术等知识作一总结.

第一节　物理实验基本实验方法和测量方法

物理实验方法是指以一定的物理现象、物理规律和物理原理为依据，确立合适的物理模型，研究各种物理量之间关系的科学实验方法. 而测量方法是指测量某一物理量时，如何根据要求，在给定的条件下，尽可能地减小系统误差和随机误差，使获得的测量值更为精确的方法. 由于现代物理实验离不开定量的测量，因此实验方法和测量方法相辅相成，相互依存，甚至无法予以严格区分. 物理实验方法主要有比较法、放大法、转换法、模拟法和光学实验法等. 做过一系列实验后再作总结可加深学生对物理实验基本思想和基本方法的认识.

一、比较法

所谓比较法，就是将被测量与一个选作标准单位的同类物理量（称为标准量）进行比较的过程. 标准量可选用标准量具，如用米尺测量物体的长度时，米尺的最小分度毫米就是作比较用的标准单位. 因此比较法是最基本、最常用的测量方法. 根据这一测量原则，将被测量与其性质相同的标准量直接进行比较得出的测量值，称为直接比较法. 多数物理量无法通过直接比较法测得，但可以借助一个中间量或将被测量进行某种变换，间接实现比较测量，这种方法称为间接比较法.

实际测量时，常用的比较法有 3 种.

1. 直读法

米尺测长度、电流表测电流、秒表测时间等都由标度直接示值，可直接读出测量值. 虽称为直读法，但有时测量准确性偏低，欲提高测量精度就必须提高量具的精度. 为此需要不同物理量的标准件，例如，用于长度测量的“块规”，用于质量测量的高精度砝码等.

2. 零示法

用电桥测量电阻，要求桥路中检流计指针指零. 如图 3.1.1 所示，$\frac{R_2}{R_3}$称为比例臂（或称倍率），R_1 是

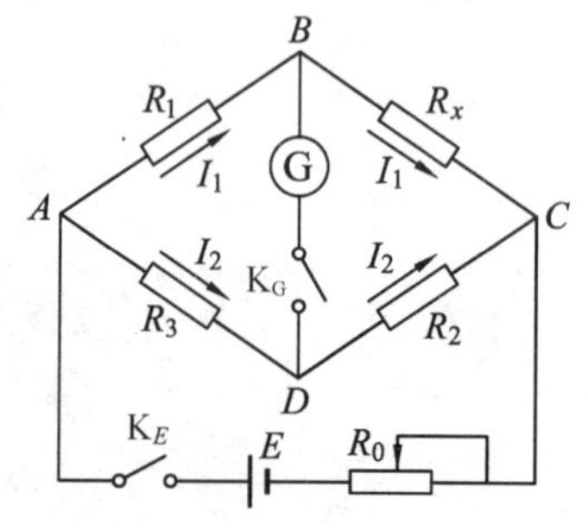

图 3.1.1　电桥测电阻电路图

比较臂，为可调电阻，R_x 是测量臂. 当$\dfrac{R_2}{R_3}$比例一定时，调节 R_1，使检流计中无电流通过(检流计指针指零)，这时电桥处于平衡状态，于是有

$$R_x=\frac{R_2}{R_3}R_1. \tag{3.1.1}$$

由此可见，用电桥测量电阻是在一定倍率下调节电桥平衡时，被测电阻与比较臂上的标准电阻相比较得到的.

3. 交换法

在比较法测量电阻时，为了减小测量的系统误差，将标准物和被测物互相交换位置进行测量的方法，称为交换法.

如图 3.1.1 所示，有

$$R_x=\frac{R_2}{R_3}R_1,$$

根据仪器最大误差传递有

$$\frac{\Delta R_x}{R_x}=\frac{\Delta R_1}{R_1}+\frac{\Delta R_2}{R_2}+\frac{\Delta R_3}{R_3}; \tag{3.1.2}$$

若将 R_x 与 R_0 的位置交换一下，则有

$$R_x=\frac{R_3}{R_2}R_1',$$

因此有

$$R_x^2=R_1R_1',$$

即

$$R_x=\sqrt{R_1R_1'},$$

由仪器的误差传递有

$$\frac{\Delta R_x}{R_x}=\frac{1}{2}\left(\frac{\Delta R_1}{R_1}+\frac{\Delta R_1'}{R_1'}\right)\approx\frac{\Delta R_1}{R_1}.$$

可见，在电桥测量中使用交换法，可以消除比例臂$\dfrac{R_2}{R_3}$所引起的误差而使测量结果精度仅决定于 R_1 的误差.

二、放大法

在物理实验中，常常会遇到一些微小的量，用给定的某种仪器进行测量会造成很大的误差，甚至无法进行测量. 如果能将被测量按照一定的规律加以放大，就可达到既能测量，又能减小误差的目的. 把被测物理量按一定的规律加以放大再进行测量的方法称为放大法. 放大法是常用的基本测量方法之一，实际测量时，常用的放大法有 4 种.

1. 累计放大法

在被测物理量能够简单重叠的条件下，将它展延若干倍，再进行测量的方法，称为累计放大法. 例如在“实验十四　用扭摆法测物体的转动惯量”中，测量扭转周期时，不是测一次扭转周期的时间，而是测出 10 次扭转周期的总时间 t，则扭摆的周期 T 为

$$T=\frac{t}{10}.$$

又如在“实验十七　迈克尔逊干涉仪的调节和使用”中，条纹“冒出”或“缩进”的个数不是1个而是50个，这样光波的波长λ为

$$\lambda=\frac{2\Delta d}{50}.$$

累计放大法的优点是在不改变测量性质的情况下，将被测量展延若干倍后再进行测量，从而增加测量结果的有效数字位数，减小测量值的相对误差.

设某仪器对某物理量进行了单次测量，测量值为L，仪器误差为ΔL，其不确定度为ΔL，则相对不确定度E_r为

$$E_r=\frac{\Delta L}{L},$$

若让该物理量展延m倍，还用同样的仪器对它进行单次测量，其测量值应为mL，而该测量值的不确定度仍为ΔL，则相对不确定度E_r'为

$$E_r'=\frac{\Delta L}{mL}=\frac{E_r}{m}.$$

由此可见，展延后相对误差减小了.同时，由于展延后的测量值mL的有效数字的位数大于展延前的有效数字的位数，所以测量结果的有效数字的位数必然增加，从而提高了测量的精度.

在使用累计放大法时，要注意两点：一是在展延过程中被测量不能发生变化；二是在展延过程中应尽量避免引入新的误差因素（如迈克尔逊干涉仪实验中“冒出”或“缩进”的条纹个数被数多或者数少）.

2. 机械放大法

利用机械部件之间的几何关系，使标准单位量在测量过程中得到放大的方法，称为机械放大法.机械放大法可以提高测量仪器的分辨率，增加测量结果的有效数字位数.例如螺旋测微器利用螺杆鼓轮（微分筒），使仪器的最小分度值从1 mm变为0.01 mm，从而提高测量精度.又如在分光计读数盘的设计中，可采用两种方法提高仪器的测量精度：一是增大刻度盘的的半径，因为刻度盘的半径越大，仪器的分辨率越高；二是应用游标的读数原理，增设游标读数装置.

3. 电磁放大法

要对微弱的电信号（电流、电压或功率）有效地进行观察和测量，常采用电子学中的放大线路.例如在“实验二十　普朗克常数的测定”中，就是将微弱的光电流通过微电流测量放大器放大后进行测量的.此外，利用示波管或显像管将电信号放大，除具有直观显示的优点外，还可以进行定量测量.

在非电量的测量中，将非电量转换为电量，再将该电量放大后进行测量，已成为科技工作者常用的测量方法.

4. 光学放大法

光学放大法有两种：一种是被测物通过光学仪器形成放大的像，便于观察判别，例如常用的测微目镜、读数显微镜等；另一种是通过测量放大后的物理量，间接测得本身较小的物理量，例如“实验三　拉伸法测金属丝的杨氏弹性模量”、“实验五　金属线膨胀系数

的测定”等实验，利用光杠杆法测量金属丝在受到应力后长度发生的微小变化. 光杠杆是一种常用的光学放大仪器，它不仅可测长度的微小变化，亦可测角度的微小变化. 由于光学放大法具有稳定性好、受环境干扰小的特点，因而得到了广泛的应用.

三、转换法

在测量中，对于某些不能直接与标准量比较的被测量，需将其转换成可与标准量相比较的物理量之后再进行测量，这种方法称为转换测量法，简称“换测法”. 由于物理量之间存在多种效应，所以有各种不同的转换法，大致可分为参量换测法和能量换测法两大类.

1. 参量换测法

利用各种参量变换及其变化的相互关系来测量某一物理量的方法，称为参量换测法. 参量换测法是一种常用的测量方法，几乎贯穿于整个物理实验领域. 例如在“实验三　拉伸法测金属丝的杨氏弹性模量”中，根据胡克定律，在弹性限度内，胁强$\frac{F}{S}$与胁变$\frac{\delta}{L}$成正比，即

$$\frac{F}{S}=E\frac{\delta}{L}, \tag{3.1.3}$$

式中，E为金属丝的杨氏弹性模量. 利用此关系，将杨氏弹性模量E的测量转为胁强$\frac{F}{S}$和胁变$\frac{\delta}{L}$的测量. 即通过测量F,S,δ和L，并将它们代入式(3.1.3)，就可求出金属丝的杨氏弹性模量E. 又如在“实验十三　分光计的调节和使用”中，根据光栅衍射方程，衍射光谱中显示明纹的条件为

$$d\sin\varphi_k=k\lambda,(k=0,\pm1,\pm2,\cdots)$$

式中，d为光栅常量；λ为入射波的波长；k为明纹级数；φ_k为k级明纹的衍射角. 根据光栅衍射方程，将入射光波波长λ的测量转换为第k级明纹衍射角φ_k的测量. 实验时，已知光栅常量d，用分光计测出第k级明纹的衍射角φ_k，即可计算出入射光的波长λ. 在“实验十四　用扭摆法测物体的转动惯量”中，根据公式$T=\frac{2\pi}{\omega}=2\pi\sqrt{\frac{I}{K}}$，通过测量扭摆的周期从而测得物体的转动惯量.

2. 能量换测法

能量换测法是指将某种形式的物理量通过能量变换器(也叫传感器)变成另一种形式的物理量的测量方法. 传感器可以将一种类型的物理量转换成另一种类型的物理量. 能量换测法的种类很多，下面仅介绍几种比较典型的能量换测.

(1) 热电换测. 这是将热学量转换成电学量的测量. 例如在“实验十六　非良导热材料的导热系数测定”中，将温度的测量转换成热电偶温差电动势的测量. 利用电阻随温度变化的规律，亦可将温度的测量转换成金属电阻的测量(实验十八　非平衡电桥的原理和应用).

(2) 压电换测. 这是压力和电压之间的转换测量. 例如在“实验二十一　动力学法测

定材料的杨氏弹性模量”中，从信号源发生器产生的电信号，输入到发射换能器后，利用压电效应转换为机械振动. 机械振动在试样(棒)上传播的机械波与其反射波相干涉形成驻波. 再通过接收换能器，利用压电效应将机械振动转换成电信号，输入到示波器进行测量，从而确定不同位置的共振频率，推出节点共振频率，即可计算出杨氏弹性模量. 在“实验十九　用超声波法测声波的速度”中，从信号源发生器产生的电信号，输入到发射换能器后，利用压电效应转换为机械振动，向空间发射机械波. 接收换能器对发射波进行反射，反射波与入射波叠加干涉，形成驻波，接收换能器将接收到的干涉波再转换成电信号，通过示波器观察干涉波情况，测量波长，最后测出声速.

(3) 光电换测. 这是光学量与电学量之间的转换测量. 其变换原理是光电效应，转换器件有光电管、光电倍增管、光电池、光敏电阻、光敏二极管和光敏三极管等. 在“实验二十一　普朗克常数的测定”中已接触到光电管，并测量了它们的某些物理特性. 目前各种光电转换器在测量控制系统、光通讯系统及计算机的光电输入设备中已获得极其广泛的应用.

(4) 磁电换测. 这是磁学量与电学量之间的转换测量. 磁感应强度不易直接测量，利用磁电换测后，使其测量变得简便、快速. 例如在“实验十五　霍尔效应及磁场的测定”中，利用霍尔效应，将磁感应强度的测量转换成霍尔元件的工作电流和霍尔电压的测量，利用该原理制成测量磁场的仪器.

四、模拟法

物理实验的任务首先要使被研究的物理过程再现，进而对其反复观察和测试. 但是对于很多课题这一过程是很难实现的. 例如要设计一项水利工程，应当对设计的工程进行实地测试，但这是无法办到的. 模拟法可为这类实验提供理论依据和切实可行的方法.

不直接研究某物理现象或过程本身，而是用与该现象或过程相似的模型进行研究的方法，称为模拟法.

模拟法以相似理论为基础，根据相似理论设计与被测量原型(被测物、被测现象等)有物理或数学相似的模型，然后通过模型的测量间接测得所研究原型的性质及其规律. 模拟法可使一些难以测量或无法测量的物理量得到测量. 模拟法可分为物理模拟法和数学模拟法.

1. 物理模拟法

保持同一物理本质的模拟方法称为物理模拟法. 例如用风洞(高速气流装置)中的飞机模型模拟实际飞机在大气中的飞行、用流槽模型预演河流中的冲击作用、用光测弹性法模拟工件内部应力分布情况等均属物理模拟.

模型与原型按比例缩小(或放大)是物理模拟法的重要条件. 只有客体(实验条件)与主体(样品或模型)都与原型保持严格的性质、形状及过程(特征点)相似，物理模拟才能成立，这就是模型相似定律.

物理模拟法有如下特点：

① 依据模型相似定律；

② 模型和实物有相同的物理过程和相同的物理性质；

③ 有相同的量纲和相同的函数关系.

2. 数学模拟法

两个不同性质的物理现象和过程,依赖于数学形式的相似而进行的模拟方法,称为数学模拟法.

在"实验七 模拟法描绘静电场"中,用稳恒电流场来模拟静电场就是一种数学模拟的典型例子.因为任何测量仪器引入静电场中,都将明显地改变静电场的原有状态,所以直接对静电场进行测量是十分困难的.由于反映稳恒电流场性质的场方程与反映静电场性质的场方程是相似的,它们都满足拉普拉斯方程,即

$$\frac{\partial^2 V}{\partial x^2}+\frac{\partial^2 V}{\partial y^2}+\frac{\partial^2 V}{\partial z^2}=0, \tag{3.1.4}$$

式中,V 为电势,因此可以用稳恒电流场来模拟静电场.如果稳恒电流场的空间电极形状和边界条件(由电极表面、导电纸和空气分界面组成)与被研究的静电场相同,则可通过测定稳恒电流场的分布来确定静电场的分布.

数学模拟法有如下特点:

① 有相似的数学函数表达式;

② 满足相应的边界条件和初始条件;

③ 可以是不同物理量,量纲亦可不同.

五、光学实验方法

1. 干涉法

利用相干波产生干涉时所遵循的物理规律,进行有关物理量测量的方法,称为干涉法.干涉法可将瞬息变化难以测量的动态研究对象变成稳定的静态对象——干涉图样,从而简化研究方法,提高研究的准确度.利用干涉法可测量长度、角度、波长、气体或液体的折射率和检测各种光学元件的质量等.实验十七中的迈克尔逊干涉仪即为典型的干涉测量仪器.

2. 衍射法

在光场中放置一线度与入射光波长相当的障碍物(如狭缝、细丝、小孔、光栅等),在其后方将出现衍射图样,通过对衍射图样的测量与分析,可测定出障碍物的大小.利用射线在晶体中的衍射,还可进行物质结构的分析.

3. 光谱法

利用分光元件(棱镜或光栅)将发光体发出的光分解为分立的按波长排列的光谱,测得光谱的波长、强度等参量,可进行物质结构的分析.

4. 光测法

用单色性好、强度高、稳定性好的激光作光源,再利用声一光,电一光,磁一光等物理效应,可将某些需精确测量的物理量转换为光学量来测量.光测法已发展成为一种重要的测量手段.

第二节　测量仪器和测量条件的选择

一、测量仪器的选择

在实验方法选定之后，就需要确定仪器. 仪器的选择是从事科学实验的一项十分重要的基本功. 在实际工作中，常在测量之前对间接测量的精度提出一定的要求，如何根据此要求来确定各直接测量量的精确度要求，从而选择配套合适的仪器进行测量？

首先要根据测量原理表示间接测量量 y 与直接测量量 $x_1,x_2,\cdots,x_n$ 之间的关系式 $y=f(x_1,x_2,\cdots,x_n)$，并由不确定度传递公式确定间接测量量与直接测量量的不确定度关系. 然后，按误差均分原则和实验精度要求的不确定度范围确定各直接测量量的不确定度范围. 也就是说要进行误差分配，即在总误差一定的情况下，确定各个分误差. 最后，根据直接测量量的不确定度范围确定所选用仪器的精度.

1. 确定误差分配方案

误差分配一般遵循两个原则.

(1) 按误差等作用原则分配.

设间接测量值 y 由 n 个直接被测量 $x_1,x_2,\cdots,x_n$ 算出，它们的关系为

$$y=f(x_1,x_2,\cdots,x_n),$$

各 x_i 的标准不确定度为 U_{x_i}，则由误差传递公式可得 y 的合成标准不确定度为

$$U_y=\sqrt{\left(\frac{\partial y}{\partial x_1}\cdot U_{x_1}\right)^2+\left(\frac{\partial y}{\partial x_2}\cdot U_{x_2}\right)^2+\cdots+\left(\frac{\partial y}{\partial x_n}\cdot U_{x_n}\right)^2}.$$

根据误差等作用原则，得

$$\frac{\partial y}{\partial x_1}\cdot U_{x_1}=\frac{\partial y}{\partial x_2}\cdot U_{x_2}=\cdots=\frac{\partial y}{\partial x_n}\cdot U_{x_n},$$

所以

$$U_{x_1}\leqslant\frac{1}{\sqrt{n}\cdot\dfrac{\partial y}{\partial x_1}}\cdot U_y. \tag{3.2.1}$$

通常 U_y（或者相对不确定度 $\frac{U_y}{y}$）事先给定，由式(3.2.1)就可求出各直接被测量 x_i 所允许的不确定度 U_{x_i}（可为相对误差 $\frac{U_{x_i}}{x_i}$），并可由此选择适当的测量仪器.

(2) 按实际条件进行适当调整.

由于测量的技术水平和经济条件的限制，按误差等作用原则分配到每个分项的份额，有的可以做到，有的难以完成，有的则过于容易. 这时需要根据实际情况给予调整。对于难以完成的，应适当放宽要求；对于过于容易的，应适当提高要求.

2. 测量器具的选择

选择测量仪器时，一般应遵循以下原则.

(1) 量程.应使被测量的预计值约为仪表量程的 2/3 左右,以减小测量的相对误差.

(2) 仪器误差.应使所选用的测量器具的仪器误差限 $\Delta_{仪}$ 不大于被测量所要求的误差限.

(3) 性能价格比.即前面提到的经济合理性,同时还需要注意仪器的配套性,测量精度(测量值的有效位数)应大致相等.

例 1 用伏安法测量电阻,若待测电阻为 R_x,要求测量相对不确定度 $E_r \leqslant 1.5\%$.应如何选择仪器和测量条件呢?

解 由欧姆定律 $R_x=\dfrac{U}{I}$ 和误差传递公式,有

$$\frac{\Delta R_x}{R_x}=\frac{\Delta U}{U}+\frac{\Delta I}{I},$$

根据合理选择仪器的误差均分原则,有

$$2\frac{\Delta U}{U}=2\frac{\Delta I}{I}\leqslant 1.5\%,$$

即

$$\frac{\Delta U}{U}\leqslant 0.75\%,\frac{\Delta I}{I}\leqslant 0.75\%.$$

电表等级误差的规定为

$$\frac{\Delta U}{U_{\mathrm{m}}}\leqslant a\%,\frac{\Delta I}{I_{\mathrm{m}}}\leqslant a\%,$$

式中,a 为电表的等级;U_{m} 和 I_{m} 为电表的量程.显然,应选用 0.5 级的电表.若实验有 0~1.5~3 V、0.5 级的电压表和 3 V 的电源,则电压表应取 3 V 的量程,允许电压误差为 $\Delta V=V_{\mathrm{m}}\cdot a\%=3\times 0.5\%=0.015(\mathrm{V})$.为了满足 $\dfrac{\Delta U}{U}\leqslant 0.75\%$ 的要求,测量时必须使电压满足

$$U\geqslant\frac{\Delta U}{0.75\%}=\frac{0.015}{0.0075}=2\ (\mathrm{V}),$$

即实验时,待测电阻两端的电压不得小于 2 V,否则电压误差将大于 0.75%.

为了选定电流表的量程和确定测量条件,可先用多用电表测 R_x 值.若 R_x 约为 50 Ω,则在实验中通过 R_x 的最大电流为 $I_{\mathrm{m}}=\dfrac{3}{50}=0.06(\mathrm{A})=60(\mathrm{mA})$.故应选用量程为 60 mA、等级为 0.5 级的毫安表.为了满足 $\dfrac{\Delta I}{I}\leqslant 0.75\%$,测量时必须使电流

$$I\geqslant\frac{\Delta I}{0.75\%}=\frac{I_{\mathrm{m}}\times 0.5\%}{0.75\%}=\frac{60\times 0.005}{0.0075}=40\ (\mathrm{mA}).$$

即实验时电流不得小于 40 mA,否则电流测量的误差将大于 0.75%(由于采用了合适的电路,仪表内电阻对被测电阻的影响可忽略不计).

例 2 测定圆柱体的密度,某圆柱体的直径为 d,高为 h,质量为 m,则其体积为 $V=\dfrac{\pi d^2 h}{4}$,密度为 $\rho=\dfrac{m}{V}=\dfrac{4m}{\pi d^2 h}$.若要求 ρ 的相对误差 $\dfrac{\Delta\rho}{\rho}\leqslant 0.5\%$,则测量 d,h,m 各量应选用什么仪器?

解 根据误差理论,有

$$\frac{\Delta\rho}{\rho}=2\frac{\Delta d}{d}+\frac{\Delta h}{h}+\frac{\Delta m}{m},$$

按照误差均分原则，有

$$\frac{\Delta\rho}{\rho}=6\frac{\Delta d}{d}=3\frac{\Delta h}{h}=3\frac{\Delta m}{m}\leqslant 0.5\%,$$

若已知待测圆柱体的 d 约为 1.2 cm，h 约为 3.6 cm，质量 m 约为 36 g，则有

$$\Delta d\leqslant\frac{d\times 0.5\%}{6}=\frac{1.2\times 0.005}{6}=0.001\ (\text{cm}),$$

$$\Delta h\leqslant\frac{h\times 0.5\%}{3}=\frac{3.6\times 0.005}{3}=0.006\ (\text{cm}),$$

$$\Delta m\leqslant\frac{m\times 0.5\%}{3}=\frac{36\times 0.005}{3}=0.06\ (\text{g}).$$

因此应选用螺旋测微器(千分尺，精度为 0.001 cm)来测量直径，用 0.005 cm 精度的游标卡尺来测量高度，用感量为 0.05 g/div 的天平来测量质量.

若已知各测量量的不确定度，应按方差合成法求出合成不确定度，则均分原则应按 $\left(\frac{U_y}{y}\right)^2$ 进行，处理方法与上述相同. 这里 U_y 为 y 的合成不确定度.

按误差均分原则来选配仪器的精度比较合理. 当然，限于实际条件，有时不能完全做到，因此在处理具体问题时，还应依照实际情况调整误差分配.

二、测量条件和最佳参数的确定

由于仪器设备都有自己的使用条件，不满足这个条件就会产生所谓的“附加误差”. 因此在实验设计时应明确提出仪器设备使用条件，尽量予以保证；如果无法做到，则应给出校正公式或曲线. 另外，有的仪器在使用前必须调整到最佳工作状态.

设间接测量量与直接测量量关系为

$$y=f(x_1,x_2,\cdots,x_n),$$

若 x_i 各量的误差已知，且 x_i 最大误差为 Δx_i，相应 y 的误差为 Δy，$\frac{\Delta y}{y}$ 与 $\frac{\Delta x_i}{x_i}$ 的关系由误差传递公式确定. 为了使 $\frac{\Delta y}{y}$ 为极小值，则要求 $\frac{\partial}{\partial x_i}\left(\frac{\Delta y}{y}\right)=0$，由此可定出最佳测量条件.

三、测量次数的确定

在介绍放大法时提到，有些实验可以通过增加测量次数减少误差. 一般情况下，对某物理量 x 进行 n 次测量时，所得结果 $x_1,x_2,\cdots,x_n$，其算术平均值为 $\bar{x}$，各次测量偏差为 $\Delta x_1,\Delta x_2,\cdots,\Delta x_n$，则一次测量的标准误差为 $S=\sqrt{\frac{\sum(x_i-\bar{x})^2}{n(n-1)}}$.

由此可见，平均值的标准误差等于一次测量的标准误差的 $\frac{1}{\sqrt{n}}$ 倍，因而增加测量次数对提高平均值的精度是有利的. 但测量精度主要是由测量仪器的精度、测量方法等因素决定的，不能超越这些条件而单纯地追求测量次数. 只有在正确选择测量方法、测量仪器、测量条件的前提下，才谈得上确定必要的实验次数，以保证实验要求的精度.

例如，用某种天平测量某个物体的质量m，已知m的一次测量的标准误差$S(m)=1\ \text{mg}$，若仪器精度、测量方法等只能要求测量结果的标准误差$S(\overline{m})\leqslant 0.4\ \text{mg}$，则根据$S(\overline{m})\leqslant\dfrac{S(m)}{\sqrt{n}}$，有$n=\dfrac{S^2(m)}{S^2(\overline{m})}$，因而测量次数至少应为$n=\dfrac{1^2}{0.4^2}=6.25=7$(次).

以上就物理实验基本方法作了较为全面的介绍.若要进行或设计一个物理实验，必须按照既定的实验目的和要求，首先确定实验方法，然后恰当选择仪器和测量条件(有些实验还要确定最有利的条件)，确定合理的测量次数.这是完成一个实验的基本要求.

第三节　物理实验中的基本调整与操作技术

物理实验中实验装置的调整与操作技术是十分重要的，正确地调整和操作不仅可将系统误差减小到最低，而且对提高测量结果的准确度有直接影响.通过中篇的若干实验，已对物理实验中常用实验装置的调整和常用的操作技术有了基本了解.本节作为实验理论的一个方面，对常用实验装置的调整和常用的操作技术进行了归纳和总结，可为后续的实践课程和实验工作奠定良好的基础.

一、零位调整

绝大多数测量工具及仪表，如游标卡尺、螺旋测微器、读数显微镜和各种电表等都有零位(零点)，在使用之前，必须检查和校正仪器的零位.对于一些特殊的仪器或精度要求较高的实验，每次测量前都须校正仪器的零位.

零位校正的方法一般有两种：一种是测量仪器本身带有零位校正器的，如电表、天平等.在测量前应使用零位校正器使仪器处于零位.例如对常用的指针式电表调整时，首先应将电表按规定的使用状态(水平或竖直)放置，然后在不带电的条件下，仔细观察指针的位置.若不在零位，可用宽度合适的螺丝刀，轻轻旋转电表中心的调零螺丝，使之回到零位.将电表轻轻摇动，指针应能自由摆动，再按原位放好，指针应回到零位.如果不能复位，则可能是轴尖在轴承内松动，这时只能请维修人员来调整.另一种是仪器本身不能进行零位校正，如端点已经磨损的米尺、钳口已被磨损的游标卡尺.对于这类仪器，则应先记下零点读数，再对测量结果进行零点修正.

二、水平、铅直调整

在通常情况下，不少仪器都要求在水平或铅直的条件下工作，例如，“实验一　物体密度的测定”中的电子天平、“实验三　拉伸法测金属丝的杨氏弹性模量”中的杨氏模量测定仪和“实验九　液体表面张力系数的测定”中的焦利氏秤等.只有满足了水平或铅直的条件，用它们测量的结果才能在仪器误差的范围以内，其结果才是有效的.为此，首先要选一个良好的基础平面放置仪器.普通的实验桌只要桌面光滑平整，并具有一定的强度和刚度，承载时不影响仪器的水平调整，就可以使用.

凡要做水平或铅直调整的实验装置，在其底座上都有 3 个调节螺丝（或 1 个固定、2 个可调）. 调节前，将所有的调节螺丝旋至适中的位置，以便调节时有足够的升降余地.

还有一种圆形的平面气泡水准仪，它是以气泡与内圆同心来检查水平状态的. 操作时，可以同时调节两个螺丝，使气泡静止于水准仪内圆的中心.

具有一定的高度且在垂直方向上放置测量部件的仪器，如杨氏模量测定仪、焦利氏秤等，其共同特点是都有一根或多根固定在可调底座上的立柱，并常用一根吊着重锤的悬线来判断立柱的铅直. 当悬线与立柱的竖线完全平行时，就可认为立柱达到铅直状态.

三、光路共轴调整

在由两个或两个以上的光学元件组成的光学系统中，为了获得好的像质，满足近轴光线的条件，必须使各个光学元件的主光轴相互重合，这种调节过程称为光路共轴调整. 几乎所有的光学仪器，都要求仪器内部的各个光学元件共轴，共轴调整是做好光学实验的必要前提. 在光具座上进行光学元件的共轴调整通常用自准法和共轭法，下面以共轭法为例进行介绍.

1. 粗调

把光源、物屏、透镜和像屏安装在光具座的导轨上，先将它们靠拢，凭目测调节它们的高低、左右，使光学元件的中心大致在一条与导轨平行的直线上，并使物屏、透镜、像屏的平面相互平行，且与导轨垂直.

2. 细调

按图 3.3.1 放置物屏、透镜和像屏，使物屏与像屏之间的距离 L 大于透镜焦距 f 的 4 倍（即 $L>4f$）. 缓慢地将凸透镜从物屏移向像屏，在此移动过程中，像屏上先后获得放大的实像 A_1B_1 和缩小的实像 A_2B_2. 若两次成像的中心重合，则表明该光学系统达到了共轴要求；若大像中心在小像中心的上方，说明透镜位置偏高，应将透镜调低；反之，应将透镜调高. 调节过程中采用“大像追小像”的办法，并注意保持透镜、物屏和像屏相互平行且与导轨垂直. 反复调节，逐步逼近.

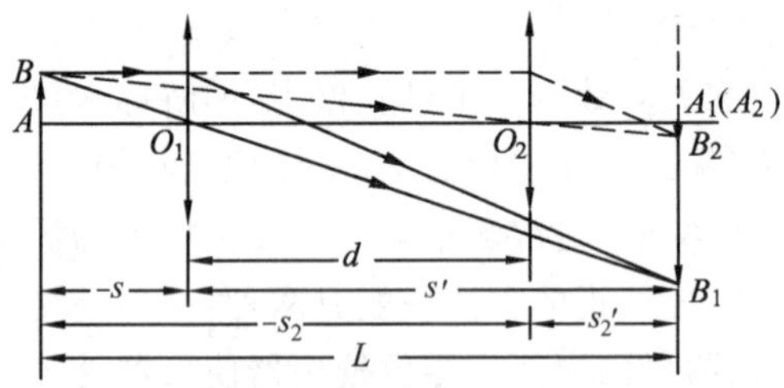

图 3.3.1 用共轭法作光路共轴调整

应当注意，当光学系统中有两个或两个以上透镜时，应先调节包含一个透镜在内的系统共轴，然后再加入另一透镜，调节该透镜与原系统共轴，切不可同时调节两个透镜.

四、消视差调节

在实验中，经常会遇到仪器的读数标线（指针、叉丝）和标尺平面不重合的情况，例如电表的指针和刻度面总是有一定的距离. 因此，当眼睛在不同位置观察时，读得的示值有时会有差异，这一现象称为视差.

在力学和电学实验中，由视差引起的读数误差往往是因为没有按正确的方法读数. 例如用米尺测量物体长度时，因为米尺有一定的厚度，应尽可能地把被测物体紧贴米尺的刻度线,并使眼睛垂直于米尺读数.在1.0级以上的电表的表盘上均附有平面镜,当观察到指针与平面镜中的像相重合时,进行读数即可消除视差.

光学实验中的视差问题较为复杂,除了观测者的读数方法外,若仪器没有调节好,则会造成较大的视差.下面讨论用光学仪器进行测量时的消视差调节.

在用光学仪器进行非接触式测量时,常使用带有叉丝的望远镜或读数显微镜,其基本光路如图3.3.2所示.它们的共同点是在目镜焦平面内侧附近装有一个"十"字叉丝(或带有刻度的分划板),若被测物体经物镜后成的像 A_1B_1 在叉丝所在的位置处,人眼经目镜观察到叉丝与被测物体的虚像 A_2B_2 都在明视距离处的同一平面上,这样便无视差.

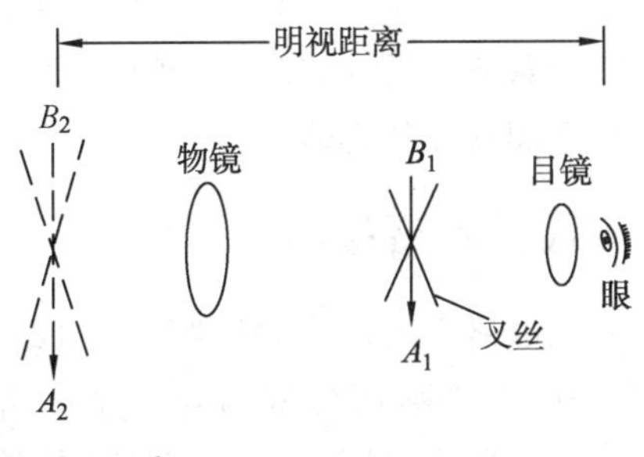

图3.3.2　望远镜基本光路示意图

要消除视差,可仔细调节目镜(连同叉丝)与物镜之间的距离,使被测物体经物镜成像在叉丝所在的平面上.一般是一边调节一边稍稍左右、上下地移动眼睛,看看被测物体的像与叉丝像之间是否有相对运动,直至两者无相对运动为止.

五、逐次逼近调节

在物理实验中,仪器的调节大多不能一步到位.例如,电桥平衡状态的调节、分光计望远镜光轴与仪器主轴相垂直的调节等,都要经过反复多次调节才能完成."逐步逼近调节"是一种能迅速有效地达到调整要求的调节技巧.

依据一定的判别标准,逐次缩小调节范围,较快地获得所需状态的方法称为逐次逼近调节法.例如在"实验十三　分光计的调节和使用"中,调节分光计望远镜光轴垂直于仪器主轴所用的各半调节法,反复调节望远镜和载物平台,一次次减小偏离水平的程度,最终达到望远镜光轴垂直于仪器主轴的状态.

六、恢复仪器初态

所谓"初态",是指仪器设备在进入正式调整前的状态.仪器调整前,首先检查各调节螺丝是否处于松动状态,有没有足够的调整量;各开关和旋钮是否处于正确或安全状态.如电源输出是否在较小挡位,变阻器是否处于安全状态,示波器中的各旋钮是否居中等.

应当指出,恢复仪器初态看似十分简单,如果不予注意,就会出现问题.由于实验十三中分光计的调节是较为复杂和费时的,如果在调整前,载物台3个调平螺钉和望远镜水平度调节螺钉中,只要有一个不在松动状态或者没有足够的调整量,即使前面的调节步骤已进行,调到此处亦会前功尽弃.

七、"先定性、后定量"原则

初做实验者往往急于得到测量结果,盲目操作,当测量进行到中途或测量后处理数据时,才发现有问题,需要重做实验.因此,在测量某一物理量随着另一物理量变化的关系时,为了避免测量的盲目性,应采用"先定性,后定量"的原则进行测量.即在定量测量前，先对实验的全过程进行定性观察，在对实验数据的变化规律有初步了解的基础上，进行定量测量. 例如在“实验二　电阻的测量和伏安特性的研究”中，电流 I 随电压 U 的变化情况，应先进行定性观察，然后在分配测量间隔时，采用不等间距测量. 从定性观察可见，当电压 U 达到某一值时，随着电压 U 的增加，电流 I 增加得很快，即 $\frac{\Delta I}{\Delta U}$ 较大，此时在电压增量 ΔU 相等的两点之间就应多测量几个点. 这样，采用由不等间距测量测得的数据进行作图就比较合理.

八、回路接线法

在电磁学实验中，常遇到按电路图接线问题. 一张电路图可分解为若干个闭合回路，如图 3.3.3 所示. 接线时，由回路Ⅰ的始点(往往为高电势点或低电势点)出发，首尾相连，最后仍回到始点，再依次连接回路Ⅱ、回路Ⅲ、……，这种接线方法称为回路接线法. 电源最后接入电路，开关接入电路时应呈断开状态. 按此法接线和查线，可确保电路连接正确.

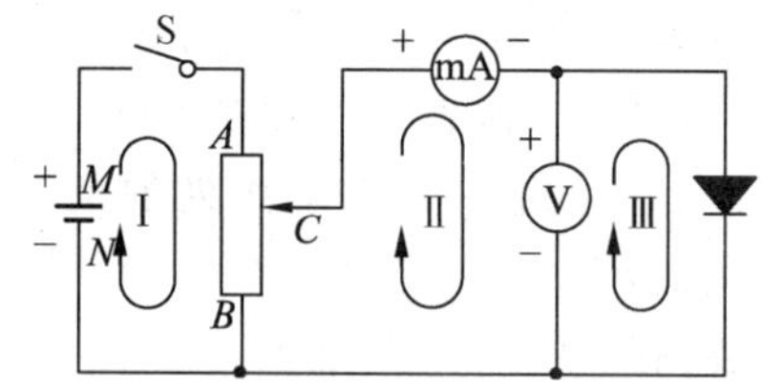

图 3.3.3　回路接线法示意图

九、避免回程误差

“实验一　物体密度的测定”中的螺旋测微器和读数显微镜，传动和读数机构是由丝杆—螺母构成的. 由于丝杆和螺母之间有螺纹间隙，往往在测量刚开始或刚反向转动丝杆时，丝杆须转过一定角度(可能达几十度)才能与螺母啮合，使得与丝杆连结在一起的鼓轮已有读数改变，而由螺母带动的机构尚未产生位移，造成虚假读数而产生回程误差. 为避免产生回程误差，使用这类仪器时，必须在丝杆与螺母啮合后，才能进行测量；同时在一次测量中，必须单方向旋转鼓轮，切忌反转. 例如在“实验十　光的等厚干涉——牛顿环”中，用读数显微镜测量牛顿环的一系列暗纹直径时，测微鼓轮必须只向一个方向转动，依次测出被测暗纹中心位置. 应当注意，在连续测量的过程中，测微鼓轮绝不能反转，否则会产生因空转引起的测量误差，使测量结果无效.

第四节　设计性实验简介

设计型实验是由实验室给出的专题实验项目. 一般只给定实验任务和测量精度要求，学生据此来确定实验原理和方法，并进行实验方法和测量方法的选择、测量仪器和测量条件的选择、数据处理方法的选择以及综合分析比较和不确定度估算等，从而形成较为完整的设计方案. 在此基础上进行实际测量和数据处理，给出实验结果并检查任务完成情况，提出改进建议，最后写出设计型实验的报告或论文. 这种实验实际上是对一个小型科学实验全过程的综合训练，也是对学生掌握实验理论、方法和技能的检查.

一、设计实验的基本程序和要求

1. 实验设计的基本程序

(1) 选定课题,明确任务.

设计型实验一般由实验室给出一些实验设计项目由学生选择,也可以由学生自拟报实验室审批.实验项目中应给出需要研究的理论或指定测试的物理量,以及应当达到的误差要求.由此确定设计的各项指标,做到有的放矢.

(2) 查阅文献,收集资料.

在明确任务的基础上,着手查阅有关文献资料,并进行摘要和分析整理,作为下一步具体设计的参考.

(3) 选择实验方法和与其配套的仪器,通过分析比较,确定实验方案.

在上述基础上,找出实验的理论依据,分析各种实验方法和所选择的实验仪器可能达到的测量精度,研究获得所需仪器的可行性.应尽量选用实验室现有的通用仪器,做到使用方便、经济可靠并尽可能消除系统误差.

(4) 粗测和细测.

方案确定并经指导教师审查批准后,即可进行实际测量.测量往往很难一次就成功.为此,可以先粗测和估计误差,预计达到实验的误差要求后再进行细测和数据处理,给出实验结果.如果粗测证明不可能达到实验要求,则应修改方案甚至另行设计.

(5) 综合分析,写出实验报告或论文.

在完成实验测试后,应将实验结果进行综合分析,给出结论性意见或进一步改进的建议,最后写出实验报告或论文.

2. 实验报告和论文的写作格式

设计型实验报告与一般实验报告类似,但又有自身的特点,基本格式如下:

(1) 设计目的和要求.与一般实验报告类似,可以将设计性实验的目的和要求简单归纳成几条.

(2) 简单设计方案.根据实验要求确定实验原理、方法和计算公式,进行误差分配和仪器选择,给出原理图、方框图或电路图及实验条件和参数.这一方案应当是实验完成后的成功方案.

(3) 实验步骤.根据设计方案,自行拟订实验步骤.

(4) 数据与计算.将测量数据整理列表,进行数据处理.给出实验结果和误差分析,并由此得出完整、准确的结论,还可以分析系统误差的消除情况,提出进一步改进的意见.

(5) 讨论.对实验设计中的有关问题(包括设计原理、实验装置、误差分析等)加以讨论.

(6) 参考文献.为了帮助读者深入了解此项工作,应列出有关参考文献的名称、作者、出处等,供读者需要时查找.

(7) 附录.对于需要详细论证的问题和公式推导,不应列入正文,以保持报告或论文的简洁.为此,可将其作为附录放在报告最后,供想要深入学习的读者阅读.

实验报告或论文是实验工作全面系统的总结,既是交流和推广的材料,也是评审和改进的依据. 这是一项十分重要的工作,必须引起高度重视. 实际上这也是为今后撰写课程设计报告和毕业论文进行的有益训练.

二、测量过程的设计

在选定课题、明确任务要求及收集必要资料的基础上,就可以开始制定实验设计方案. 首先需要根据任务要求确定实验方案. 实验方法的确定就是根据一定的物理原理,建立被测量和可测量之间的关系. 而对于同一研究对象,往往有几种实验方法可以选择,需要从中选出最佳方案. 这个工作需要较广的知识面和较丰富的实验经验,对于初学者来说,测量过程设计中要介绍在实验方法确定的情况下,在简便实用、经济合理的基础上,如何将测量误差减至最小(至少满足设计的要求),使实验有较好的精密度和正确度. 现将设计方法和步骤简述如下.

1. 测量方法的选择

实验方法选定后,为使各物理量测量结果的误差最小,需要进行误差来源和误差合成的分析,确定合适的具体测量方法. 因为测量某一物理量时,往往有几种测量方法可以采用. 例如,用单摆测定重力加速度实验中,测定单摆的周期值可以采用累计放大法用秒表计时,也可采用光电计时法用数字毫秒计计时. 这时需要对测量方法进行精度分析,以确定该方法是否能够满足测量所提出的要求.

在测量仪器确定的情况下,对某一量的测量,如果有几种方法可以选择,则应选取测量不确定度(或测量误差)最小的那种方法,因为在实际计算不确定度时,往往对误差因素考虑得不是很全面.

例 1 如图 3.4.1 所示,要测量单摆的摆长 L,所用仪器为毫米刻度的钢卷尺和分度值 0.1 mm 的游标卡尺,试选择测量方法.

解 可以用 3 种方法进行测量:

① $L=\dfrac{L_1+L_2}{2}$;② $L=L_1+\dfrac{D}{2}$;③ $L=L_2-\dfrac{D}{2}$.

如果用钢卷尺测得

$$L_1=(100.1\pm0.1)\text{cm},$$
$$L_2=(102.5\pm0.2)\text{cm};$$

用卡尺测得

$$D=(2.40\pm0.01)\text{cm}.$$

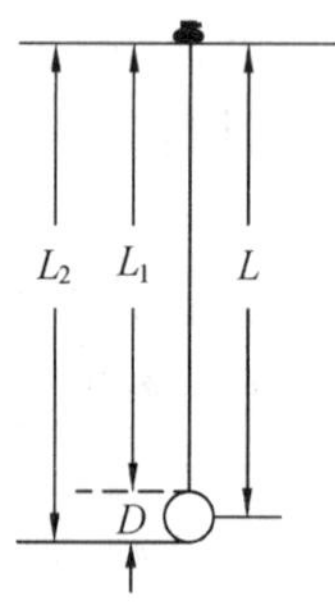

图 3.4.1 摆长测量方法示意图

3 种方法测得 L 的不确定度 U_L 分别为

① $U_L=\sqrt{\left(\dfrac{U_{L_1}}{2}\right)^2+\left(\dfrac{U_{L_2}}{2}\right)^2}=0.11\ (\text{cm})$;

② $U_L=\sqrt{U_{L_1}^2+\left(\dfrac{U_D}{2}\right)^2}=0.10\ (\text{cm})$;

③ $U_L=\sqrt{U_{L_2}^2-\left(\dfrac{U_D}{2}\right)^2}=0.20\ (\text{cm})$.

可见,采用第②种方法精度较高. 但有时基于对其他误差因素的考虑或教学目的的需要,也采用方法①和方法③.

2. 测量仪器的选配及测量条件和最佳参数的确定

在实际工作中，常常会遇到这样的问题，就是在测量之前，已对间接测量的精度提出了一定的要求，必须根据此要求来确定各直接测量量的精确度要求，从而选择和配备合适的仪器进行测量. 也就是说要进行误差分配，即在总误差一定的情况下分配各个分误差.（请参看下篇“第二节　测量仪器和测量条件的选择”）

3. 画出实验电路图或仪器配置图，设定实验步骤

为了实验时可以方便地将仪器配置连接，在实验设计的同时应画出方框图、电路图或仪器配置图，以便对照和检查. 根据所测物理量的情况，安排好测量顺序，写出实验步骤，设计数据记录表格. 图表力求简洁明了；实验步骤给出提示性要点即可，切忌烦琐. 重点是测量顺序，防止因为安排不当增大实验误差.

下篇系统地总结了物理实验中常用的实验方法、测量方法、测量仪器和测量条件的选择、实验中仪器的基本调整与操作技术等知识，并对设计性实验进行了简单的介绍. 由于实验的知识、方法和技能远比上述内容广泛得多，且各种方法往往是相互联系、综合使用的，无法截然分开. 在实践过程中，应认真思考、仔细分析，并不断总结，以逐步积累丰富的实验知识和经验.

附 表

附表 1 常用物理量常数

物理量	常数
真空中的光速	$c=2.997\,924\,58\times10^{8}\ \text{m}\cdot\text{s}^{-1}$
电子的静止质量	$m_e=9.109\,534\times10^{-31}\ \text{kg}$
电子的电荷	$e=1.602\,189\,2\times10^{-19}\ \text{C}$
普朗克常数	$h=6.626\,176\times10^{-34}\ \text{J}\cdot\text{s}$
阿伏伽德罗常数	$N_{\text{A}}=6.022\,045\times10^{23}\ \text{mol}^{-1}$
原子质量单位	$m_{\text{u}}=1.660\,565\,5\times10^{-27}\ \text{kg}$
氢原子的里德伯常数	$R_{\infty}=1.096\,776\times10^{7}\ \text{m}^{-1}$
摩尔气体常数	$R=8.314\,41\ \text{J}\cdot\text{mol}^{-1}\cdot\text{K}^{-1}$
玻耳兹曼常数	$K=1.380\,662\times10^{-23}\ \text{J}\cdot\text{K}^{-1}$
万有引力常数	$G=6.672\,0\times10^{-11}\ \text{N}\cdot\text{m}^{2}\cdot\text{kg}^{-2}$
标准大气压	$p_0=1.013\,25\times10^{5}\ \text{Pa}$
冰点的绝对温度	$T_0=273.15\ \text{K}$
标准状态下干燥空气的密度	$\rho_{\text{a}}=1.293\ \text{kg}\cdot\text{m}^{-3}$
标准状态下水银的密度	$\rho_{\text{Hg}}=13\,595.04\ \text{kg}\cdot\text{m}^{-3}$
标准状态下理想气体的摩尔体积	$V=22.413\,83\times10^{-3}\ \text{m}^{3}\cdot\text{mol}^{-1}$

附表 2 20℃时常用固体和液体的密度

物质	密度 $\rho/(\text{kg}\cdot\text{m}^{-3})$	物质	密度 $\rho/(\text{kg}\cdot\text{m}^{-3})$
铝	2 698.9	窗玻璃	2 400～2 700
铜	8 960	冰	880～920
铁	7 874	甲醇	792
银	10 500	乙醇	789.4
金	19 320	乙醚	714
钨	19 300	汽车用汽油	710～720
铂	21 450	弗利昂-12	1 329
铅	11 350	变压器油	840～890
锡	7 298	甘油	1 260
水银	13 546.12	蜂蜜	1 435
钢	7 600～7 900	石蜡	870～930
石英	2 500～2 800	泡沫塑料	22～33
水晶玻璃	2 900～3 000		

附表 3　标准大气压下不同温度时水的密度

温度 t/℃	密度 ρ/(kg·m^{-3})	温度 t/℃	密度 ρ/(kg·m^{-3})	温度 t/℃	密度 ρ/(kg·m^{-3})
0	999.841	17	998.774	34	994.371
1	999.900	18	998.595	35	994.031
2	999.941	19	998.405	36	993.68
3	999.965	20	998.203	37	993.33
4	999.973	21	997.992	38	992.96
5	999.965	22	997.770	39	992.59
6	999.941	23	997.538	40	992.21
7	999.902	24	997.296	41	991.83
8	999.849	25	997.044	42	991.44
9	999.781	26	996.783	50	988.04
10	999.700	27	996.512	60	983.21
11	999.605	28	996.232	70	977.78
12	999.498	29	995.944	80	971.80
13	999.377	30	995.646	90	965.31
14	999.244	31	995.340	100	958.35
15	999.099	32	995.025		
16	998.943	33	994.702		

附表 4　20 ℃时常用金属的杨氏弹性模量

金　属	杨氏模量 E/(10^9 N·m^{-2})	金　属	杨氏模量 E/(10^9 N·m^{-2})
铝	69～70	锌	78
钨	407	镍	203
铁	186～206	铬	235～245
铜	103～127	合金钢	206～216
金	77	碳钢	196～206
银	69～80	康铜	160

注：杨氏弹性模量与材料的结构、化学成分及其加工制造方法有关．因此，在某些情形下，E 的值可能与表中所列的平均值不同．

附表 5　海平面上不同纬度处的重力加速度

纬度 φ/(°)	g/(m·s^{-2})	纬度 φ(°)	g/(m·s^{-2})
0	9.780 49	50	9.810 79
10	9.782 04	60	9.819 24
20	9.786 52	70	9.826 24
30	9.793 38	80	9.830 65
40	9.801 80	90	9.832 21

注：① 上述数值根据公式 $g=9.780\ 49(1+0.005\ 288\sin^2\varphi-0.000\ 006\sin^2\varphi)$ 计算(与经度无关)．

② 重力加速度 g 随高度 H 的变化为 $\frac{dg}{dH}=0.308\ 6\times10^{-5}\,\mathrm{m\cdot s^{-1}\cdot km^{-1}}$．

附表 6　室温下常见固体的线胀系数 α/(10^{-6}·K^{-1})

熔凝石英	殷钢(Ni 36%，Fe 64%)	硬玻璃	镏	铂	普通玻璃
0.4	0.9	3	4.3	8.9	9
纯铁	钢	镍	金	铜	黄铜
12	11	13	14	17	19
银	锡	铝	软焊锡	铅	冰
19	20	24	25	20	50

附表 7　固体的线胀系数

物　质	温度或温度范围/℃	线胀系数 $\alpha/(10^{-6}℃^{-1})$
铝	0～100	23.8
铜	0～100	17.1
铁	0～100	12.2
金	0～100	14.3
银	0～100	19.6
钢(0.05%碳)	0～100	12.0
康铜	0～100	15.2
铅	0～100	29.2
锌	0～100	32
铂	0～100	9.1
钨	0～100	4.5
石英玻璃	20～200	0.53
窗玻璃	20～200	9.5
花岗石	20	6～9
瓷器	20～700	3.4～4.1

附表 8　在不同温度下与空气接触的水的表面张力系数

温度/℃	$\alpha/(10^{-3}\ N\cdot m^{-1})$	温度/℃	$\alpha/(10^{-3}\ N\cdot m^{-1})$	温度/℃	$\alpha/(10^{-3}\ N\cdot m^{-1})$
0	75.62	16	73.34	30	71.15
5	74.90	17	73.20	40	69.55
6	74.76	18	73.05	50	67.90
8	74.48	19	72.80	60	66.17
10	74.48	20	72.80	70	66.17
11	74.07	21	72.60	80	62.60
12	73.92	22	72.44	90	60.74
13	73.78	23	72.28	100	58.84
14	73.64	24	72.12		
15	73.48	25	71.96		

附表 9　水的沸点(℃)随压强 *p* 的变化

p/mmHg	0	1	2	3	4	5	6	7	8	9
730	98.83	98.92	98.95	98.99	99.03	99.07	99.11	99.14	99.18	99.22
740	99.26	99.29	99.33	99.37	99.41	99.44	99.48	99.52	99.56	99.59
750	99.63	99.67	99.70	99.74	99.78	99.82	99.85	99.89	99.93	99.96
760	100.00	100.04	100.07	100.11	100.15	100.15	100.22	100.26	100.29	100.33

附表 10 液体的黏滞系数

液 体	温度/℃	η/(μPa·s)	液 体	温度/℃	η/(μPa·s)
汽油	0 18	1 788 530	葵花子油	20	50 000
甲醇	0 20	817 584	甘油	−20 0 20 100	1.34×10^{8} 1.20×10^{8} 1.499×10^{11} 12 945
乙醇	−20 0 20	2 780 1 180 1 190	蜂蜜	20 80	6.50×10^{6} 1.00×10^{5}
乙醚	0 20	296 243	鱼肝油	20 80	45 600 4 600
水	0 20 100	187.8 1 004.2 282.5	水银	−20 0 20 100	1 855 1 685 1 554 1 224
变压器油	20	19 800			
蓖麻油	10	2.42×10^{6}			

附表 11 某些金属和合金的电阻率及温度系数

金属或合金	电阻率/(μΩ·m)	温度系数/(℃$^{-1}$)	金属或合金	电阻率/(μΩ·m)	温度系数/(℃$^{-1}$)
铝	0.028	42×10^{-4}	锌	0.059	42×10^{-4}
铜	0.017	43×10^{-4}	锡	0.12	44×10^{-4}
银	0.016	40×10^{-4}	水银	0.958	10×10^{-4}
金	0.024	40×10^{-4}	武德合金	0.52	37×10^{-4}
铁	0.098	50×10^{-4}	钢(0.10～0.15%碳)	0.10～0.14	6×10^{-4}
铅	0.205	37×10^{-4}	康铜	0.47～0.51	$(-0.04\sim0.01)\times10^{-3}$
铂	0.105	39×10^{-4}	铜锰镍合金	0.34～1.00	$(-0.03\sim0.02)\times10^{-3}$
钨	0.055	43×10^{-4}	镍铬合金	0.98～1.10	$(0.03\sim0.4)\times10^{-3}$

注:电阻率与金属中的杂质有关,因此表中列出的只是 20 ℃时的电阻率的平均值.

附表 12 不同金属或合金与铂(化学纯)构成热电偶时的热(温差)电动势

(热端在 100 ℃,冷端在 0 ℃时)

金属或合金	热电动势/mV	连续使用温度/℃	短时使用最高温度/℃
95% Ni+5% (Al,Si,Mn)	−1.38	1 000	1 250
钨	+0.79	2 000	2 500
手工制造的铁	+1.87	600	800
康铜(60% Cu+40% Ni)	−3.5	600	800
制导线用铜	+0.75	350	500
镍	−1.5	1 000	1 100
80%Ni+20% Cr	+2.5	1 000	1 100
90 Ni+10% Cr	+2.71	1 000	1 250
银	+0.72	600	700

注:① 表中热电动势的"+"或"−"表示电极与铂组成热电偶时,其热电动势是正或负.当热电动势为正时,处于 0 ℃的热电偶一端的电流由金属(总合金)流向铂.

② 为了确定用表中所列任何两种材料构成的热电偶的热电动势,应取这两种材料的热电动势的差值.例如,铜−康铜热电偶的热电动势等于+0.75−(−3.5)=4.25 (mV).

附表 13　标准化热电偶

名　称	型　号	100 ℃时的热电动势/mV	使用温度/℃		热电动势对分度的允许误差/℃			
			长期	短期	温度	允差	温度	允差
铂铑^{10}-铂	WRLB	0.643	0～1 300	1 600	≤600	±2.4	>600	±0.4%t
铂铑^{50}-铂	WRLL	0.340	0～1 600	1 800	≤600	±3	>600	±0.5%t
镍铬-镍硅	WREU	4.10	0～1 000	1 200	≤400	±4	>400	±0.75%t
镍铬-康铜	WREA	6.95	0～600	800	≤400	±4	>400	±1%t

附表 14　常用光谱灯和激光器的可见谱波长

元素	波长 λ/Å	元素	波长 λ/Å	元素	波长 λ/Å	激光器	波长 λ/Å
氢 (H)	6 562.8Hα(红) 4 861.3Hβ (蓝绿) 4 340.5Hγ (蓝) 4 101.7Hδ (蓝紫) 3 970.1Hξ (紫) 3 889.0Hε	汞 (Hg)	6 906.2－ 6 716.2－ 6 234.4(橙) 6 123.3－ 5 890.2－ 5 859.4－ 5 790.7＋ (黄) 5 789.7＋ 5 769.6＋ (黄) 5 675.9－－ 5 460.7＋＋ (绿) 5 354.0－ 4 960.3 4 916.0 (蓝绿) 4 358.4＋＋ (蓝) 4 347.5 4 339.2－ 4 108.1－ 4 077.8 (蓝紫) 4 046.6－ (蓝紫)	钠 (Na)	5 895.9＋＋ (黄) 5 890.0＋＋ (黄) 5 688.3 5 682.8 6 506.5(红) 6 402.3(橙) 6 383.0(橙) 6 266.5(橙) 6 217.3(橙) 6 143.1(橙) 5 881.9(黄) 5 852.5(黄)	He-Ne (氦-氖)	6 328 (橙红)
氦 (He)	7 065.2(红) 6 678.2(红) 5 875.6(黄) 5 015.7(绿) 4 921.9(蓝绿) 4 713.1(蓝) 4 471.5(蓝) 4 026.2(蓝紫) 3 888.7(紫)					Ar (氩)	5 287.0 5 145.3＋ 5 017.2 4 965.1 4 879.9＋ 4 764.4 4 726.9 4 657.9 4 579.4 4 545.0 4 370.7
						红宝石	6 943＋ (深红) 6 934 5 100 3 600

附表 15　某些物质的折射率

A　某些气体的折射率

气体	分子式	n	气体	分子式	n
空气		1.000 292	氨	NH_3	1.000 379
氢	H_2	1.000 232	二氧化硫	SO_2	1.000 686
氧	O_2	1.000 271	一氧化碳	CO	1.000 334
氮	N_2	1.000 298	二氧化碳	CO_2	1.000 451
氦	He	1.000 035	硫化氢	H_2S	1.000 641
氖	Ne	1.000 067	甲　烷	CH_2	1.000 144
氩	Ar	1.000 281	乙　烯	C_2H_4	1.000 719
氯	Cl_2	1.000 768	水蒸气	H_2O	1.000 255

注：表中给出在标准状况下，气体对波长约等于 0.589 3 μm 的 D 线的折射率.

B　某些液体的折射率

液体	t/℃	n	液体	t/℃	n
水	20	1.333 0	乙醚	22	1.351
丙醇	20	1.359	甲醇	20	1.329
氨水	16.5	1.325	甲苯	20	1.495
苯	20	1.501	四氯化碳	15	1.463
二硫化碳	18	1.625 5	硝酸(99.94%)	16.4	1.439
二氧化碳	15	1.195	硫酸(±2% H_2O)	23	1.429
三氯甲烷	20	1.446	盐酸	10.5	1.254
甘油	20	1.474	加拿大树胶	20	1.530
酒精	20	1.360 5			

注：表中给出的数据为液体对波长约等于 0.589 3 μm 的折射率.

C　某些晶体的折射率

λ/Å	萤石	岩盐	钾盐	石英玻璃	石英		方解石	
					n_0	n_e	n_e	n_0
6563(Li,红)	1.432 5	1.540 7	1.487 2	1.456 4	1.557 36	1.566 71	1.654 4	1.484 6
6438(Cd,红)	1.432 7	1.541 2	1.487 7	1.456 7	1.550 43	1.550 43	1.655 0	1.484 7
5893(Na,黄)	1.433 9	1.544 3	1.490 4	1.458 5	1.559 68	1.558 98	1.658 4	1.486 4
5461(Hg,绿)	1.435 0	1.547 5	1.493 1	1.460 1	1.548 23	1.557 48	1.661 6	1.487 9
5086(Cd,绿)	1.436 2	1.550 9	1.496 1	1.461 9	1.546 17	1.555 35	1.665 3	1.489 5
4861(H,绿)	1.437 1	1.553 4	1.498 3	1.463 2	1.544 25	1.553 36	1.667 8	1.490 7
4800(Cd,蓝)	1.437 9	1.554 1	1.499 0	1.463 6	1.542 29	1.551 33	1.668 6	1.491 1
4047(Hg,紫)	1.441 5	1.566 5	1.509 7	1.469 4	1.541 90	1.550 93	1.681 3	1.496 9

注：表中数据是在 18 ℃时测得的.

附表 16　部分材料导热系数参考值

材料名称	聚氨酯泡沫	纸	石棉	硫化橡胶	压缩软木
导热系数/($W \cdot m^{-1} \cdot K^{-1}$)	0.030	0.06～0.13	0.16～0.37	0.22～0.29	0.07
材料名称	普通松木	瓷	花岗石	铅	铝
导热系数/($W \cdot m^{-1} \cdot K^{-1}$)	0.08～0.11	1.05	2.68～3.35	34.8	237

附表 17　某些物质中的声速

物质	$v/(\mathrm{m\cdot s^{-1}})$	物质	$v/(\mathrm{m\cdot s^{-1}})$
空气(0℃)	331.45	变压器油	1 425
一氧化碳(CO)	337.1	蓖麻油	1 540
二氧化碳(CO_2)	259.0	铝(Al)	5 000
氧(O_2)	317.2	铜(Cu)	3 750
氩(Ar)	319	不锈钢	5 000
氢(H_2)	1 279.5	金(Au)	2 030
氮(N_2)	337	银(Ag)	2 680
水(20℃)	1 482.9	有机玻璃	1 800～2 250
酒精(20℃)	1 168	尼龙	1 800～2 200
甘油	1 920	聚胺脂	1 600～1 850

附表 18　不同室温下干燥空气中的声速$\left(v_1=v_0\sqrt{1+\frac{t}{T_0}}\right)$

t/℃	0	1	2	3	4	5	6	7	8	9
$v/(\mathrm{m\cdot s^{-1}})$	331.450	332.050	332.661	333.265	333.868	334.470	335.071	335.670	336.269	336.866
t/℃	10	11	12	13	14	15	16	17	18	19
$v/(\mathrm{m\cdot s^{-1}})$	343.370	338.058	338.652	339.246	339.838	340.429	341.019	341.609	342.197	342.784
t/℃	20	21	22	23	24	25	26	27	28	29
$v/(\mathrm{m\cdot s^{-1}})$	343.370	343.955	344.539	345.123	345.705	346.286	346.866	347.445	348.445	348.601
t/℃	30	31	32	33	34	35	36	37	38	39
$v/(\mathrm{m\cdot s^{-1}})$	349.177	349.753	350.328	350.901	351.474	352.040	352.616	354.187	353.755	354.323